現代物性化学の基礎 第3版

小川桂一郎
小島憲道 編

化学結合論による
アプローチ

講談社

JN041834

執筆者一覧

（50 音順，＊は編者，カッコ内担当章）

阿波賀邦夫　名古屋大学大学院理学研究科 教授（8章，9章）

＊小川桂一郎　東京大学 名誉教授，武蔵野大学 名誉教授（2章，4章）

＊小島　憲道　東京大学 名誉教授（1章，5章，7章，9章）

平岡　秀一　東京大学大学院総合文化研究科広域科学専攻 教授（5章）

増田　　茂　東京大学 名誉教授（3章，9章）

村田　　滋　東京大学 名誉教授（6章）

まえがき

　化学は物質およびその変化を対象とする学問である．化学現象とは，物質がおりなす様々な変化のうちで，エネルギーの移動を伴いながら，物質を構成する原子の組替えや結合様式の変化によって生み出される物質の質的変化をさす．化学という分野の中で物性化学とは，元素の物理的・化学的性質を把握し，これらの元素を自在にあやつることにより様々な分子集合体をつくり，新しい機能性や物性現象を発現させる学問である．このような物性化学が，物質科学（マテリアルサイエンス）の中核を担う重要かつ魅力ある分野であることを学びとって頂けるよう，本書を著した．読者としては，大学2〜3年生の理系学生を対象としており，東京大学では理系2年生の必修科目である「物性化学」の教科書となるように編集した．したがって，本書がトピックスを表面的に追従していくことなく，現代物性化学の根本的な問題や現象を化学結合論という視座に立って深く理解することができるよう心がけた．本書の執筆者は，物理化学，有機化学，無機化学，物性化学を専門とする教員で構成されており，東京大学教養学部で「物性化学」の講義を担当した教員である．

　本書は2003年に『現代物性化学の基礎』として上梓され，2010年に大幅な増補改訂を行なって『新版　現代物性化学の基礎』とした．累計2万部にも達する多くの読者に恵まれたことは，編者にとって望外の幸せである．新版から10年が経過したのを機会に，更に内容を充実させた改訂版を出版することになった．今回の改訂版では，物性化学の発展を考慮するとともに，授業中に受けた質問への回答も含めて，本文に新たな内容を加えた．また，各章ごとにコラムを追加して，物性化学に関わるトピックスや興味ある問題を紹介した．本書で取り上げた現象とその説明が若い学生諸君の知的好奇心を刺激し，この分野に足を踏み入れるきっかけになれば著者にとってこれ以上の喜びはない．

　本書の改訂版の企画に賛同し，出版のための努力を惜しまれなかった講談社サイエンティフィクの大塚記央氏に心より感謝の意を表する．

2021 年 1 月

編者一同

目　次

元素の科学

1.1 元素の誕生と人工元素最前線

1.1.1 宇宙における元素の誕生

元素とは，同一原子番号をもつ原子の集合の概念である．人工的につくられた元素を含めると，現在 118 種類の元素が知られている（巻末の「元素の周期表」を参照）．ここでは，自然界に存在する約 90 種類の元素の誕生と人工元素の合成およびその最前線について概観してみよう．

太陽系には約 90 種類の元素が存在している．図 1.1 に元素の宇宙存在比を示した．図 1.1 にはいくつかの特徴がある．

1) 原子番号が大きくなるにしたがって指数関数的に存在比が減少する．
2) 偶数番号の元素は隣の奇数番号元素より存在比が多い（オッド−ハーキンス（Oddo-Harkins）の法則）．
3) リチウム（Li），ベリリウム（Be），ホウ素（B）の存在比が極端に少ない．
4) 鉄（Fe）付近に大きな極大がある．

以上のような特徴をもつ理由を解明するため，宇宙における元素合成に関する理論研究が 1930 年代から始められた．原子核反応が宇宙全体で熱平衡に達していたとすれば，宇宙における元素の主成分は，原子核の結合エネルギーが最も大きい鉄（Fe）付近の元素になるはずである．しかし，宇宙における元素の主成分は水素（H）やヘリウム（He）である．このことは，宇宙における核反応は超高温から急激に温度が低下する過程で進行し，宇宙全体が熱平衡に達することはなかったと考えれば説明できる．ガモフ（G. Gamow）らは，このような考え方に従って，元素の合成を宇宙の進化と結びつけた理論を提案した．その理論によれば，火の玉宇宙の

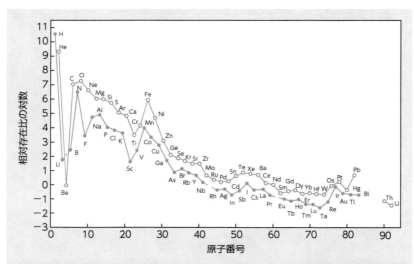

図 1.1 宇宙の元素組成. ケイ素 (Si) の存在比を 10^6 としたときの相対値. ●は原子番号が奇数, ○は原子番号が偶数の元素を表す.
[N.N. Greenwood, A. Earnshaw, "Chemistry of the Elements," (Butterworth-Heinemann Ltd, 1984), p.3]

　ごく初期に生成した自由な中性子は, 宇宙が膨張し温度が下がるにつれて陽子と電子に崩壊し, その陽子が中性子と結合して重水素 (^{2}H) をつくる. それが次々と中性子を捕獲した後, β 壊変を繰り返して, 重元素が合成されていく. これらの過程はビッグバン (Big Bang) の最初の 20 分間で実現される. ビッグバンによる宇宙の膨張は, 宇宙全体の温度を急激に低下させる. 1965 年, 宇宙全体から黒体放射としてマイクロ波が放射されていることが発見され, 現在の宇宙全体の温度が約 3 K であることがわかった. この発見はガモフらの提案したビッグバンの正しさを証明するとともに, 宇宙の初期の温度や密度を明らかにした. その後の詳しい核反応の理論によれば, ビッグバンによる宇宙の膨張過程で合成されるのは H と He がほとんどである. 現在では, 宇宙における H および He 以外の元素の合成過程は, 星の中で起こる次のような過程で理解されている.

1) **H の燃焼**：4 個の ^{1}H が融合して ^{4}He に変わる反応：

　　$4\,^1\text{H} \quad \rightarrow \quad {}^4\text{He} + 2\text{e}^+ + 2\nu$ (ν はニュートリノ)

2) **He の燃焼**：水素が燃えつきると，星は重力収縮を起こして中心温度が上昇し，10^8 K に達すると，$^4\text{He} + {}^4\text{He} \rightarrow {}^8\text{Be}$，$^4\text{He} + {}^8\text{Be} \rightarrow {}^{12}\text{C}$ などのように ^4He の燃焼が起こり，^{12}C，^{16}O，^{20}Ne などの核種が生成する．

3) **α 過程**：$^{20}\text{Ne} + {}^4\text{He} \rightarrow {}^{24}\text{Mg}$，$^{24}\text{Mg} + {}^4\text{He} \rightarrow {}^{28}\text{Si}$ などのように ^{12}C，^{16}O，^{20}Ne などが燃焼して重い核種が生成する．この過程では，α 粒子（^4He の原子核）との反応で質量数が 4 の整数倍の核種が合成される．

4) **鉄族元素を合成する過程**：星の中心温度が 5×10^9 K ほどの高温の状態下で，Fe を中心とした最も安定な核種が合成される．

5) **中性子捕獲過程**：中性子捕獲後，原子核は電子を β 線として放出し，原子核の中では中性子が陽子に変わるため，原子番号が 1 だけ大きい元素に変わる（β 壊変）．

6) **陽子捕獲過程**：Fe より重い元素が合成されるための陽子捕獲反応．

5)，6) の過程は，重い星が超新星爆発を起こす過程で起こるものであり，この過程で Fe より重い元素が誕生する．ところで，Li，Be および B は低エネルギーの陽子や中性子による核反応によって破壊されてしまうため，星の中では存在できない．おそらく，宇宙空間で起こる高エネルギー核反応によって合成されたものと考えられている．図 1.1 でこれらの元素が極端に少ないのはこの理由による．

ところで太陽系では，自然界で最も原子番号が大きい元素であるウラン（U）まで存在している．これらの元素は太陽系誕生のはるか昔に起こった超新星爆発に由来すると考えられる．その超新星爆発が起こった時期の手がかりとなるのは，ウランの同位体である ^{235}U と ^{238}U の比率である．超新星の爆発によって生成した ^{235}U と ^{238}U の比率はほぼ等しいと考えられるが，地球上の ^{235}U は ^{238}U に対して 0.72 % である．^{235}U および ^{238}U の半減期はそれぞれ約 7.0 億年および約 44.6 億年であることから，太陽系のさまざまな元素をもたらした超新星の爆発は今から約 60 億年前に起こったものと推定されている．われわれの太陽系は，約 60 億年前に起こった超新星爆発の出来事なくしては存在しえない．

1.1.2 人工元素最前線

ウラン（U）は天然に存在する元素の中で最も原子番号の大きい元素で

3

ある．93番以降の元素は超ウラン元素とよばれ，1940年以降，人工的に合成されてきた．現在では，原子番号114を超える元素まで合成されている．ここでは，Uおよび超ウラン元素について概観してみよう．

Uは1789年にピッチブレンド（閃ウラン鉱）から発見され，地球上で原子量が最大の元素である．1781年に発見された新惑星, 天王星(Uranus)の名をとってウラニウム（Uranium）と命名された．

最初の超ウラン元素であるネプツニウム (Neptunium, Np) は, 1940年, ^{238}Uに中性子を照射し，β壊変を起こさせることによって93番の人工元素として合成された．その名称は，天王星（Uranus）の外側の軌道を回る海王星 (Neptune) にちなむ．原子番号94のプルトニウム (Plutonium, Pu) は，1940年，^{238}Uに重陽子（重水素の原子核）を照射してできた^{238}Npがβ壊変することにより，合成された．その名称は，海王星(Neptune)の外側の軌道を回る冥王星（Pluto）にちなむ．1941年には，^{238}Uに中性子を照射して得た^{239}Npがβ壊変することにより新しい同位体^{239}Puを得ている．^{239}Puは中性子照射により核分裂を起こすことから原子爆弾に利用できることが明らかになった．なお，地球上で原子番号が最大の元素はUとされてきたが，現在ではごく微量ではあるがNpとPuがピッチブレンドなどのウラン鉱石中に見いだされている．それらは，Uが中性子捕獲によって壊変してできたものと考えられている．

原子番号が95より大きい人工元素は合成方法により，100番目のフェルミウム（Fm）までと，101番以降の元素に分類することができる．前者は，サイクロトロンなどの加速器を用いて陽子やα粒子を超ウラン元素に照射することで合成することもできるが，原子炉の中で長期間中性子照射を行い，^{239}Puに多重に中性子を捕獲させることにより合成することができる．後者は，原子炉での中性子照射では合成できない．このため，101番目以降の元素は超フェルミウム元素とよばれることがある．超フェルミウム元素の合成は，サイクロトロンなどの加速器によって加速されたα粒子や重イオンを超重元素に照射することによって行われ，2010年までに原子番号が118の元素まで到達している．

ところで，原子番号が100以上の原子核はひじょうに不安定となり瞬時に核分裂してしまい，原子核としては存在しえないものとされていた．

一方，原子核に含まれる陽子あるいは中性子の個数が魔法数とよばれる特定の値をとる場合には，原子核が安定になることがよく知られている．魔法数は，陽子数および中性子数について 2，8，20，28，50，82，陽子数は 114，126，中性子数については 126，184 であることが知られている．したがって，陽子および中性子の個数が魔法数の付近では長寿命の"安定の島"が存在すると考えられている．現在，超ウラン元素の合成で最大の目標は，サイクロトロンなどの加速器で ^{48}Ca イオンなどの重イオンを超重元素に照射することにより，一足飛びに"安定の島"に到達することである．1999 年，加速した ^{48}Ca を ^{244}Pu に照射することにより，陽子数 114，中性子数 175 の元素フレロビウム（Flerovium, Fl）が合成された．この原子核の寿命は 30 秒であり，108〜112 番元素の寿命が数ミリ秒であることを考えるときわめて長寿命である．図 1.2 は最も到達可能な"安定の島"の領域を示している．近い将来，原子番号が 100 を超えるひじょうに安定な超ウラン元素が合成される日がくるかもしれない．

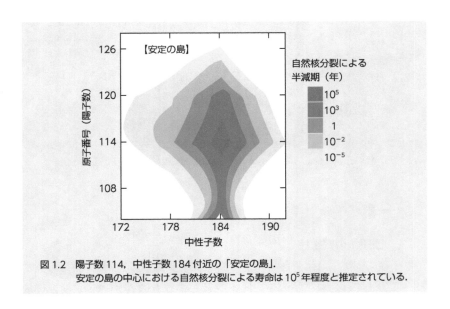

図 1.2　陽子数 114，中性子数 184 付近の「安定の島」．
安定の島の中心における自然核分裂による寿命は 10^5 年程度と推定されている．

コラム 1.1　超ウラン元素名の命名法とニホニウム誕生

　超ウラン元素は，人工的に合成されたものなので，その存在が確定されると，新元素として名称が与えられる．93 番目のネプツニウム（1940 年確認）から103 番目のローレンシウム（1961 年確認）まではすべて米国で合成され，元素名は惑星，国名，地名，または有名な科学者の名前に因む名称が与えられた．ところが，1964 年，104 番目の元素が旧ソ連（ドブナ研究所）と米国（カリフォルニア大学バークレー校）において同時期に合成されると，その名称を巡って対立が生じた．ドブナ研究所は旧ソ連の原子核物理学者クルチャトフ（I.V. Kurchatov）の名前に因んでクルチャトビウム（Ku）と命名したのに対し，カリフォルニア大学は原子物理学の開拓者の一人であるラザフォード（E. Rutherford）の名前に因んでラザホージウム（Rf）と命名したのである．105 番目および 106 番目の元素も殆ど同時期に旧ソ連と米国で合成されたが，新元素名の一致を見ることができなかった．

　そこで新元素の命名法として，元素名には発見の由来は含めず，原子番号をラテン語とギリシャ語の数詞を用いて機械的に表す方法が考案され，暫定的に用いられることになった．その方法によると，たとえば 113 番元素の名称はウンウントリウム（ununtrium），元素記号は Uut と表記される．

　しかし 1989 年のベルリンの壁崩壊，1991 年のソビエト連邦解体によって冷戦が終結すると，正式な元素名の復活を望む機運が生まれ，1997 年，国際純正及び応用化学連合（International Union of Pure and Applied Chemistry，略して IUPAC）は，存在が確認された新元素について，発見に因む名称を元素名とすることを決定した．

　その後，現在までに存在が確認されている 118 番元素まですべての元素に対して，正式な名称が賦与されている．2003 年に日本の理化学研究所が初めて合成に成功した 113 番元素は，長らくウンウントリウム（ununtrium, Uut）としか記されていなかったが，2012 年に 3 回目の合成に成功したことにより，113番元素の存在が IUPAC に認定され，2016 年 11 月，ついに，日本に因んだ元素名ニホニウム（Nihonium, Nh）が誕生したのである．

1.2 元素の核崩壊とその応用

1.2.1　原子核の安定性

　原子核の安定性は陽子と中性子の数に依存する．小さい原子番号の元素（$Z < 20$）では，原子核の中の陽子数 Z と中性子数 N が等しい場合に最

も安定である．原子番号が 20 以上の原子核では陽子間の反発力が増加する．中性子のほうは N の増加とともに引力が増加するので，陽子間の反発力の増加を補償するため余分な中性子が必要となる．こうして $Z > 20$ の元素では，Z が大きくなるにつれて N/Z 比の値が大きくなり，最も重い安定核種ビスマス（^{209}Bi）で約 1.5 となる．^{209}Bi より重い原子核では，陽子間の反発力が引力に打ち勝って増大し，自発核分裂を起こす．図 1.3 に安定な同位体における陽子数と中性子数の関係を示す．ここで同位体とは，同一元素に属する原子の間で質量数が異なるとき，それらを互いに同位体とよんでいる．

　原子核の安定度は，中性子数と陽子数の N/Z 比のほかに，陽子および中性子の数が偶数か奇数かによっても影響される．偶数個の陽子および中性子をもつ原子核（たとえば $^{12}_{6}$C，$^{16}_{8}$O）が最も安定であり，次に安定なのは，陽子数か中性子数のいずれかが奇数のものである（たとえば $^{13}_{6}$C，$^{19}_{9}$F）．陽子数および中性子数がともに奇数の原子核は，軽い原子核を除いてほとんどが不安定な放射性核となる（たとえば $^{18}_{9}$F，$^{22}_{11}$Na）．核子は中間子を媒介とする核子間引力の影響を受けて安定な対をつくる傾向がある．陽子および中性子が偶数の核が最も安定なのは，全部の核子がすべて

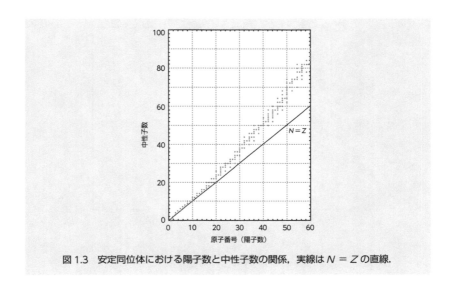

図 1.3　安定同位体における陽子数と中性子数の関係，実線は $N = Z$ の直線．

対をつくるからである．陽子および中性子が奇数の核は2つの不対核子をもつため最も安定度が低い．実際，図1.3に示すように，原子番号が偶数の安定同位体の数に比べて，原子番号が奇数の元素における安定同位体の数がきわめて少ないのがわかる．また，図1.1に示したように奇数番目の元素が隣の偶数番目の元素より存在度が少ないのは，このためである．

1.2.2 原子核の結合エネルギーと質量欠損

陽子，中性子の質量をそれぞれ m_p, m_n とすると，陽子を Z 個，中性子を N 個もつ原子核の質量 $M(Z, N)$ は，$Zm_p + Nm_n$ となるはずであるが，実際には原子核の質量は $Zm_p + Nm_n$ より少なく，その差は質量欠損とよばれる．

$$\Delta M = M(Z, N) - (Zm_p + Nm_n) \qquad (1.1)$$

この質量欠損は，陽子と中性子から安定な原子核が生成するときに核子間の結合エネルギーに用いられたために生じたものである．質量 m とエネルギー E との間には，アインシュタイン（A. Einstein）の相対性理論によって $E = mc^2$ の関係がある．ここで c は光の速度である．^{4}He の場合，質量欠損は 0.02928 amu（amu は原子質量単位で ^{12}C 炭素原子の $\frac{1}{12}$ の質量）

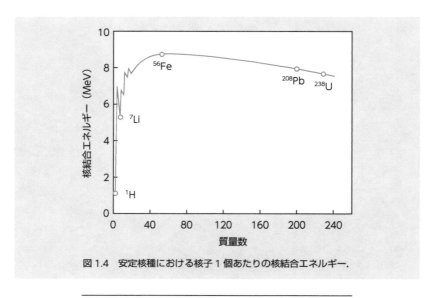

図 1.4 安定核種における核子1個あたりの核結合エネルギー．

第1章 元素の科学

であり，27.27 MeV のエネルギーに相当する.

核子1個あたりの結合エネルギーは質量数（原子核に含まれる陽子数と中性子数の和）に対して，図1.4に示すような変化をする．質量数が20あたりまでは，質量数の増加とともに結合エネルギーは急激に増大する．その後結合エネルギーは徐々に増大し，^{56}Fe で極大となる．質量数が56を超えると，結合エネルギーは質量数の増加とともに徐々に減少していく．したがって，^{56}Fe より重い元素は核分裂を起こして安定な元素に，^{56}Fe より軽い元素は核融合を起こして安定な元素になろうとすることがわかる.

1.2.3　原子核の壊変と放射線

図1.3で示したように，原子核の安定性は陽子数（Z）と中性子数（N）および N/Z 比に依存し，安定な同位体は，ある一定の N/Z 比の幅に収まる（安定比）．N/Z 比がこの安定比より高い値か低い値をもつ原子核は崩壊して安定な原子核になろうとする．このとき，さまざまな放射線が放出される．また，ウラン（U）などの重い原子核では，核子1個あたりの結合エネルギーは質量数の増加とともに徐々に減少していくため，核分裂を起こしてより安定な原子核になろうとする．原子核の壊変には，代表的なものとして α 線, β 線, γ 線の放出を含む表1.1のような5つの過程がある.

1) α 壊変：α 壊変では，放射性元素の原子核が崩壊して α 線（^{4}He の原子核）を放出し，質量数が4（陽子2 ＋ 中性子2）だけ減少する．その結果，原子番号が2だけ減少する．ラジウム（^{226}Ra）を例に，α 壊変の原因を考えてみよう．^{226}Ra が α 壊変によりラドン（^{222}Rn）にな

表1.1　原子核の壊変の型

壊変過程	反　　応	例
α 壊変	$^A_Z X \rightarrow {}^{A-4}_{Z-2} Y + {}^4_2 He$	$^{238}_{92} U \rightarrow {}^{234}_{90} Th + {}^4_2 He$
β^- 壊変	$^A_Z X \rightarrow {}^A_{Z+1} Y + e^-$	$^{14}_6 C \rightarrow {}^{14}_7 N + e^-$
β^+ 壊変	$^A_Z X \rightarrow {}^A_{Z-1} Y + e^+$	$^{64}_{29} Cu \rightarrow {}^{64}_{28} Ni + e^+$
電子捕獲	$^A_Z X + e^- \rightarrow {}^A_{Z-1} Y$	$^{64}_{29} Cu + e^- \rightarrow {}^{64}_{28} Ni$
γ 壊変	$^A_Z X^* \rightarrow {}^A_Z X + \gamma$	$^{87}_{38} Sr^* \rightarrow {}^{87}_{38} Sr + \gamma$

A：質量数, Z：原子番号, X：元素記号, ＊：準安定励起状態
β^- 壊変, β^+ 壊変, 電子捕獲ではニュートリノも放出されるが，表では省略している.

る場合，

$$^{226}\text{Ra} \quad \rightarrow \quad ^{222}\text{Rn} + {}^4\text{He} + 4.87\,\text{MeV} \qquad (1.2)$$

となる．すなわち，^{226}Ra であるよりは ^{222}Rn と ^4He に分裂したほうが
$4.87\,\text{MeV}$ だけ安定になるので，α 壊変が自然に起きる．α 壊変は，質
量数が 200 を超えるような重い原子核における重要な崩壊過程である．

2) **β^-壊変**：中性子数（N）と陽子数（Z）の N/Z 比が安定比より高すぎ
る場合，すなわち中性子が過剰な場合，N/Z 比が減少するように原子
核は電子を β^- 線として放出する．その結果，原子核の中では中性子が
陽子に変わり原子番号が 1 だけ増加する．

3) **β^+壊変**：中性子数（N）と陽子数（Z）の N/Z 比が安定比より低すぎ
る場合，すなわち中性子が不足している場合，N/Z 比が増大するよう
に原子核は陽電子（e^+）を β^+ 線として放出する．その結果，原子核
の中では陽子が中性子に変わり原子番号が 1 だけ減少する．

4) **電子捕獲**：中性子数（N）と陽子数（Z）の N/Z 比が安定比より低すぎ
る場合，すなわち中性子が不足している場合，β^+壊変とは別の過程と
して電子捕獲がある．これは，原子核が核外電子（K 殻の $1\,\text{s}$ 電子）
を捕獲して陽子が中性子に変わるものであり，原子番号が 1 だけ減少
する．

5) **γ壊変**：α 壊変および β 壊変の結果，終状態として核の励起状態が生
成されることが多い．このような場合，励起状態から光子（γ 線）を
放出して原子核の基底状態へと遷移する現象が観測される．これを γ
壊変とよぶ．

1.2.4　放射性同位体の利用

　トレーサー　元素の化学的性質は，ほとんど原子の核外電子の数と配置
によって決定されるため，異なる同位体であっても化学的性質は同じとみ
なしてよい．そこで，安定同位体の中に放射性同位体を混ぜておき，その
放射性同位体が放出する放射線を追跡することにより，目的の元素の挙動
を知ることができる．このような目的に用いる放射性同位体をトレーサー
（標示元素）とよぶ．トレーサー利用の最も顕著な例は，カルビン（M.
Calvin）とその共同研究者が ^{14}C をトレーサーとして用い，植物の光合成

における複雑な反応機構を解明したことである.

　放射化分析　ほとんどの元素は原子炉から出る中性子線を照射すると,中性子捕獲反応によって不安定な放射性同位体となる. この放射性同位体が壊変するときに放出するγ線のエネルギーは同位体に固有のエネルギーなので, これを測定することにより元素を同定することができる. また,微量で分析できるので, 元素分析の重要な手段として利用されている.

　年代測定　原子核の壊変は, 熱, 圧力, 化学変化などにはまったく影響されないため, 精密な年代測定に利用することができる. 年代測定に利用される放射性同位体とその半減期および最終生成同位体を表 1.2 に示す.ここでは, カリウム・アルゴン法および放射性炭素 (^{14}C) 法を用いた年代測定について述べる.

　1) カリウム・アルゴン法による地球の年代測定　太陽系の地球や惑星が今から約 46 億年前に形成されたことはよく知られているが, 46 億年という数値が得られるようになったのは, 放射性同位体による年代測定法の基礎が確立し, その測定精度が向上した 1950 年代以降である. 太陽系において, 星間物質が凝集して鉱物が生成されると, 放射性同位体やその壊変生成物は鉱物に閉じ込められるので, それらの量の測定によって鉱物のできた年代がわかる. 地球の年代決定には, 半減期が $10^9 \sim 10^{10}$ 年程度の放射性同位体が利用される. たとえば, カリウムを含む鉱物には ^{40}K が含まれている. この ^{40}K は半減期 1.25×10^9 年の放射性同位体であり, その 11 % は電子捕獲により ^{40}Ar になる.

$$^{40}_{19}\text{K} + ^{\ 0}_{-1}\text{e} \ \rightarrow \ ^{40}_{18}\text{Ar}$$

　したがって, 鉱物中の ^{40}K と ^{40}Ar の比を測定すればその鉱物の年代が

表 1.2　絶対年代の測定法と放射性同位体の半減期

名称	放射性同位体	半減期 (年)	最終生成同位体
ウラン・鉛法	$^{238}_{92}$U	4.47×10^9	$^{206}_{82}$Pb
トリウム・鉛法	$^{232}_{90}$Th	1.41×10^{10}	$^{208}_{82}$Pb
カリウム・アルゴン法	$^{40}_{19}$K	1.25×10^9	$^{40}_{18}$Ar (11 %), $^{40}_{20}$Ca (89 %)
ルビジウム・ストロンチウム法	$^{87}_{37}$Rb	4.75×10^{10}	$^{87}_{38}$Sr
放射性炭素 (^{14}C) 法	$^{14}_{6}$C	5.73×10^3	$^{14}_{7}$N

わかる．このようにして，地球上において最古の岩石の年代が 40 億年を超えることと，最古の隕石の年代が 45〜46 億年であることが明らかになった．このことから，星間物質が凝集して太陽系が形成されたのは今から約 46 億年前と推定されている．

2) 放射性炭素法による考古学における年代測定　自然界に存在するほとんどの放射性同位体は著しく長い半減期をもっているが，^{14}C は半減期が 5730 年であり著しく短寿命である．したがって，地球が誕生したときに存在していた ^{14}C は消滅しているはずである．それにもかかわらず ^{14}C が自然界に存在するのは，地球上に降りそそぐ宇宙線中の中性子が ^{14}N との核反応を起こし ^{14}C が生成するからである．

$$^{14}N + {}^{1}n \rightarrow {}^{14}C + {}^{1}H \tag{1.3}$$

このため，大気中における ^{14}C の割合は一定となっている．^{14}C は酸化されて CO_2 となり，CO_2 は光合成によって植物体内に入る．動物体内の炭素は植物から由来するものであるから，動植物は同じ $^{14}C/^{12}C$ 比をもっている．ところが動物あるいは植物が死滅すると，外界との間で炭素の交換がなくなり，体内の ^{14}C は 5730 年の半減期で減衰していく．これを利用して化石や古代遺物（木材，骨，その他の有機物）などの年代を決定することができる．

1.2.5　原子力エネルギーの利用

核分裂反応　天然のウランには ^{235}U が 0.7％，^{238}U が 99.3％含まれている．このうち ^{235}U の原子核は，速度の遅い中性子を吸収すると不安定になって核分裂を起こす．この過程では図 1.5 に示すように，質量数 72 から 161 までの原子核に分裂する．代表的な例をあげると，^{235}U は遅い中性子を 1 個吸収してバリウム（^{141}Ba），クリプトン（^{92}Kr）および 3 個の中性子に分裂する．この場合の質量欠損は 0.22 amu にも達し，エネルギーに換算すると約 200 MeV という膨大な値になる．^{235}U の核分裂を平均すると，1 回の核分裂あたり平均 2.5 個の中性子と平均 202 MeV のエネルギーを生成することになる．核分裂によって生成した中性子が周りの ^{235}U に捕獲されると核分裂が起こり，再び中性子が生成するという連鎖反応が起こる．この連鎖反応の過程において，1 回の核分裂で生成された中

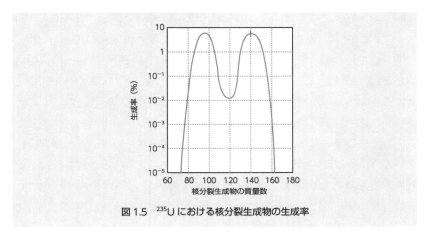

図 1.5　^{235}U における核分裂生成物の生成率

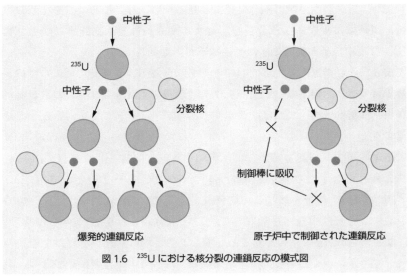

爆発的連鎖反応　　　　　原子炉中で制御された連鎖反応

図 1.6　^{235}U における核分裂の連鎖反応の模式図

性子のうち，平均して 1 個の中性子が次の核分裂反応を起こすために使われる条件（臨界条件）が達成できれば，1 回の核分裂あたり約 200 MeV のエネルギー放出を伴う核反応が持続できる．これが原子炉中で制御された連鎖反応である．連鎖反応において，次の核分裂に寄与する中性子数が 1 を超えると，連鎖反応は爆発的に増殖し原子爆弾となる．^{235}U における核分裂の連鎖反応の様子を図 1.6 に示す．

原子炉　原子炉は，^{235}U などの核燃料を用いて核分裂を一定の割合に持続して起こさせ，発生するエネルギーを有効に取り出すものである．^{235}U の核分裂で生じた中性子の運動エネルギーは約 2 MeV と高く，高速中性子とよばれる．ところが ^{235}U は運動エネルギーが 1 eV 以下の熱中性子とよばれるエネルギー領域の中性子を効率よく吸収して核分裂を起こすことから，高速中性子を減速させて熱中性子にする必要がある．高速中性子と衝突して中性子のエネルギーを下げる材料を減速材という．この場合，減速材の原子核は軽いほど効率がよいので，軽水（通常の水．質量数が 2 の重水素と酸素の化合物である重水と区別するために軽水という），重水，黒鉛（グラファイト）が減速材として用いられる．減速材の種類によって原子炉は，軽水型原子炉，重水型原子炉，黒鉛型原子炉とよばれる．

また，核分裂を一定の割合で持続させるためには，炉心内の中性子の一部を制御棒に吸収させ核分裂を制御する必要がある．制御棒にはホウ素（B）など中性子の吸収効率の高い物質が選ばれる．

核分裂の連鎖反応で生じた熱エネルギーを外部に取り出すための材料が冷却材であり，軽水などが用いられる．原子力発電所では，この冷却材が直接（沸騰水型炉）または間接（加圧水型炉）にタービンを回転させて発電する．

高速増殖炉　高速増殖炉では，天然ウランにプルトニウム（^{239}Pu）を 20 ％程度混合したウラン・プルトニウム酸化物を核燃料として用いる．^{239}Pu は高速中性子を吸収して核分裂を起こす．また，^{238}U は，核分裂の際に生じる高速中性子を吸収して ^{239}U となり，これが β^- 壊変して ^{239}Pu になるため ^{239}Pu の増殖が起こる．すなわち，消費した核燃料以上の核燃料が生産されることから，高速増殖炉とよばれる．高速増殖炉では高速中性子を必要とするため，高速中性子を減速させてしまう軽水や重水を冷却材として用いることができない．したがって，熱エネルギーを外部に取り出す冷却材として熱輸送能力の高い液体ナトリウムを用いることになる．しかし，ナトリウムは水と爆発的に反応するため，技術的な課題が残されている．

核融合炉　図 1.4 で示したように，^{56}Fe より軽い原子では核融合反応により結合エネルギーの大きな原子核になる傾向がある．その際，質量欠損

による膨大なエネルギーが発生する．この核融合反応を制御しながら持続的にエネルギーを取り出して発電などに用いるのが核融合炉である．核融合反応のうち，比較的低温で起こる重水素と三重水素（トリチウム）による以下の反応が最も現実的とされ，開発が進められている．

$$^{2}\mathrm{H} + {}^{3}\mathrm{H} \quad \rightarrow \quad {}^{4}\mathrm{He} + \mathrm{n} + 17.6\,\mathrm{MeV} \qquad (1.4)$$

重水素と三重水素が核融合反応を起こすためには，プラズマ（原子核と核外電子がばらばらになった高温ガス）の温度を約 $10^{8}\,\mathrm{K}$ にし，それを 1 秒間ほど持続させることが必要である（臨界プラズマ条件）．超高温のプラズマを一定時間高密度に閉じ込める技術開発が世界中で進行中であるが，解決すべき多くの課題が残っている．

1.3 元素と周期律

1.3.1 元素発見の歴史と周期律の確立

元素概念の確立 自然界の物質を構成する根源としての元素の哲学的な概念は紀元前から存在していたが，実験事実に基づいた元素の概念を初めて提唱したのはボイル（R. Boyle, 1661 年）である．ボイルの定義によると，「元素とはどのような手段によってもそれ以上分割できない物質で，多数存在する」というものであった．ボイルによる元素の概念の提案以降，錬金術時代から培ってきた分析化学的方法による元素の探索が行われ，18 世紀末には約 30 種類の元素の存在が明らかにされた．

電気化学による元素の探索 1800 年，ボルタ（A. Volta）は電池を発明したが，電池を利用して元素を遊離し，新元素の発見に導いたのはデービー（H. Davy）であった．デービーは 1807 年，ボルタ電池を用いて溶融状態の水酸化カリウムからカリウム（K）を単離することに成功した．デービーは電気化学的手法により 8 種類の元素を発見している．電気化学的手法によるさまざまな元素の発見により，化合物の結合が正と負の電気的な引力によるという概念が形成されていった．

分光分析による元素の探索 ブンゼン（R. Bunsen）とキルヒホッフ（G. Kirchhoff）は，ブンゼンバーナーとプリズム分光器を組み合わせて炎色反応による分光分析の手法を確立させ，1860 年，鉱泉水のスペクトル中に未知の青色の輝線を発見し，この輝線の起源となる新元素をラテン語の

青色（caesius）にちなんでセシウム（Cesium）と名付けた．以後，分光分析は新元素探索の重要な手段となり，相次いで新元素が発見されていった．

周期律の発見　19 世紀に開発された電気分解・発光スペクトル分析など新技術によって未知元素の発見が相次ぎ，1860 年代には元素として認められたものが約 60 種類にもなり，元素を分類整理する試みがなされた．1864 年，ニューランズ（J. Newlands）は，元素を原子量の順に並べると 8 番目ごとに似た性質のものがくるというオクターブの法則を提唱した．このなかで，彼が原子量そのものよりも，その順が重要であることを認め，いくつかの入れ替えを行ったのは特筆に値する．1868 年には，マイヤー（J.L. Meyer）が 1 モル質量の固体元素の体積を cm^3 単位で示した数値（原子量/密度に該当し，原子容という）を縦軸に，原子量を横軸にとったグラフが著しい周期性を示すことを見いだした．翌 1869 年，メンデレーエフ（D. Mendeleev）は化学的性質にも同様の周期性を認め，初めて周期表としてこれを示した．彼は周期表において，ホウ素の下，原子量 45 付近にエカホウ素（"エカ（eka）"はサンスクリット語の数詞の 1 であり，ここでは"次に入る"の意味で使われた），アルミニウムの下，原子量 70 付近にエカアルミニウム，ケイ素の下，原子量 72 付近にエカケイ素の存在を予言し，単体の比重，融点，原子容，その化合物の化学的性質を推定した．これらは，スカンジウム（Sc）（1879 年，ニルソン（L.F. Nilson））, ガリウム（Ga）（1875 年，ボワボードラン（L. de Boisbaudran））, ゲルマニウム（Ge）（1886 年，ヴィンクラー（C. Winkler））として発見され，その諸物理量および化学的性質がメンデレーエフの予測と驚くべき一致を示した．このようにして周期表は元素探索の重要な指導原理となり，メンデレーエフは 3 元素の発見者を周期律の確立者とよんだ．

18 族元素の発見　1894 年，空気から酸素を除いて得た窒素に比べ，窒素化合物を分解してつくった窒素は密度が約 0.1 ％低いというレイリー（L. Rayleigh）の発表を受けて，ラムゼー（W. Ramsay）は同年，空気から分離した窒素を赤熱したマグネシウムと反応させて窒化マグネシウムとして取り除くことにより，未知の気体を分離することに成功した．この未知の気体は，化学的に不活性であることからギリシャ語の"働かない"（anergon) にちなんでアルゴン (Argon) と名付けられた．ラムゼーはその後，リンデ (C. von Linde) によって開発されていた気体の液化装置を用いて空気の分別蒸留を行い，ネオン (Ne)，クリプトン (Kr)，キセノン (Xe) を発見し，周期律における 18 族を確立した．こうして周期律は，経験則としては，19 世紀末に確立した．

原子量の逆転　19 世紀末に経験則として確立した周期表では，原子量の順番に元素を並べていたが，元素の物理，化学的性質から順序の逆転が 3 か所生じることになる．すなわち，原子量の順に元素を並べると，カリウム (K)（原子量 = 39.10）の次にアルゴン (Ar)（39.95），ニッケル (Ni)（58.71）の次にコバルト (Co)（58.93），ヨウ素 (I)（126.9）の次にテルル (Te)（127.6）となり，それぞれの物理，化学的性質から期待される順序と逆転してしまう．このような周期表における原子量の逆転の理論的根拠については，当時の科学では答えられなかった．

希土類元素　周期表において，もう 1 つの困難な問題は希土類元素群の位置づけであった．ランタン (La) からルテチウム (Lu) に至る 15 元素（ランタノイドともよばれる）とスカンジウム (Sc)，イットリウム (Y) の 17 元素は，通常，希土類元素とよばれる．希土類元素は化学的性質がきわめて類似しているため単離することが困難であり，人工的につくられたプロメチウム (Pm) を除いた希土類元素の発見には，イットリウム (1794年) からルテチウム (Lu)（1907 年）まで 114 年間の歳月を費やしている．当時は，バリウム (Ba) とタンタル (Ta) の間に希土類元素がいったい何個存在するのか予想がつかず，誤報を含めると 100 種類以上の希土類元素の発見が報告された．この困難な問題の解決は，モーズリー (Moseley) の法則の発見（1913 年）まで待たなければならなかった．

モーズリーの法則と原子番号　1911 年，バークラ (C.G. Barkla) は，電圧によって加速された陰極線をターゲットの金属（対陰極）に当てると，発生する X 線の中に，各元素に固有の X 線（特性 X 線）が現れることを発見した．その後彼は，特性 X 線が 2 種類に分類できることを確認し，短波長側の特性 X 線に記号 "K"，長波長側の特性 X 線に記号 "L" を用いた。なお、原子の電子殻である K 殻, L 殻の名称はこれに由来している．1913 年，モーズリー (H. Moseley) は集めうるかぎりの単体を対陰極と

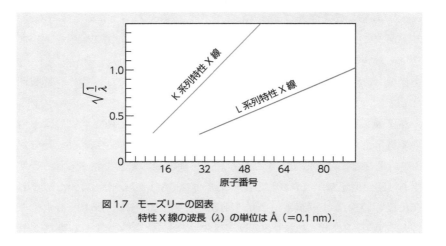

図 1.7 モーズリーの図表
特性 X 線の波長（λ）の単位は Å（＝0.1 nm）.

して元素固有の波長をもつ X 線（特性 X 線）を測定し，波長の逆数の平方根と原子番号 Z の間に簡単な比例関係を見いだした（図 1.7）.

$$\sqrt{\frac{1}{\lambda}} = K(Z - s) \tag{1.5}$$

　ここで，K と s は X 線の種類による定数である．この式を満足させる Z 値と元素の原子番号の間に完全な一致がみられ，Z は正しく定義づけられた．こうして，メンデレーエフ以来，便宜的に原子量順を入れ替えていた部分（Ar と K, Co と Ni, Te と I）も入れ替えの正しいことが証明された．また，特性 X 線の波長を調べて Z を確定することができることから，1913 年の時点で，メンデレーエフの周期表に空白として残されていたのは 43, 61, 72, 75, 85, 87, 91 番の元素であることが明らかになった．また，式（1.5）で表されるモーズリーの法則の発見により，ランタノイド系列がランタン（La）から始まりルテチウム（Lu）で終わることが確定した．こうして，72 番元素はジルコニウム（Zr）の同族になるという予想に基づき，1923 年，鉱物ジルコン（$ZrSiO_4$）の中から特性 X 線分析によりハフニウム（Hf）が発見された．特性 X 線を利用した元素分析（蛍光 X 線分析）は，現在最もすぐれた元素分析法の 1 つとして活用されている．

1.3.2 原子量の基準の変遷

「2種類の元素 A, B が化合して 2 種以上の化合物をつくるとき, 各化合物において A の一定量に対する B の量は簡単な整数比をなす」という倍数比例の法則を唱えたドルトン (J. Dalton, 1802 年) は, 相対質量として水素の原子量を基準とし, それに 1 という値を与えた. その後, ベルゼリウス (J.J. Berzelius) は約 3000 種の化合物について相対質量の精密な測定を行い, 1826 年に原子量表を発表した. 酸素が他のほとんどすべての元素と化合する能力を有することから, 彼は相対質量の基準として酸素の原子量を採用した. こうしてベルゼリウス以後, 化学者は自然界に存在する状態での酸素の原子量を 16.0000 として基準にしてきた（化学的原子量). ところが, 1906 年にトリウム (Th) で放射性同位体が発見されてから, 物理学者は質量数 16 の酸素同位体の質量を 16.0000 として基準にした（物理的原子量). このため酸素の化学的原子量と物理的原子量の差は 0.0275% となり, 精密な実験では無視できない差となった. 化学的原子量と物理的原子量の不一致は, 1961 年 IUPAC（国際純正および応用化学連合）の原子量委員会において, 質量数 12 の炭素の同位体質量を 12 とする新しい基準を用いることにより解消した. 新基準では酸素の原子量は 15.9994 ± 0.0001 となり, これまでの 16.0000 とほとんど変わらない.

コラム 1.2　キュリー夫人とラジウム

マリー・キュリー (Marie Curie) は 1867 年にポーランドで生まれた. 24 歳のときパリに出てパリ大学で学び, 1895 年にピエール・キュリー (Pierre Curie) と結婚した. 自然界に放射性壊変を起こす元素が存在することがキュリー夫妻によって 19 世紀末に初めて証明されたことは, あまりにも有名である.

1896 年, ベクレル (H. Becquerel) はウラン鉱物がレントゲン線（X 線）とは異なる奇妙な放射線を出し, これが空気をイオン化することを発見した. キュリー夫妻はベクレルの報告に刺激され, 放射線による空気のイオン化の量を電気的に精密測定する装置を開発し, ウラン (U) やトリウム (Th) を含むさまざまな鉱物から出る放射能（物質から自発的に放射線が放出される性質や現象）

を調べていた. そのなかで, チェコの鉱山から産出する閃ウラン鉱石 (ピッチブレンド) が異常に強い放射能をもつことをつきとめ, この鉱石にウランやトリウムよりもはるかに放射能の強い元素が存在することを確信した. そこで化学分析で新元素の探索を行い, 1898 年, 強い放射能をもつ 2 種類の新元素を発見した. 最初の新元素は, 化学的に元素を分離していく過程で, ビスマス (Bi) といっしょに硫化物として沈殿させた物質の中から水酸化物として分離することに成功した. 新元素は, キュリー夫人の祖国の名前にちなんでポロニウム (Po) と命名された. 彼女は閃ウラン鉱石から未知の元素の分離を行っていたとき, ポロニウムが含まれるビスマスの沈殿部分とは別に, バリウム (Ba) を含む沈殿部分に強い放射能が存在することをつきとめ, ポロニウムとは別の新元素が存在することを確信した. そこで, バリウムを含む沈殿から分離・精製する操作を繰り返し, ついに放射能をもつ 2 番目の新元素を塩化物として単離することに成功した. この新しい元素は, 放射線を放出するため, ラテン語の radius (放射) にちなんでラジウム (Ra) と命名された. ラジウムは, 最も含有量の多い鉱石でも 1 kg 中に 0.1 mg 程度しか含まれないので, 抽出は困難をきわめた. 0.1 g の塩化ラジウムの抽出に, 数 t の閃ウラン鉱石と約 1 万回の分離・精製操作を必要としたのである.

1903 年, キュリー夫妻はベクレルとともに放射能の発見・研究でノーベル物理学賞を受賞した. この放射能の発見を契機に, 原子核物理学という新しい科学分野が大きく進展していった. 1906 年, ピエール・キュリーは暴走した馬車にはねられて死亡したが, キュリー夫人はピエールの後継者としてパリ大学の教授に迎えられた. その後, 共同研究者とともにラジウム金属の単離に成功し, ラジウムの化学的性質に関する多くの知見を得た. キュリー夫人は, 1911 年, ラジウムおよびポロニウムの発見とその性質の研究でノーベル化学賞を受賞した.

キュリー夫人が単離したラジウムはイギリスのラザフォード (E. Rutherford) に提供され, 彼はラジウムから放出される放射線 (α 線) の金属に対する散乱実験から原子核の存在を明らかにした (1911 年).

1.4 原子の量子論と電子構造

1.4.1 水素の発光スペクトル

水素を封入した放電管に電圧をかけて放電すると, 放電管が桃色に光る. これを分光器で観測してみると, 多くの輝線スペクトルが見いだされる. これらの輝線スペクトルの波長は次式で与えられることが, 19 世紀末から 20 世紀初頭にかけて明らかになった.

$$\frac{1}{\lambda} = R\left(\frac{1}{n_1{}^2} - \frac{1}{n_2{}^2}\right), \quad (n_1, \ n_2 \text{ は整数}, \ n_1 \geqq 1, \ n_2 \geqq n_1 + 1) \ (1.6)$$

ここで，R はリュードベリ（Rydberg）定数とよばれ，$R = 1.097 \times 10^7 \, \mathrm{m}^{-1}$ である．$n_1 = 1$ の輝線スペクトルはライマン（Lyman）系列，$n_1 = 2$ はバルマー（Balmer）系列，$n_1 = 3$ はパッシェン（Paschen）系列，$n_1 = 4$ はブラケット（Brackett）系列とよばれ，それぞれ波長の短い紫外領域，可視領域，赤外領域，波長の長い赤外領域に現れる．

1.4.2 水素原子のボーア模型

原子が，体積の小さな原子核の周りに電子が回っている構造をもつことを明らかにしたのはラザフォード（E. Rutherford）である．ラザフォードは，金箔のような金属の薄膜に α 粒子（^{4}He の原子核）を照射すると，大部分の α 粒子は薄膜を通り抜けるが，ごくわずかの α 粒子は著しく散乱されることを見いだした．この α 粒子の散乱実験から正電荷をもつ部分の直径を $10^{-13} \sim 10^{-12} \, \mathrm{cm}$ と見積もり，これを原子核（nucleus）とよんだ．

ラザフォードによる原子模型をもとに，原子核の周りを運動している電子の軌道角運動量が，量子化されたとびとびの値をとると仮定して水素原子の輝線スペクトルの起源を解明したのは，ラザフォードのもとで研究していたボーア（N. Bohr, 1913 年）であった．

いま，質量 m の電子が電荷 $+Ze$ の原子核を中心とする半径 r の軌道を速度 v で回転している状態が定常状態であるためには，電子と原子核に働くクーロン引力と電子の回転運動による遠心力が次式のようにつりあっていなければならない．

$$\frac{mv^2}{r} = \frac{Ze^2}{4\pi\varepsilon_0 r^2} \tag{1.7}$$

ここで，ε_0 は真空中の誘電率である．式（1.7）を変形すると，

$$r = \frac{Ze^2}{4\pi\varepsilon_0 mv^2} \tag{1.8}$$

となる．この式は，電子の速度が変わることによって軌道半径が連続的にすべての値をとりうることを意味しているので，原子の大きさが不確定で

ある．そこで，ボーアは電子の周回運動による軌道角運動量の値がプランク（Planck）定数 h で規定される量子化された値のみ許されるものと仮定した．ボーアの提案した軌道角運動量の量子化条件は，プランク定数 h の次元と軌道角運動量の次元を比較してみるとよくわかる．

1900 年にプランク（M. Planck）は，振動数 ν の電磁波は任意のエネルギーを許されず，$\varepsilon = h\nu$ で与えられるエネルギー素量の整数倍しか許されないと仮定し（プランクの光量子仮説），黒体放射の波長依存性をみごとに解き明かした．なお，黒体とは外部からの電磁波をあらゆる波長にわたって完全に吸収する物体であり，熱平衡状態にあるその物体からの放射を黒体放射とよんでいる．ここで，プランク定数 h の次元は［エネルギー］×［時間］であり，角運動量 mvr $(= mv^2 \cdot \frac{r}{v})$ の次元（［運動量］×［長さ］＝［エネルギー］×［時間］）に等しい．こうしてボーアは，軌道角運動量 mvr の 1 周期（1 回転）の積分値が，エネルギー量子の単位である h の整数倍になるものとした．

$$\oint mvr\, \mathrm{d}\theta = mvr \oint \mathrm{d}\theta = nh, \quad (n = 1,\ 2,\ 3,\ \cdots) \qquad (1.9)$$

ここで，$\oint \mathrm{d}\theta$ は電子が軌道を 1 周することに相当するから，その値は 2π となる．したがって，次式が導かれる．

$$mvr = n\frac{h}{2\pi} \qquad (1.10)$$

これがボーアの導入した電子の軌道角運動量の量子条件であり，整数 n は主量子数とよばれる．n が与えられると，式（1.8）と（1.10）より電子の軌道半径は次式のように一意的に決まる．

$$r_n = n^2 \frac{\varepsilon_0 h^2}{\pi m Z e^2} \qquad (1.11)$$

$Z = 1$ の水素原子の場合，$n = 1$ のとき，r は最小の値をとり，

$$r = \frac{\varepsilon_0 h^2}{\pi m e^2} = a_0 \qquad (1.12)$$

となる．この a_0 はボーア半径とよばれ，$a_0 = 0.0529\,\mathrm{nm}$ である．水素原子における電子のエネルギー E は，運動エネルギーとポテンシャルエネルギーの和であるから，次式で表される．

$$E = \frac{mv^2}{2} - \frac{Ze^2}{4\pi\varepsilon_0 r} \qquad (1.13)$$

式（1.13）に式（1.7）および（1.11）を代入すると，

$$E_n = -\frac{mZ^2e^4}{8{\varepsilon_0}^2h^2n^2} \qquad (1.14)$$

が得られる．このように，電子の軌道半径は特定の値だけしか許されないため，電子のエネルギーも式（1.14）に示す不連続な値しか許されない．電子のエネルギーが E_n をとるとき，原子は定常状態にあるといい，ある定常状態から他の定常状態に遷移するとき，そのエネルギー差に相当する光の吸収または放出が起こる．

　もし，電子が軌道 i から j に遷移すると，エネルギーの変化 ΔE は

$$\Delta E = \frac{mZ^2e^4}{8{\varepsilon_0}^2h^2}\left(\frac{1}{{n_i}^2} - \frac{1}{{n_j}^2}\right) \qquad (1.15)$$

となる．光のエネルギーと振動数 ν および波長 λ との間には

$$E = h\nu = \frac{hc}{\lambda} \qquad (1.16)$$

の関係がある．したがって，電子が軌道 i から j に遷移するとき放出される光の波長の逆数は，次式で与えられる．

$$\frac{1}{\lambda} = \frac{mZ^2e^4}{8{\varepsilon_0}^2h^3c}\left(\frac{1}{{n_i}^2} - \frac{1}{{n_j}^2}\right) = R\left(\frac{1}{{n_i}^2} - \frac{1}{{n_j}^2}\right) \qquad (1.17)$$

したがってリュードベリ定数 R は，

$$R = \frac{mZ^2e^4}{8{\varepsilon_0}^2h^3c} \qquad (1.18)$$

となり，水素原子における理論値は $R = 1.097 \times 10^7\,\mathrm{m^{-1}}$ となり，実験値 $R = 1.097 \times 10^7\,\mathrm{m^{-1}}$ と一致する．実際，$n_i = 1$，$n_j = 2$，3，4，…のときには紫外領域のライマン系列，$n_i = 2$，$n_j = 3$，4，5，…のときには可視領域のバルマー系列，$n_i = 3$，$n_j = 4$，5，6，…のときには赤外領域のパッシェン系列がみごとに再現された．図1.8に水素原子における輝線スペクトルの各系列の遷移を示す．

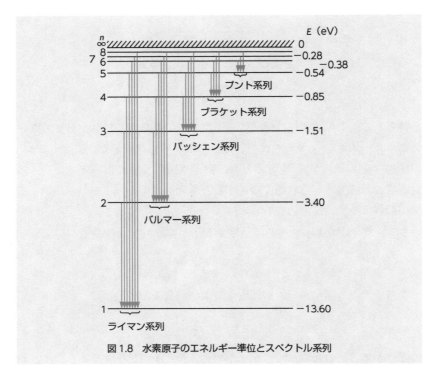

図1.8　水素原子のエネルギー準位とスペクトル系列

1.4.3　電子の波動性とシュレーディンガー方程式

粒子の波動性　アインシュタインの相対性理論では，粒子のエネルギー E，静止質量 m，運動量 p の間には，次式が成り立つ.

$$E = c\sqrt{m^2c^2 + p^2} \tag{1.19}$$

この関係式を光に適用してみよう. 光の静止質量は 0 であり，エネルギー E はプランクの量子仮説に従って，$E = h\nu$ で表される. これを式 (1.19) に代入すると，光の運動量と波長の間には次の関係式が成り立つ.

$$p = \frac{h}{\lambda} \tag{1.20}$$

この関係式は光の波動性と粒子性を結びつけるものである. 実際，コンプトン（A. Compton，1922 年）は電子による X 線の散乱の実験から，波長 λ の X 線が $\frac{h}{\lambda}$ の運動量をもつ粒子のようにふるまうことを実証した（コンプトン効果）.

またド・ブロイ（de Broglie, 1924年）は，運動量と波長を結びつける式（1.20）を物質に普遍的なものと考え，「運動量 p をもつ粒子には波長 $\lambda = \frac{h}{p}$ の波動性が伴う」という物質波（ド・ブロイ波）の仮説を提案した．ド・ブロイによる物質波の仮説は，1928年，電子線による回折現象が観測されて正しいことが証明された．

ド・ブロイの提唱した物質波の仮説を電子の軌道運動の定在波（波長，振幅が同じで進行方向が互いに逆向きの2つの波の重ね合わせたもので，進行が止まっているように見える波）に適用すると，ボーアによる軌道角運動量の量子化条件が自然に導かれる．原子核の周りの円周上を回る電子が安定な定在波として存在するためには，軌道の円周が電子の波長 λ の整数倍（$2\pi r = n\lambda$）にならなければならない．この条件に $p = \frac{h}{\lambda}$ および $p = mv$ を代入するとボーアの量子条件と同じ式が得られる．

$$mvr = \frac{nh}{2\pi} \tag{1.21}$$

シュレーディンガー方程式　ここでは，電子の波動性を表す方程式を導き，この方程式をもとにして水素原子における電子の波動関数を考えてみよう．まず最初に物質中を伝わる正弦波について考えてみる．x 軸の正の方向へ伝播する正弦波および負の方向へ伝播する正弦波は次式で表される．

$$\Psi^+(x, t) = A \sin 2\pi \left\{ \frac{x}{\lambda} - vt \right\}$$

$$\Psi^-(x, t) = A \sin 2\pi \left\{ \frac{x}{\lambda} + vt \right\} \tag{1.22}$$

ここで，A，λ，v はそれぞれ波の振幅，波長，振動数である．$\Psi^+(x, t)$ と $\Psi^-(x, t)$ を重ね合わせると次式で表される定在波が得られる．

$$\Psi(x, t) = \Psi^+(x, t) + \Psi^-(x, t)$$

$$= 2A \sin \left(2\pi \frac{x}{\lambda} \right) \cos \left(2\pi vt \right) \tag{1.23}$$

この定在波 $\Psi(x, t)$ を x に関して2回微分すると，次式が導かれる．

$$\frac{\mathrm{d}^2 \Psi}{\mathrm{d}x^2} = \left(\frac{2\pi}{\lambda} \right)^2 \Psi \tag{1.24}$$

この式にド・ブロイの式 $\lambda = \frac{h}{p}$ を入れると電子の波動方程式であるシュ

レーディンガー（Schrödinger）方程式を簡単に導くことができる．

　ところで，電子の運動エネルギー$\dfrac{p^2}{2m}$とポテンシャルエネルギー U の和である全エネルギー E は次式で表される．

$$E = \frac{p^2}{2m} + U = \frac{h^2}{2m\lambda^2} + U \tag{1.25}$$

式（1.25）とド・ブロイの式 $\lambda = \dfrac{h}{p}$ を一次元の波動方程式（1.24）に代入すると，次式が得られる．

$$\frac{\mathrm{d}^2\Psi(x)}{\mathrm{d}x^2} = -\frac{8\pi^2 m}{h^2}\{E - U(x)\}\Psi(x) \tag{1.26}$$

式（1.26）のポテンシャルエネルギーの項を左辺に移項し，整理すると一次元のシュレーディンガー方程式となる．

$$\left\{-\left(\frac{h^2}{8\pi^2 m}\right)\frac{\mathrm{d}^2}{\mathrm{d}x^2} + U(x)\right\}\Psi(x) = E\Psi(x) \tag{1.27}$$

これを三次元に拡張すると，三次元のシュレーディンガー方程式となる．

$$\left\{-\left(\frac{h^2}{8\pi^2 m}\right)\left(\frac{\partial^2}{\partial x^2} + \frac{\partial^2}{\partial y^2} + \frac{\partial^2}{\partial z^2}\right) + U(x,y,z)\right\}\Psi(x,y,z)$$
$$= E\Psi(x,y,z) \tag{1.28}$$

1.4.4　水素型原子の電子軌道と量子数

　水素型原子では，$+Ze$ の電荷をもつ原子核が中心にあり，その周りを $-e$ の電荷をもつ電子が 1 個回っている．このとき，電子に対するシュレーディンガー方程式は次式で与えられる．

$$\left\{-\left(\frac{h^2}{8\pi^2 m}\right)\left(\frac{\partial^2}{\partial x^2} + \frac{\partial^2}{\partial y^2} + \frac{\partial^2}{\partial z^2}\right) - \left(\frac{Ze^2}{4\pi\varepsilon_0 r}\right)\right\}\Psi = E\Psi \tag{1.29}$$

　水素型原子のように球対称な原子の場合には，極座標 (r, θ, φ) を用いたほうが便利である．直交座標と極座標との関係を図 1.9 に示す．極座標で表すには次式の座標変換を行う．

$$x = r\sin\theta\cos\varphi$$
$$y = r\sin\theta\sin\varphi$$
$$z = r\cos\theta$$
$$\mathrm{d}x\,\mathrm{d}y\,\mathrm{d}z = r^2\mathrm{d}r\,\sin\theta\,\mathrm{d}\theta\,\mathrm{d}\varphi \tag{1.30}$$

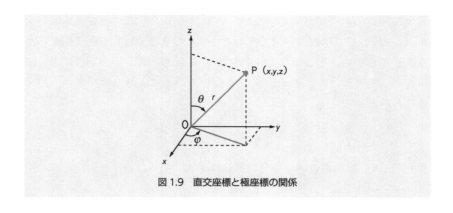

図 1.9　直交座標と極座標の関係

したがって，極座標によるシュレーディンガー方程式は次式で表される．

$$\left[-\frac{h^2}{8\pi^2 m} \left\{ \frac{1}{r^2} \frac{\partial}{\partial r} \left(r^2 \frac{\partial}{\partial r} \right) + \frac{1}{r^2 \sin\theta} \frac{\partial}{\partial \theta} \left(\sin\theta \frac{\partial}{\partial \theta} \right) + \frac{1}{r^2 \sin^2\theta} \frac{\partial^2}{\partial \varphi^2} \right\} \right.$$

$$\left. -\frac{Ze^2}{4\pi\varepsilon_0 r} \right] \Psi = E\Psi \tag{1.31}$$

式（1.31）の両辺に r^2 をかけてみると明らかなように，式（1.31）を満たす波動関数 $\Psi(r, \theta, \varphi)$ の解は，r のみの動径部分と θ および φ のみの角度部分の積の形で表すことができる．

$$\Psi_{n,l,m}(r, \theta, \varphi) = R_{n,l}(r) Y_{l,m}(\theta, \varphi) \tag{1.32}$$

水素型原子における電子の波動関数には 3 種類の量子数 n, l, m が含まれており，これらの値は整数であり，それぞれを主量子数，方位量子数，磁気量子数とよんでいる．

主量子数 n　n の増大とともに軌道の広がりが増大する．$n = 1, 2, 3,$ …に対応した電子軌道を K 殻，L 殻，M 殻，…とよぶ．水素型原子では，電子のエネルギーは主量子数 n のみに依存する．

方位量子数 l　方位量子数は，与えられた主量子数 n に対して $l = 0, 1,$ $2, \cdots, (n-1)$ までの n 個の値をとり，$l = 0, 1, 2, 3,$ …に対応した電子軌道を s 軌道，p 軌道，d 軌道，f 軌道，…とよぶ．

磁気量子数 m　磁気量子数は，与えられた方位量子数 l に対して $m = 0,$ $\pm 1, \pm 2, \cdots, \pm l$ までの $2l + 1$ 個の値をとる．方位量子数と磁気量子数は波動関数の角度部分の形状を決めている．

波動関数の角度部分　水素型原子における電子の波動関数の角度部分 $Y_{l,m}(\theta, \varphi)$ の多くは複素関数であるため，そのままでは実空間で軌道の形を図示できない．そこで $Y_{l,m}$ および $Y_{l,-m}$ の代わりに，線形結合によって得られる実関数，$Y_{l,m}{}^+$ および $Y_{l,m}{}^-$ を用いることにより軌道の形を図示することができる．

$$Y_{l,m}{}^+ = \frac{Y_{l,m} + Y_{l,-m}}{\sqrt{2}}, \quad Y_{l,m}{}^- = \frac{Y_{l,m} - Y_{l,-m}}{\sqrt{2}i} \tag{1.33}$$

したがって，p 軌道の角度部分の関数は次式で表される．

$$p_x = \frac{Y_{1,1} + Y_{1,-1}}{\sqrt{2}} = \sqrt{\frac{3}{4\pi}}\sin\theta\cos\varphi = \sqrt{\frac{3}{4\pi}}\frac{x}{r}$$

$$p_y = \frac{Y_{1,1} - Y_{1,-1}}{\sqrt{2}i} = \sqrt{\frac{3}{4\pi}}\sin\theta\sin\varphi = \sqrt{\frac{3}{4\pi}}\frac{y}{r}$$

$$p_z = Y_{1,0} = \sqrt{\frac{3}{4\pi}}\cos\theta = \sqrt{\frac{3}{4\pi}}\frac{z}{r} \tag{1.34}$$

また，d 軌道の角度部分の関数は次式で表される．

$$d_{x^2-y^2} = \sqrt{\frac{15}{16\pi}}\sin^2\theta\cos 2\varphi = \sqrt{\frac{15}{16\pi}}\frac{x^2-y^2}{r^2}$$

$$d_{z^2} = \sqrt{\frac{5}{16\pi}}(3\cos^2\theta - 1) = \sqrt{\frac{5}{16\pi}}\frac{3z^2-r^2}{r^2}$$

$$d_{xy} = \sqrt{\frac{15}{16\pi}}\sin^2\theta\sin 2\varphi = \sqrt{\frac{15}{4\pi}}\frac{xy}{r^2}$$

$$d_{yz} = \sqrt{\frac{15}{16\pi}}\sin 2\theta\sin\varphi = \sqrt{\frac{15}{4\pi}}\frac{yz}{r^2}$$

$$d_{zx} = \sqrt{\frac{15}{16\pi}}\sin 2\theta\cos\varphi = \sqrt{\frac{15}{4\pi}}\frac{zx}{r^2} \tag{1.35}$$

角度部分の関数 $Y_{l,m}(\theta, \varphi)$ は，原子核の周りの θ, φ 方向に分布する電子の存在確率に関係する．たとえば，s 軌道の角度部分は $Y_{0,0}(\theta, \varphi) = \sqrt{1/4\pi}$ であり，θ, φ に依存しないので，どの方向からながめても軌道の形は球状である．これに対し，式 (1.34) に示したように p 軌道の形は θ, φ に依存する．$2p_z$ 軌道を例にとると，その角度依存性は $\cos\theta$ である．動径部分を一定として，θ および φ を変化させて軌道の形の軌跡を描いてみると，$\theta = 0$（z 軸）で極大となり，$\theta = 90°$（x, y 軸）の方向で 0 と

なる. $\theta = 90°\sim180°$ では符号が負になり, $\theta = 180°$ で極小となる. すなわち, p 軌道は奇関数としてふるまう. 原子軌道関数が奇関数であるか偶関数であるかは, 原子が化学結合を形成するときにきわめて重要な役割になる. 図 1.10 に s 軌道, p 軌道および d 軌道の角度依存性を示す.

ところで, 図 1.10 において, 5 種類の d 軌道のなかで, d_{z^2} 軌道の形が他の d 軌道の形と著しく異なっているが, $d_{z^2} \propto (3z^2 - r^2)/r^2 = \{2z^2 - (x^2 + y^2)\}/r^2 = \{(z^2 - x^2) + (z^2 - y^2)\}/r^2$ から明らかなように, d_{z^2} 軌道の角度部分の関数は $d_{z^2-x^2}$ 軌道と $d_{z^2-y^2}$ 軌道の角度部分の関数を足し合わせたものであり, 角度部分の基本形はクローバー形である. 図 1.11 に $d_{z^2-x^2}$ 軌道, $d_{z^2-y^2}$ 軌道および d_{z^2} 軌道の角度部分の関数の軌跡を示す.

波動関数の動径部分　波動関数の動径部分 $R_{n,l}(r)$ は原子核からの距離 r のみの関数であり, 波動関数の空間的な広がりを表す. 水素型原子における電子軌道の動径部分 $R_{n,l}(r)$ を表 1.3 に, 動径部分 $R_{n,l}(r)$ を原子核からの距離 r に対してプロットしたものを図 1.12 に示す. 図 1.12 から明ら

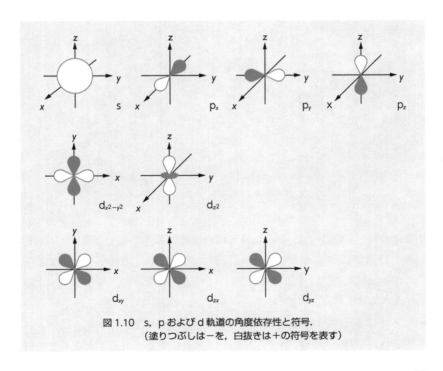

図 1.10　s, p および d 軌道の角度依存性と符号.
（塗りつぶしは－を, 白抜きは＋の符号を表す）

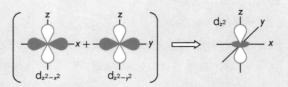

図 1.11　$d_{z^2-x^2}$, $d_{z^2-y^2}$ および d_{z^2} 軌道の角度部分の軌跡

表 1.3　水素型原子の波動関数の動径部分 $R_{n,l}$

軌道名	$R_{n,l}$ $\quad \rho = \dfrac{2Zr}{na_0}$
1s	$R_{1,0} = 2\left(\dfrac{Z}{a_0}\right)^{3/2} e^{-\rho/2}$
2s	$R_{2,0} = \dfrac{1}{2\sqrt{2}}\left(\dfrac{Z}{a_0}\right)^{3/2}(2-\rho)e^{-\rho/2}$
2p	$R_{2,1} = \dfrac{1}{2\sqrt{6}}\left(\dfrac{Z}{a_0}\right)^{3/2}\rho e^{-\rho/2}$
3s	$R_{3,0} = \dfrac{1}{9\sqrt{3}}\left(\dfrac{Z}{a_0}\right)^{3/2}(6-6\rho+\rho^2)e^{-\rho/2}$
3p	$R_{3,1} = \dfrac{1}{9\sqrt{6}}\left(\dfrac{Z}{a_0}\right)^{3/2}(4\rho-\rho^2)e^{-\rho/2}$
3d	$R_{3,2} = \dfrac{1}{9\sqrt{30}}\left(\dfrac{Z}{a_0}\right)^{3/2}\rho^2 e^{-\rho/2}$

かなように，s 軌道の $R_{n,l}(r)$ は原子核の位置で最大の値をとるが，s 軌道以外の軌道では $R_{n,l}(r)$ が原子核の位置で 0 となる．このことは，s 電子だけが原子核と接触することを意味している．ちなみに，電子捕獲による原子核の壊変（たとえば ^{40}K から ^{40}Ar への壊変）では，原子核が電子を捕獲して陽子が中性子に変わり原子番号が 1 だけ減少するが，捕獲される電子は原子核と唯一接触することができる s 電子である．ところで，波

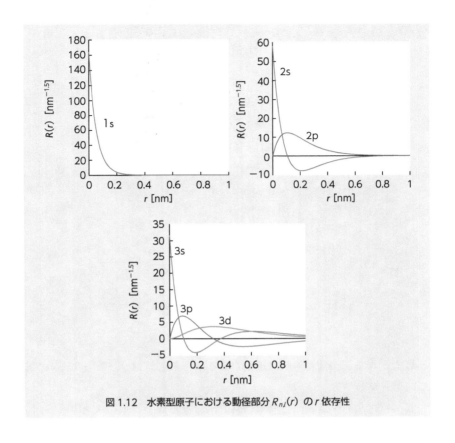

図 1.12 水素型原子における動径部分 $R_{n,l}(r)$ の r 依存性

動関数の値が 0 となる点を節 (node) とよぶが, $R_{n,l}(r)$ の節の数は ($n - l - 1$) になる.

動径部分 $R_{n,l}(r)$ の 2 乗に $4\pi r^2$ をかけたものが動径分布関数 $D_{n,l}(r)$ である.

$$D_{n,l}(r) = 4\pi r^2 \{R_{n,l}(r)\}^2 \qquad (1.36)$$

$D_{n,l}(r)$ は, 原子核から半径 r にある厚さ (dr) の球殻 ($4\pi r^2 \mathrm{d}r$) に電子が存在する確率を与える. この動径分布関数が最大となる r が軌道の平均半径に相当する. 動径分布関数 $D_{n,l}(r)$ を r に対してプロットしたものを図 1.13 に示す. 方位量子数が同じ軌道では, 主量子数の増加とともに軌道が原子核から離れていく. また, 主量子数が同じ軌道では, 方位量子数の増加とともに軌道が収縮していく. 水素原子の 1 s 軌道において, $D_{n,l}(r)$

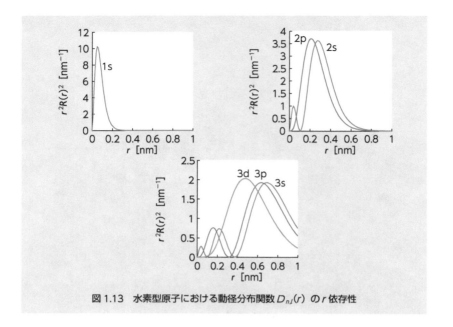

図 1.13　水素型原子における動径分布関数 $D_{nl}(r)$ の r 依存性

が最大となる r の値は $0.053\,\mathrm{nm}$ であるが，この値はボーア半径 a_0 に等しいことがわかる．

式（1.31）から得られた水素型原子における電子軌道のエネルギーは，ボーアが導出した電子軌道のエネルギーに等しく，主量子数 n のみに依存する．

$$E_n = -\frac{e^4 m}{8\varepsilon_0^2 h^2}\frac{Z^2}{n^2} \tag{1.37}$$

したがって，$n = 2$ では 2s 軌道と 3 個の 2p 軌道が同じエネルギーをもち（縮退），$n = 3$ では 3s 軌道，3 個の 3p 軌道，および 5 個の 3d 軌道が縮退している．一般に，主量子数 n をもつ水素型原子軌道は n^2 重に縮退している．

1.4.5　多電子原子の電子軌道と電子配置

前項で学んだように，水素型原子の電子は 1 個であり，原子核と電子に働く相互作用は球対称なクーロン場である．このような条件のもとでは，

電子軌道のエネルギーは主量子数 n で決まり，同じ n の軌道はすべて同じエネルギーをもっている．たとえば，3s, 3p, 3d の波動関数は動径部分，角度部分ともまったく異なっているが，それらのエネルギーは等しい．

　しかし，電子が複数個ある多電子原子では，他の電子による原子核の陽電荷の遮蔽と電子間のクーロン相互作用のため，電子が受けるクーロン場は球対称からずれてしまう．このため，主量子数が同じ軌道であっても方位量子数が異なれば，軌道のエネルギーも異なってくるのである．図1.14 に多電子原子の軌道エネルギーと原子番号との関係を示す．主量子数 n が等しい軌道の集合が電子殻であり，$n = 1, 2, 3, \cdots$ に対応して K 殻，L 殻，M 殻，$\cdots$ とよぶ．さらに方位量子数 l の違いにより副殻に分けられる．また，電子が収容されている軌道で，いちばん外側の電子殻を最外殻，それ以外の電子殻を内殻とよぶ．典型元素では，最外殻にある電子のエネ

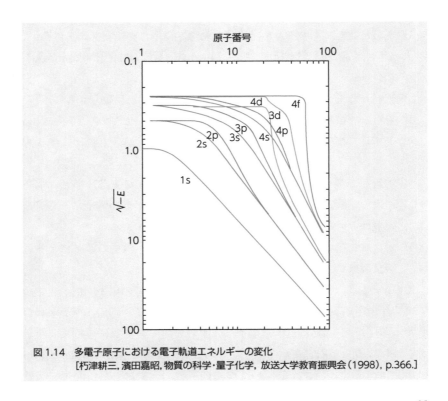

図 1.14　多電子原子における電子軌道エネルギーの変化
[朽津耕三, 濱田嘉昭, 物質の科学・量子化学, 放送大学教育振興会 (1998), p.366.]

ルギーは内殻の電子に比べてかなり高いが，遷移元素では，最外殻電子の
エネルギーは不完全内殻の d 電子や f 電子よりわずかに低い場合が多い．
しかし図 1.14 に示すように，原子番号（原子核の陽電荷）が増えるに従っ
て副殻間のエネルギー差は増大した後，減少に転じ，重元素では，副殻の
エネルギーは同じ主量子数をもつエネルギー準位に収束していく．これは，
他の電子による原子核の陽電荷の遮蔽より，核の大きな陽電荷によるクー
ロン引力が支配的となり，水素型原子に似てくるためである．

　多電子原子における核電荷の電子による遮蔽に関しては，1930 年にス
レーター（J.C. Slater）が，現在スレーター則（Slater's rule）とよばれ
る規則を提案した．ここでは，その概略ついて述べる．着目している電子
と同じ軌道にある電子および内側にある電子は，その電子に対して核電荷
を遮蔽する．したがって，核から受ける有効電荷は $Z_{\mathrm{eff}} = Z - \delta$ で表さ
れる．ここで δ を遮蔽定数とよぶ．多電子原子における遮蔽定数は，下記
の規則に従って計算した各電子による遮蔽定数の総和である．

1) 遮蔽定数を計算するため，電子の軌道を以下のグループに分ける．
   [1s], [2s, 2p], [3s, 3p], [3d], [4s, 4p], [4d], [4f], [5s, 5p], [5d],
   [5f], …

2) 着目した電子よりも外側のグループの電子は遮蔽に寄与しない．

3) 着目した電子と同じグループの電子による遮蔽定数は各々 $\delta = 0.35$
   とする．ただし，着目した電子が 1s 電子の場合，遮蔽定数は $\delta = 0.30$
   とする．

4) 着目した電子が $[n\mathrm{s}, n\mathrm{p}]$ グループの場合，n が 1 だけ小さい電子
   による遮蔽定数は $\delta = 0.85$ とし，n が 2 以上小さい電子による遮蔽
   定数は $\delta = 1.0$ とする．

5) 着目した電子が $[n\mathrm{d}]$，$[n\mathrm{f}]$ グループの場合，内側の電子による遮
   蔽定数はすべて $\delta = 1.0$ とする．

　このようにして，原子番号の増加にともなって副殻の電子準位が変化し
ていく様子を知ることができる．多電子原子において，副殻に電子が収容
される順序を図 1.15 に示す．電子は図中の矢印の番号順に従って，原子
が中性になるまで収容されていく．この仕組みを構成原理（building-up
principle）とよぶ．ただし，いくつかの遷移元素では，電子配置に例外

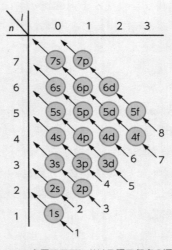

図 1.15　多電子原子における電子収容の順序

が見られる．たとえば，Cr の電子配置は $[Ar]3d^5 4s^1$ であり，Cu の電子配置は $[Ar]3d^{10}4s^1$ である．Cr の場合は，3d 電子の配置を半閉殻にすることによりエネルギーの安定化が起こり，Cu の場合には 3d 電子の配置を閉殻にすることによりネルギーの安定化が起こっている．ところが不思議なことに遷移元素では，中性原子から電子が引き抜かれてイオンになる場合，最外殻にある ns 電子から先に引き抜かれる．たとえば，Cr^{3+} の電子配置は $[Ar]3d^3$ であり，Cu^{2+} の電子配置は $[Ar]3d^9$ である．遷移金属イオンにおける電子の収容の仕組みは，中性の遷移金属原子における電子の収容の仕組みと逆である．これは，遷移金属イオンでは，価電子が減少することにより，有効核電荷が増加し，水素型原子に近づくためと考えられている．

1.4.6　電子スピン

　1.4.4 節で述べたように，原子のエネルギー準位は，主量子数 n，方位量子数 l，磁気量子数 m で決まることがわかった．しかし，ナトリウムランプの輝線スペクトル（ナトリウムの D 線とよぶ）が 2 本に分裂（589.6 nm，589.0 nm）することを説明するには，第 4 の量子数が必要になる．

1925 年，ウーレンベック（G.E. Uhlenbeck）とハウトスミット（S. Goudsmit）は，電子が自転に相当する内部自由度をもつものと考え，その自由度を電子スピンとよんだ（1925 年）．したがって，原子核の周りの回転に伴う軌道角運動量（l）と電子スピンによる角運動量（s）を合わせた全角運動量は，$l+s$ と $l-s$ の 2 つになる．これがナトリウムランプの輝線スペクトルの分裂に対応する．電子スピンの概念は，その後，ディラック（P.A.M. Dirac）によって数学的に証明された（1927 年）．ナトリウムの D 線が 2 本に分裂すること，量子数の成分の差は整数であることから，スピン量子数は $s=\frac{1}{2}$ であり，2 つの成分 $+\frac{1}{2}$，$-\frac{1}{2}$ をとることがわかる（もしスピン量子数が $s=1$ であるなら 3 つの成分 $+1, 0, -1$ があるため D 線が 3 本に分裂するはずである）．±の符号は，自転の方向が相反するという古典的描像に対応している．したがって，$m_s=+\frac{1}{2}$ は右回りの自転に対応し，α スピンとよび↑で表す．$m_s=-\frac{1}{2}$ は左回りの自転に対応し，β スピンとよび↓で表す．

　ここで，スピン角運動量のベクトルと磁気モーメントの向きについて注意する必要がある．電子の流れと電流の流れが逆であることから明らかなように，自転に伴うスピン角運動量のベクトル s と磁気モーメント μ は互いに逆向きである（図 1.16）．したがって，$l-s$ の方が $l+s$ よりエネルギーが低く，波長 589.6 nm，および 589.0 nm のナトリウムの D 線は，それぞれ $3P_{1/2} \rightarrow 3S$ および $3p_{3/2} \rightarrow 3s$ 遷移に対応している．

　1925 年，パウリ（W.E. Pauli）は多電子原子の原子スペクトルを説明

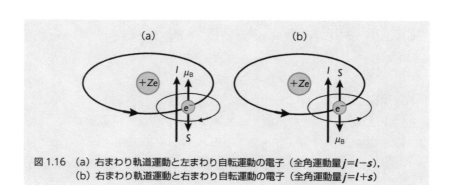

図 1.16　(a) 右まわり軌道運動と左まわり自転運動の電子（全角運動量 $j=l-s$），
　　　　　(b) 右まわり軌道運動と右まわり自転運動の電子（全角運動量 $j=l+s$）

するため，次のような排他原理（パウリの排他律）を提案した．

「原子中の電子は，4個の量子数（主量子数，方位量子数，磁気量子数，スピン量子数）により規定される1つの状態に1個しか存在できない．すなわち，3個の量子数（主量子数，方位量子数，磁気量子数）で規定される1つの軌道には最大2個（α スピンと β スピンの電子対）の電子が入る」．

また，1927年，フント（F. Hund）は，「方位量子数が等しい軌道（たとえば p_x, p_y, p_z）に電子が複数入るとき，できるだけ異なる軌道に入り，それぞれの電子スピンはできるだけ平行にならなければならない」という法則を発見した．この法則をフントの規則とよぶ．フントの規則はたとえエネルギーに少々の差があっても，軌道どうしが直交していれば一般に成立するものである．

コラム 1.3　パウリの排他律の起源

　古典力学で取り扱うことができる粒子では，その物理的性質が同等であっても，個々の粒子に番号をつけて任意の時刻に各粒子の運動を追跡し区別することができる．しかし，電子のように波動の性質をもつ場合には，時間と位置を同時に追跡することはできない．したがって，2個の電子が近づいて接触した後，互いに離れていく場合を考えてみると，2つの電子雲が互いに重なっている時点で2個の電子がどちらにいるのか区別することはできない．このように，物質が波動性をもつ量子の世界では，2個の粒子に番号をつけて識別することは原理的に不可能である．これを同種粒子の識別不能原理とよぶ．

　ここで，2個の同種粒子がそれぞれ波動関数 ϕ および φ に入った状態 $\Psi(r_1, r_2)$ を考えてみよう．同種の粒子は識別できないから，波動関数 $\Psi(r_1, r_2)$ は次式で表される．

$$\Psi(r_1, r_2) = C_1\,\phi(r_1)\,\varphi(r_2) + C_2\,\phi(r_2)\,\varphi(r_1) \qquad (1)$$

ここで，粒子を交換してみる（r_1 と r_2 を取り替える）と，

$$\Psi(r_2, r_1) = C_1\,\phi(r_2)\,\varphi(r_1) + C_2\,\phi(r_1)\,\varphi(r_2) \qquad (2)$$

が得られる．粒子の交換を2度行うともとに戻るから，$\Psi(r_2, r_1) = \pm\Psi(r_1, r_2)$ となる．すなわち，粒子の交換に対して波動関数の符号が変わらない場合と符号が逆転する場合があることになる．粒子の交換に対して波動関数の符号が逆転する粒子をフェルミ粒子とよび，電子や陽子などがある．一方，粒子の交換

に対して波動関数の符号が変わらない粒子をボーズ粒子とよび，光子や中間子などがある．

　フェルミ粒子の場合，粒子の交換に対して $\Psi(r_2, r_1) = -\Psi(r_1, r_2)$ であるから，式 (1) の右辺と式 (2) の右辺の符号を変えたものが等しいためには，$C_1 = -C_2$ でなければならない．これと規格化の条件から，2 個のフェルミ粒子が波動関数 ϕ および φ に入った状態 $\Psi(r_1, r_2)$ は次式で表される．

$$\Psi(r_1, r_2) = \frac{1}{\sqrt{2}} \{\phi(r_1)\varphi(r_2) - \phi(r_2)\varphi(r_1)\} \tag{3}$$

　同様にして，2 個のボーズ粒子が波動関数 ϕ および φ に入った状態 $\Psi(r_1, r_2)$ は次式で表される．

$$\Psi(r_1, r_2) = \frac{1}{\sqrt{2}} \{\phi(r_1)\varphi(r_2) + \phi(r_2)\varphi(r_1)\} \tag{4}$$

　ここで，フェルミ粒子の性質からパウリの排他律を導いてみよう．いま，上向きスピンの電子が 1s 軌道に存在する状態の波動関数を $\phi_{1s}{}^{\alpha}$ とし，上向きスピンの電子を 1s 軌道に 2 個入れてみよう．電子はフェルミ粒子であるから，上向きスピンの電子が 1s 軌道に 2 個入った状態は次式で表される．

$$\Psi(r_1, r_2) = \frac{1}{\sqrt{2}} \{\phi_{1s}{}^{\alpha}(r_1)\phi_{1s}{}^{\alpha}(r_2) - \phi_{1s}{}^{\alpha}(r_2)\phi_{1s}{}^{\alpha}(r_1)\} = 0 \tag{5}$$

　式 (5) で明らかなように，電子のスピン部分も含めて同一の波動関数に 2 個の電子を詰めた状態はつねに 0 となり，このような状態は存在しえないことを意味している．したがって，多電子系において，1 つの電子軌道に上向きスピンおよび下向きスピンの電子を各 1 個ずつ収容することは可能だが，同じ向きのスピンの電子を 2 個以上収容することはできない．これをパウリの排他律とよび，フェルミ粒子の性質から導くことができる．

1.4.7　元素の諸性質と周期律

　イオン化エネルギー　気相にある基底状態の原子 M から電子を取り去り，陽イオン M^+ にするために必要なエネルギーを原子のイオン化エネルギー E_i とよび，次式で表される．

$$M + E_i \;\rightarrow\; M^+ + e^- \tag{1.38}$$

中性原子から電子を 1 個取り去るのに要するエネルギーを第 1 イオン化エネルギー，その陽イオンからさらに電子を 1 個取り去るのに要するエネルギーを第 2 イオン化エネルギーとよぶ．第 1 イオン化エネルギーは，図 1.17 に示すように周期律と密接な関係がある．その特徴は次のとおりである．

　1）貴ガス元素が極大のイオン化エネルギーをとることは，最外殻電子

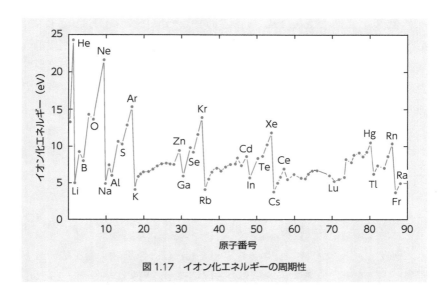

図1.17　イオン化エネルギーの周期性

のエネルギーが極小値をとることと対応しており，閉殻電子構造の
貴ガス元素が化学的に不活性であることを示している.

2) アルカリ金属元素が極小のイオン化エネルギーをとることは，最外
殻にある1個の価電子と核電荷とのクーロン引力が閉殻構造の内殻
電子によって弱められ（遮蔽効果），最外殻電子のエネルギーが極
大になることと対応しており，陽イオンになりやすいことを示して
いる.

3) アルカリ金属元素から貴ガス元素へといくにつれ，イオン化エネル
ギーは大きくなる. しかし，その変化は単調増加ではなく，12族の
亜鉛（Zn），カドミウム（Cd），水銀（Hg）ではイオン化エネルギー
が極大となり，13族のガリウム（Ga），インジウム（In），タリウ
ム（Tl）では極小となる. これは，12族では$nd^{10}(n+1)s^2$の閉殻
電子構造をとるためイオン化しにくくなり，13族では$nd^{10}(n+1)$
$s^2(n+1)p^1$電子構造をとるためp電子が放出されやすくなるため
である.

図1.17のイオン化エネルギーをよくみると，12族であるHgのイオン
化エネルギーが極大値を示し，その値は貴ガス元素のラドン（Rn）の値

に匹敵していることがわかる．このことは，Hg の電子配置（[Xe]$4f^{14}5d^{10}6s^2$）がきわめて安定な閉殻電子構造であり，この安定な閉殻電子構造のために原子半径が収縮し，貴ガス元素に類似した性質をもつ傾向を意味する．Hg が比較的不活性であり，融点が低く常温・常圧下で液体であるのは，このためである．

電子親和力　気相にある基底状態の原子 X に電子 1 個を加え，陰イオン X⁻にするとき，放出されるエネルギーをその原子の電子親和力 E_{ea} とよび，次式で表される．

$$X + e^- \rightarrow X^- + E_{ea} \qquad (1.39)$$

この式をイオン化エネルギーの定義式と比較すると，原子 X の電子親和力とは陰イオン X⁻のイオン化エネルギーに等しいことがわかる．すなわち，陰イオン X⁻のイオン化エネルギーを知れば，原子 X の電子親和力を見積もることができる．電子親和力と周期律との相関関係を図 1.18 に示す．通常，中性原子に 1 個の電子を加えて 1 価の陰イオンにする場合は発熱的であり，電子親和力は正の値を示す．このうち，ハロゲン元素の電

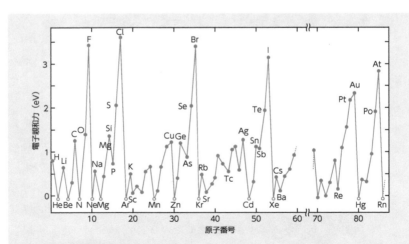

図 1.18　電子親和力の周期性
電子親和力の計測には複数の手法があるが，電子親和力が負の値をもつ元素（X）の場合，X⁻が不安定で，その寿命がきわめて短く計測不能の場合もある．ここでは，負の値を示す元素の電子親和力は，不確定な数値もあるため，負の一定の値にしている．

子親和力は極大を示す．これは，ns^2np^5 の最外殻電子配置をもつハロゲン原子が電子を 1 個取り込み，エネルギーを放出して貴ガス原子と同じ閉殻電子構造 ns^2np^6 となるためである．ところが，ns^2np^6 の閉殻電子構造をもつ貴ガス元素や副殻が閉殻（ns^2）であるアルカリ土類元素などでは，中性原子の電子構造が安定であるため電子親和力は負の値になる．

また，図 1.18 をよくみると，11 族である Au の位置で電子親和力が極大となり，その値はハロゲン元素のアスタチン（At）の値に匹敵していることがわかる．これは，$[\text{Xe}]4f^{14}5d^{10}6s^1$ の電子配置をもつ Au が電子を 1 個取り込み，エネルギーを放出して Hg と同じように安定な閉殻電子構造（$[\text{Xe}]4f^{14}5d^{10}6s^2$）をとるためである．

電気陰性度 原子 A と B の気相反応により A^+B^-（または A^-B^+）ができる場合を考えてみよう．原子 A，B のイオン化エネルギーおよび電子親和力をそれぞれ E_i^A，E_i^B，E_{ea}^A，E_{ea}^B とし，A^+B^- および A^-B^+ におけるイオン間距離が同じであるとすると，A^+B^- を生成するときに必要なエネルギーと A^-B^+ を生成するときに必要なエネルギーとを比較することは，$E_i^A - E_{ea}^B$ と $E_i^B - E_{ea}^A$ を比較することに等しい．したがって，$E_i^A - E_{ea}^B < E_i^B - E_{ea}^A$ ならば，A^-B^+ よりも A^+B^- が生成する．両辺の E_{ea}^A，E_{ea}^B を入れ替えると次のようになる．

$$E_i^A + E_{ea}^A < E_i^B + E_{ea}^B \tag{1.40}$$

すなわち，イオン化エネルギーと電子親和力の和が小さい原子は陽イオンになりやすく，それらの和が大きい原子は陰イオンになりやすい．マリケン（R.S. Mulliken, 1934 年）は，原子が電子を引き寄せる尺度としてイオン化エネルギーと電子親和力の値を用い，元素の電気陰性度 χ_M を次式で定義した．

$$\chi_M = \frac{E_i + E_{ea}}{2} \tag{1.41}$$

ポーリング（L. Pauling, 1932 年）は，これとは別の尺度で電気陰性度（χ_P）を定義したが，χ_M と χ_P との間には次の関係式が成り立っている．

$$\chi_P = 0.336\,\chi_M - 0.207 \tag{1.42}$$

図 1.19 にポーリングによる電気陰性度と周期律との関係を示す．一般に周期表の同一周期では右側にいくほど，同族では上にいくほど電気陰性

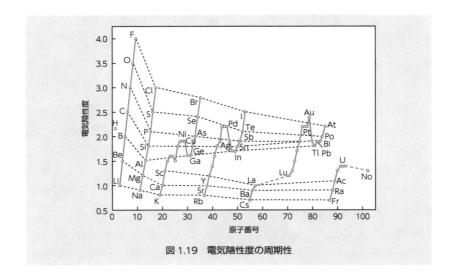

図 1.19　電気陰性度の周期性

度は大きくなり，非金属的な傾向が強くなる．

　同一周期では，ハロゲン元素の電気陰性度が最も大きな値を示すが，ハ
ロゲン元素以外では 11 族である金（Au）の電気陰性度が著しく大きく，
その値はヨウ素（I）の値に匹敵していることがわかる．このため，セシ
ウム（Cs）と Au を 1 : 1 の比で混合して溶融するとイオン結晶 Cs^+Au^-
ができる．このことは，Cs と Cu あるいは Cs と Ag を 1 : 1 の比で混合
して溶融してもイオン結晶にはならず，電気を通す合金になることと大き
な違いである．Au と I の電気陰性度がほとんど等しいことは，Au と同
じ価電子 $6s^1$ をもつ 1 族の Cs が，すべての元素の中で最も小さい電気陰
性度をもつことを考えると驚くべきことである．ここで，Cs と Au の電
子配置および 6s 電子の特徴を考えてみよう．Cs の電子配置は $[Xe]6s^1$
であり，Au の電子配置は $[Xe]4f^{14}5d^{10}6s^1$ である．このことから，原子
核の陽電荷は Au のほうが 24 も大きいことがわかる．したがって，Au の
6s 電子は，原子核の陽電荷によるひじょうに強いクーロン引力を受け，
6s 軌道のエネルギーが著しく低下する．これが Au の異常に大きい電気
陰性度の原因になっている．Au の価電子が Cs と同じであっても Au が
化学的に不活性なのはこのためである．

コラム 1.4　重元素に現れる相対論効果

　金（Au）や水銀（Hg）などのように原子番号が大きい重元素では，原子核による強いクーロン引力により電子が高速度に加速される．アインシュタインの相対性理論によると電子が高速度（v）で運動している場合，電子の質量 m は次式で表される．

$$m = \frac{m_0}{\sqrt{1-\left(\dfrac{v}{c}\right)^2}} \tag{1}$$

ここで m_0 は電子の静止質量であり，c は光速度である．(1)式からわかるように，電子の速度が光速度に近づくにつれ動的質量は無限大に重くなってゆく．核外電子の中で，とくに s 電子は，p 電子や d 電子と異なり原子核と接触することができるので，p 電子や d 電子よりも高速度に加速されるため強い相対論的効果をうける．Hg の 1s 軌道を例にとると，1s 軌道にある電子の平均速度は光速度の約 60 % に達するため，動的質量 m は $m = 1.2\,m_0$ となる．この値を s 軌道の半径（r_n）を表す式 (2) および s 軌道のエネルギー準位を表す式 (3) に代入すると，Hg の 1s 軌道の半径は相対論効果により 20 % 収縮し，エネルギーも 25 % 低下することがわかる．

$$r_n = \frac{\varepsilon_0 h^2 n^2}{\pi m Z e^2} \tag{2}$$

$$E_n = \frac{Z^2 m e^4}{8 \varepsilon_0 h^2 n^2} \tag{3}$$

ここで，ε_0, h, n, Z はそれぞれ誘電率，プランク定数，主量子数，核電荷を表す．最外殻である 6s 電子軌道も原子核と接触することができるため，s 電子特有の軌道収縮とエネルギー低下を起こす．次ページの図は相対論効果による 6s 軌道半径の収縮を示したものである．

　重元素における 6s 電子の著しい軌道収縮とエネルギー低下は，イオン化エネルギーの増大や電気陰性度の増大となって物理的・化学的性質に深く関わってくる．たとえば，Hg の電子配置（$[\mathrm{Xe}]4f^{14}5d^{10}6s^2$）は極めて安定な閉殻電子構造となり，しかも原子半径が著しく収縮しているため，貴ガス元素に類似した性質をもつことになる．Hg が比較的不活性であり，融点が低く常温・常圧下で液体であるのは，このためである．また，Hg^+ イオンはほとんどの場合二量化して 6s 結合軌道を閉殻にしているが，このことは H 原子が H_2 分子を形成して 1s 結合軌道を閉殻にすることと類似している．また，Au 近傍の単体が化学的にきわめて安定な金属であることなどの現象は，相対論的効果による 6s 電子軌道の著しいエネルギー低下を反映したものである．

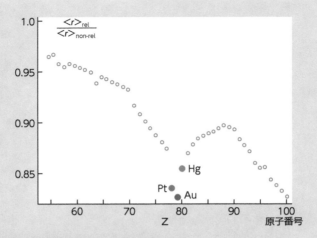

図　重元素の相対論効果による 6s 軌道の収縮
　　$\langle r \rangle_{rel}$：相対論効果を取り入れた 6s 軌道の半径，$\langle r \rangle_{non-rel}$：相対論効果を無視した場合の 6s 軌道の半径.
　　[P. Pyykkö, J.-P. Desclaux, *Accounts of Chemical Research*, **12**, 276（1979）]

練 習 問 題

問1　太陽系は今から約46億年前に誕生したと考えられている．46億年
という年齢をどのような方法で決定したのか説明せよ．
　　　①年代決定の方法を具体的に記せ．
　　　②年代決定の対象物を具体的に記せ．

問2　原子量の基準は時代とともに変わってきた．現在用いられている原
子量は何を基準として決められているか述べよ．また，基準の変遷
の歴史について述べよ．

問3　モーズリーの法則と，その法則が周期律の確立に与えた影響につい
て述べよ．

問4　放射性元素の出すα線，β線，γ線について説明せよ．また，それ
ぞれの放射線を放出したとき，その原子の原子番号，質量数はどう
変化するか述べよ．

第2章 化学構造式と分子構造

　私たちは分子について考える場合，まず，その化学構造式を書く．化学構造式は，原子のつながり方を示した記号である．これは，単純であるにもかかわらず，多くの情報を内包しており，化学の共通言語としてきわめて重要な役割を果たしている．本章ではまず，化学構造式の書き方を解説したのち，化学構造式を用いた考え方に基づいて，分子の立体構造と反応性について説明する．

2.1　ルイス構造

2.1.1　ルイス構造の書き方

　現在，広く使われている化学構造式は，アメリカの化学者ルイス（G. Lewis）の考案によるもので，ルイス構造ともよばれる．結合を表す線（価標）の1本は1対の価電子を表す．ルイスは1916年，量子力学が生まれるよりも前に，「化学結合は2つの原子が価電子のペアを共有することであり，安定な化合物ではすべての原子が貴ガス電子配置をとる」という考えを提案した．これは，安定な化合物中では，水素原子は2個の価電子をもち（デュエット則），第2周期の原子は8個の価電子をもつ（オクテット則）というものである．この規則は，第2周期までの安定な化合物についてほとんど例外なく成立している．

　たとえば，水素分子は2個の水素原子の間で1対の価電子を共有している．

　第2周期の原子からなるフッ素分子 F_2 においては，各フッ素原子は8

個の価電子をもち，1組の価電子のペアを共有している．

ルイス構造は，分子の構造と性質を理解するための基礎なので，ルイス構造を書く手順を次にまとめておく．
1) 価電子の総数を求める．
2) 結合する原子を電子のペアを使って結ぶ．
3) 残りの電子を分配する．そのとき，水素原子はデュエット則を満たし，第2周期の原子はオクテット則を満たすようにする．

例　水（H_2O）
1) H_2O の中の価電子の総数は，
   $$1 \ + \ 1 \ + \ 6 \ = \ 8個$$
   $$H \quad\ \ H \quad\ \ O$$
2) 1つの結合に1組の価電子ペアを使うと，
   $$H-O-H$$
3) 2本の結合のために4個の価電子が使われたので，残りの価電子は 8−4 = 4個．これを酸素原子に2組の非共有電子対として割り当てると，酸素原子はオクテット則を満たし，水素原子はデュエット則を満たしている．

$$H-\overset{\bullet\bullet}{\underset{\bullet\bullet}{O}}-H$$

2.1.2　オクテット則の例外
オクテット則は多くの化合物で成立するが，例外もある．たとえば，三フッ化ホウ素（BF_3）のルイス構造は

$$\begin{array}{c} F \\ | \\ F\diagup \overset{}{B} \diagdown F \end{array}$$

と表され，B原子の価電子は6個しかない．B原子がオクテット則に達しないことは，BF_3 が非共有電子対をもつ分子と反応しやすいことと対応し

ている. たとえば, BF_3 は NH_3 とすみやかに反応して安定な付加体 $BF_3 \cdot NH_3$ を与える. この付加体では, B 原子はオクテット則を満たしている.

一方, オクテット則を超える化合物もある. たとえば, 六フッ化硫黄 (SF_6) は, 安定な化合物であるが, S 原子はオクテット則を超えている. 分子中の価電子の総数は $6+7\times6 = 48$ 個であり, S−F 結合を 6 本つくると, $48 - 2 \times 6 = 36$ 個の価電子が余る. これを 6 個の F 原子に 6 個ずつ配ると, F 原子はすべてオクテット則を満たすが, S 原子は 12 個の価電子をもつことになり, オクテット則よりも多くの価電子をもつ. このように S 原子がオクテット則を超えて価電子をもつことができるのは, 第 3 周期の原子は 3s, 3p に加えて, 3d 軌道をもつからである. S の場合には, 空いている 3d 軌道が, オクテット則を超えた価電子を収容して結合形成を行っている. d 軌道が化学結合に寄与する仕組みについては, 第 5 章で詳しく学ぶ.

2.1.3 形式電荷

ルイス構造は, 形式電荷とよばれる概念を導入することによって, その有用性がさらに高まる. ある着目した原子の形式電荷は, 次のように定義される.

形式電荷 ＝［遊離状態にある原子のもつ価電子の個数］
－［分子中の原子に割り当てられた価電子の個数］

着目した原子への価電子の割り当ては, 次の規則に従う.

1）非共有電子対は, 着目した原子に完全に属する.

2）共有電子対は, 2 個の原子に 1 個ずつ割り当てる.

つまり,

［分子中の原子に割り当てられた価電子の個数］
＝［非共有電子対の電子数］＋$\frac{1}{2}$［共有電子数］

例　アンモニウムイオン（NH_4^+）

　価電子の総数は $5 + 4 - 1 = 8$. この8個の電子を使って4本の N−H 結合をつくると，次のようなルイス構造が得られる.

$$\left[\begin{array}{c} H \\ | \\ H-N-H \\ | \\ H \end{array} \right]^+$$

　[N原子に割り当てられた価電子の個数] $= 0 + \dfrac{8}{2} = 4$ 個.

　[遊離状態にある N 原子のもつ価電子の個数] $= 5$ 個.

これから，

$$[\text{N原子の形式電荷}] = 5 - 4 = +1$$

したがって，NH_4^+ のルイス構造は形式電荷まで考慮すると次のように表される.

$$\begin{array}{c} H \\ | \\ H-\overset{+}{N}-H \\ | \\ H \end{array}$$

　形式電荷は，イオンだけでなく中性分子にも現れる.

2.2　共　鳴

　分子の中には，1つのルイス構造だけでは分子の構造を正しく表現できないものがある. たとえば，炭酸イオン（CO_3^{2-}）のルイス構造には，C＝O 二重結合が1個と C−O 単結合が2個存在する.

$$\overset{\displaystyle :\ddot{O}:}{\underset{\displaystyle :\ddot{O}:^-\ \ :\ddot{O}:^-}{\overset{||}{C}}}$$

（Ⅰ）

　このルイス構造によれば，炭酸イオンの3個の炭素−酸素結合は非等価であって，1つ（C＝O）は短く，残りの2つ（C−O）は長いと予想される. ところが実際には，3個の炭素−酸素結合は，長さが等しく，いずれも二重結合と単結合の中間の長さをとっていることが実験的に確かめられている. すなわち，炭酸イオンの3個の炭素−酸素結合は等価なのである. この結果は，上記のルイス構造（Ⅰ）だけでは炭酸イオンの構造が正しく表現できないことを示している.

この問題は，共鳴という概念を使うと解決できる．炭酸イオンは，3つのC−O結合のどれが二重結合になってもかまわないので，3種の等価なルイス構造をとることができる．そこで，真の炭酸イオンの構造は，3つのルイス構造（Ⅰ），（Ⅱ），（Ⅲ）を重ね合わせて平均したものであると考えれば，3つの炭素−酸素結合がすべて等価であることが矛盾なく説明できる．この考え方を，炭酸イオンでは3つの構造（Ⅰ），（Ⅱ），（Ⅲ）の間で共鳴が起こっていると表現する．（Ⅰ），（Ⅱ），（Ⅲ）のような，共鳴に関与する構造を極限構造あるいは共鳴構造といい，炭酸イオンは極限構造式（Ⅰ），（Ⅱ），（Ⅲ）からなる共鳴混成体であるという．共鳴を表現するのに，次に示すように両端に矢印のついた記号を用いる．共鳴では，原子の配置は変化せず，電子の位置だけが変化していることに注意してほしい．

| （Ⅰ） | （Ⅱ） | （Ⅲ） |

　共鳴は，等価な極限構造の間だけで起こるとはかぎらない．たとえば，硝酸にはオクテット則を満たす3つの極限構造式（Ⅰ），（Ⅱ），（Ⅲ）を書くことができる．このうち，（Ⅰ）と（Ⅱ）は等価で，形式電荷は2か所だけに現れているのに対して，（Ⅲ）は，形式電荷が4か所も出現し，しかも，同符号の電荷（＋）が隣接している．したがって，極限構造（Ⅲ）の共鳴混成体への寄与は，（Ⅰ），（Ⅱ）に比べると小さい．一般に，寄与の最も大きい極限構造を主極限構造という．

| （Ⅰ） | （Ⅱ） | （Ⅲ） |

　共鳴の概念は，さまざまな化学現象の説明に使われており，とくに有機化学ではきわめて重要である．代表的な例を3つ示す．

例1　ベンゼンの分子構造

ベンゼンの構造式では，二重結合と単結合とが交互に並んで六角形をつ

くっている．この記法によれば，ベンゼンの分子構造はゆがんだ六角形になるはずである．しかし，実際にはベンゼンは正六角形の構造をしている．これは，ベンゼンが主として極限構造（Ⅰ）および（Ⅱ）からなる共鳴混成体である，と考えることによって説明できる．ベンゼンの極限構造（Ⅰ），（Ⅱ）はケクレ構造とよばれている．

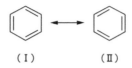

（Ⅰ）　　　　　　（Ⅱ）

例2　アミド（RCONH$_2$）の平面構造

アミド（RCONH$_2$）は，下図に示すように，電荷分離のない共鳴構造（Ⅰ）と電荷分離のある共鳴構造（Ⅱ）の共鳴混成体として存在する．共鳴構造（Ⅱ）の寄与があるために，アミドの C$-$N 結合は二重結合性をもつ．そのためにアミドは平面構造をとる．

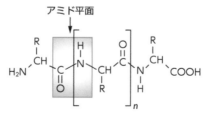

（Ⅰ）　　　　　　（Ⅱ）

タンパク質は多数のアミノ酸が縮合したポリペプチドである．各ペプチド結合はアミド結合であり，平面構造をとっている．このため，タンパク質の主鎖は，自由に曲がることができない．

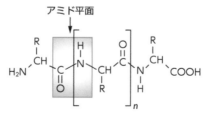

例3　共役ジエンへの 1,4-付加

1,3-ブタジエン CH$_2$=CH$-$CH=CH$_2$ のように，ルイス構造において，多重結合と単結合とが交互に書かれるような系を共役系という．また，共役系中の多重結合は共役の関係にあるといわれる．共役は，分子構造と物

理的・化学的性質に著しい影響を及ぼす．その一例として，1,3-ブタジエンへの臭化水素の付加反応を取り上げる．

まず，エチレンの反応をみてみよう．エチレンに臭化水素を作用させると，付加反応が起こってブロモエタンが生成する．

$$H_2C{=}CH_2 \xrightarrow{\text{HBr}} CH_3{-}CH_2Br$$

では，1,3-ブタジエンに臭化水素を作用させると，何が生成するであろうか．エチレンと臭化水素との反応からの単純な類推では，生成物は 1,2-付加体だけが生成すると考えられるが，実際には 1,4-付加体も生成する．

これは，途中に生成する炭素陽イオン中間体において，1,4-付加体を与える共鳴構造の寄与があるからである．

2.3 VSEPR 則

ルイス構造がわかると，それをもとにした簡単な方法によって分子の立体構造を予測することができる．その方法を VSEPR（valence shell electron pair repulsion）モデルという．この方法は次のような仮定に基づいて分子の立体構造を予測する．

「ある原子の周りの立体構造は，電子対の間の反発を最小にするように決まる」

つまり，ある原子の周りの共有電子対および非共有電子対は，互いにできるだけ離れるように配置されると考える．具体例をみるとわかりやすい．

例1　三フッ化ホウ素（BF₃）

この分子のルイス構造は

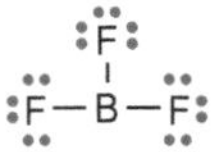

$$
\begin{array}{c}
:\!\ddot{F}\!: \\
| \\
:\!\ddot{F}\!-\!B\!-\!\ddot{F}\!:
\end{array}
$$

B原子は3個の電子対をもっている．この電子対の間の反発が最小になるのは，電子対が互いに120°の角度をなすときである．すなわち，

いずれの電子対もF原子との結合に使われているので，分子構造は

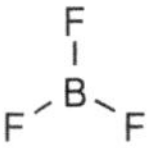

である．すなわち，すべての原子が同一平面上にあり，F原子が三角形の頂点に位置している．このような構造を三方形構造（trigonal planar structure）という．

例2　メタン（CH₄）

メタン分子のルイス構造は

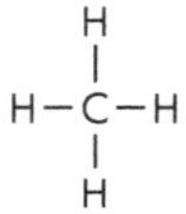

$$
\begin{array}{c}
H \\
| \\
H\!-\!C\!-\!H \\
| \\
H
\end{array}
$$

炭素原子の周りには4個の電子対がある．これらの電子対の間の反発が最小になるのは，炭素原子を中心にして，各電子対が正四面体の頂点の方向を向いた場合である．すなわち，各電子対は互いに109.5°の角度をなす．メタンが正四面体構造をとることは実験結果と一致する．一般に，ある原子の周りに4個の電子対がある場合には，それらは常に正四面体をつくるように配置される．

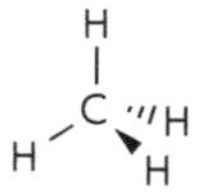

例3　アンモニア（NH₃）

アンモニア分子のルイス構造は

$$H-\overset{\displaystyle ..}{\underset{\displaystyle |}{N}}-H$$
$$H$$

すなわち，アンモニア分子もメタンと同様に中心原子（この場合は N 原子）の周りに4個の電子対をもつ．したがって，これらの電子対は正四面体配置をとる．ただし，4個の電子対のうち1個は非共有電子対なので，分子構造としては，正四面体形ではなく，三方錐形である．

例4　水（H₂O）

水分子のルイス構造は，

$$H-\overset{\displaystyle ..}{\underset{\displaystyle ..}{O}}-H$$

水分子もメタンと同様に中心原子（この場合には O 原子）の周りに4個の電子対をもつので，これらの電子対は正四面体配置をとる．4個の電子対のうち2個は非共有電子対なので，分子構造としては V 字形である．

$$H\diagdown\overset{\displaystyle O}{}\diagup H$$

例2〜4より，メタン，アンモニアおよび水分子における結合角 H−X−H（X は中心原子）は，いずれも正四面体角である 109.5° をとると予想される．ところが実際には，アンモニアと水分子の場合には 109.5° よりも小さい（表2.1）．

表2.1　非共有電子対の個数と結合角

	CH₄	NH₃	H₂O
非共有電子対の個数	0	1	2
結合角（°）	109.5	107	104.5

この結果は，非共有電子対は共有電子対よりも大きな空間を占めていると考えれば説明できる．すなわち，空間的により大きく広がっている非共有電子対が，広がりの小さい結合電子対を圧迫すると考える．したがって，非共有電子対の個数が多いほど結合電子対の圧迫のされ方が大きくなるの

で，結合電子対間の角度，すなわち，結合角 H−X−H は減少すると解釈することができる．

そこで，VSEPR 則では，さらに次の仮定を設ける．

「非共有電子対は結合電子対よりもより大きな空間を占め，結合電子対の間の角度を圧縮しようとする」

電子対の個数が 5 個の場合には，3 個の電子対が三方形に配置され，残りの 2 個は三方形の平面に垂直に上下に配置される．このような配置を三方両錐形という．5 個の電子対がすべて結合電子対の場合には，分子構造は三方両錐形となる．

例5　五塩化リン（PCl_5）

この分子のルイス構造は

したがって，分子構造は次に示すように三方両錐形である．

いま，中心原子を A，結合電子対を X，非共有電子対を E と表すと，中心原子が 5 個の電子対をもつ分子は，非共有電子対の個数によって，AX_5, AX_4E, AX_3E_2, AX_2E_3, AXE_4 に分けられる．また，中心原子が 6 個の電子対をもつ分子は，AX_6, AX_5E, AX_4E_2, AX_3E_3, AX_2E_4 および AXE_5 の 6 通りに分けられる．それぞれについての VSEPR 則による予測を表 2.2 にまとめた．

例6　四フッ化キセノン（XeF_4）

一般に，貴ガスは化学的に不活性である．ところが，1960 年代に，クリプトン（Kr），キセノン（Xe）およびラドン（Rn）の化合物が合成さ

表2.2　AX$_n$E$_m$型分子の電子対の配置と立体構造

電子対の個数	電子対の配置	n	m	分子の型	分子の立体構造	例
2	直線形	2	0	AX$_2$	直線形	BeCl$_2$
3	三方平面形	3	0	AX$_3$	三方平面形	BF$_3$
		2	1	AX$_2$E	V字形	SnCl$_2$
4	正四面体形	4	0	AX$_4$	正四面体形	CH$_4$
		3	1	AX$_3$E	三方錐形	NH$_3$
		2	2	AX$_2$E$_2$	V字形	H$_2$O
5	三方両錐形	5	0	AX$_5$	三方両錐形	PCl$_5$
		4	1	AX$_4$E	シーソー形 [1]	SF$_4$
		3	2	AX$_3$E$_2$	T字形 [2]	ClF$_3$
		2	3	AX$_2$E$_3$	直線形	XeF$_2$
6	正八面体形	6	0	AX$_6$	正八面体形	SF$_6$
		5	1	AX$_5$E	四方錐形 [3]	IF$_5$
		4	2	AX$_4$E$_2$	正方形	XeF$_4$

n：結合電子対の個数，m：非共有電子対の個数

AX$_4$E　　　　　AX$_3$E$_2$　　　　　AX$_5$E
1) シーソー形　　2) T字形　　3) 四方錐形

れた．四フッ化キセノン XeF$_4$ もそのうちの1つである．

　この分子のルイス構造は

である．すなわち，この分子中では Xe 原子は6個の電子対を有する．したがって，電子対の配置は正八面体形である．6個の電子対のうち，2個が非共有電子対である．これがどのような配置をとるかによって，2通りの分子構造が考えられる（図2.1）．非共有電子対間の角度が90°の場合(a)と，180°の場合 (b) である．ここで，非共有電子対が結合電子対よりも

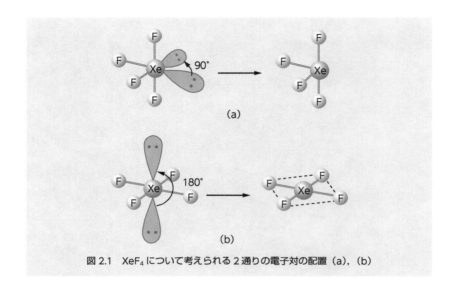

図 2.1　XeF$_4$ について考えられる 2 通りの電子対の配置（a），（b）

大きな空間を占めることを考えると，(a) よりも (b) のほうが有利なはずである．したがって，VSEPR 則によれば，XeF$_4$ 分子は正方形をしていると予想される．このことは X 線結晶解析によって確かめられている．

　前述のように，VSEPR 則は，ひじょうに単純な考え方であるにもかかわらず，さまざまな分子構造を推定することができる．

　ところで，Xe のような貴ガス元素の場合，価電子が 8 個で閉殻電子構造をとっているのになぜ Xe が F と化合して XeF$_4$ ができるのか．これはルイス構造と VSEPR 則からは説明することができない．貴ガス化合物の化学結合については，第 3 章のコラム 3.3 で解説している．

2.4　混成軌道

　ルイス構造が書けると，それから VSEPR 則によって分子の立体構造が簡単に予測できることがわかった．本節では，結合生成に原子軌道がどのようにかかわるかを "混成軌道" という概念を用いて説明する．

2.4.1　メタンの正四面体構造と sp^3 混成軌道

　メタン CH$_4$ は正四面体構造をとっている．この事実を炭素原子の電子

配置に基づいて説明しようとすると，それが簡単ではないことにすぐに気がつく．炭素原子は6個の電子をもち，その基底電子状態の電子配置は，$(1s)^2(2s)^2(2p_x)^1(2p_y)^1(2p_z)^0$ である．このうち，結合の生成に関係するのは4個の価電子であり，その配置は $(2s)^2(2p_x)^1(2p_y)^1(2p_z)^0$ である．2s 軌道は球状なので，結合の方向には関係しない．一方，$2p_x$，$2p_y$，$2p_z$ 軌道は互いに直交している．したがって，価電子の電子配置からは，炭素原子は2価であって，かつ2本の結合の間の角度は90°であると考えられる．ところが，実際にはメタン中では，炭素原子は4価であって，4本の結合が互いになす角度は正四面体角 109.5°である．この矛盾はどうしたら解決できるのであろうか．

これについて，ポーリング（L. Pauling）は混成という概念を導入することによって明快な説明に成功した．ポーリングは，炭素原子の電子状態は，結合を形成していないときと，結合を形成しているときとは異なると考えた．原子が結合を形成しているとき，すなわち，原子価をもっているときの原子の電子状態を原子価状態とよぶ．

原子価状態では炭素原子は4価の原子価をもつ．いま，電子配置が $(1s)^2(2s)^2(2p_x)^1(2p_y)^1(2p_z)^0$ である基底電子状態において，2s 軌道にある2個の電子のうち1個を空いている $2p_z$ 軌道に励起すると，$(1s)^2(2s)^1$ $(2p_x)^1(2p_y)^1(2p_z)^1$ という電子配置になる．この電子配置では，主量子数2の4個の軌道のそれぞれに1個ずつの価電子が不対電子として存在する．炭素原子はこの4個の価電子と4個の原子価軌道で共有結合をつくる．

しかし，このままでは，原子価軌道は2s 軌道1個と 2p 軌道3個（$2p_x$，$2p_y$，$2p_z$ 軌道）であり，炭素原子のつくる結合は，方向性のない1本の結合と互いに直交する3本の結合に分かれてしまう．これは現実のメタン分子の構造と異なる．

そこで，2s 軌道1個と $2p_x$，$2p_y$ および $2p_z$ 軌道を混ぜ合わせて，4個の等価な原子価軌道をつくることを考える．いま，2s 軌道を $\phi(s)$ と表し，$2p_x$，$2p_y$ および $2p_z$ 軌道をそれぞれ $\phi(p_x)$，$\phi(p_y)$ および $\phi(p_z)$ と表すことにする．また，これらを混ぜ合わせることによってできる4個の軌道を ψ_1，ψ_2，ψ_3 および ψ_4 と表すと，これらはそれぞれ次のように表せる．

$$\psi_1 = \frac{1}{2}\{\phi(\mathrm{s}) + \phi(\mathrm{p}_x) + \phi(\mathrm{p}_y) + \phi(\mathrm{p}_z)\} \qquad (2.1)$$

$$\psi_2 = \frac{1}{2}\{\phi(\mathrm{s}) + \phi(\mathrm{p}_x) - \phi(\mathrm{p}_y) - \phi(\mathrm{p}_z)\} \qquad (2.2)$$

$$\psi_3 = \frac{1}{2}\{\phi(\mathrm{s}) - \phi(\mathrm{p}_x) + \phi(\mathrm{p}_y) - \phi(\mathrm{p}_z)\} \qquad (2.3)$$

$$\psi_4 = \frac{1}{2}\{\phi(\mathrm{s}) - \phi(\mathrm{p}_x) - \phi(\mathrm{p}_y) + \phi(\mathrm{p}_z)\} \qquad (2.4)$$

ψ_1, ψ_2, ψ_3 および ψ_4 は, s 軌道 1 つと p 軌道 3 個を混ぜ合わせた軌道なので, sp^3 混成軌道または正四面体形混成軌道とよばれる.

これら 4 つの sp^3 軌道はまったく同等であり, その対称軸は直交座標の原点からそれぞれ点 (1, 1, 1), (1, −1, −1), (−1, 1, −1) および (−1, −1, 1) へ向かう方向, すなわち, 正四面体の中心からそれぞれ 4 つの頂点に向かう方向にある (図 2.2). いずれも一方向に大きく広がった形をしており, その方向で他の軌道と大きな重なりが可能となっている.

4 個の sp^3 混成軌道は, 他の原子の原子軌道と重なることによって 4 本の σ 結合をつくる. σ 結合とは, 結合をつくっている電子の分布が結合軸の周りに対称 (C_∞対称) であるような共有結合である. メタン分子では, 4 個の sp^3 混成軌道が, それぞれ水素原子の 1s 軌道と重なって σ 結合をつくっている (図 2.3).

一般に 4 本の単結合をつくっている炭素原子, すなわち飽和炭素原子は, 正四面体形である. sp^3 混成は, 炭素原子以外に, 窒素原子や酸素原子でも可能である. たとえば, アンモニアやアミンの飽和窒素原子, アルコールやエーテル中の飽和酸素原子なども sp^3 混成をしており, 結合角は正四面体角に近い.

2.4.2 エチレンの平面構造と sp^2 混成軌道

炭素原子は正四面体構造ばかりをとるとはかぎらない. たとえば, エチレン $CH_2{=}CH_2$ 分子においては, すべての原子は同一平面上にあり, 炭素原子の結合角は約 120° である. エチレンの炭素原子の構造は, 次に示すように sp^2 混成軌道を考えることによって説明できる.

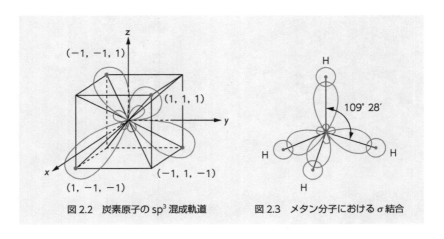

図 2.2　炭素原子の sp³ 混成軌道　　　図 2.3　メタン分子における σ 結合

2s 軌道 1 個と p_x および p_y 軌道を次のように混成すると，3 個の等価な sp² 混成軌道 ψ_1, ψ_2 および ψ_3 が得られる．sp² 混成軌道は三方形混成軌道ともよばれる．

$$\psi_1 = \frac{1}{\sqrt{3}}\left\{\phi(\mathrm{s}) + \sqrt{2}\,\phi(\mathrm{p}_x)\right\} \tag{2.5}$$

$$\psi_2 = \frac{1}{\sqrt{3}}\left\{\phi(\mathrm{s}) + \sqrt{2}\left(-\frac{1}{2}\phi(\mathrm{p}_x) + \frac{\sqrt{3}}{2}\phi(\mathrm{p}_y)\right)\right\} \tag{2.6}$$

$$\psi_3 = \frac{1}{\sqrt{3}}\left\{\phi(\mathrm{s}) + \sqrt{2}\left(-\frac{1}{2}\phi(\mathrm{p}_x) - \frac{\sqrt{3}}{2}\phi(\mathrm{p}_y)\right)\right\} \tag{2.7}$$

これら 3 つの sp² 混成軌道の対称軸は，それぞれ正三角形の中心から各頂点に向かう方向にあって，互いに 120° の角度をなし，電子密度はその方向に最も濃く分布している（図 2.4）．したがって，sp² 混成軌道を用いてできる 3 本の σ 結合は同一平面上にあり，結合角は 120° である．

　エチレン分子では，各炭素原子は三方形の原子価状態にあり，3 つの sp² 混成軌道を用いて，それぞれ 2 個の水素原子および他の炭素原子と σ 結合をつくっている（図 2.5）．

　sp² 混成軌道には，2s，$2p_x$ および $2p_y$ 軌道だけが使われ，$2p_z$ 軌道は使われていない．この $2p_z$ 軌道は，3 本の σ 結合がつくる平面（xy 平面）と垂直な対称軸をもち，他の炭素原子の $2p_z$ 軌道と重なって π 結合をつくる（図 2.6）．すなわち，エチレンの二重結合は，1 本の σ 結合と 1 本の π

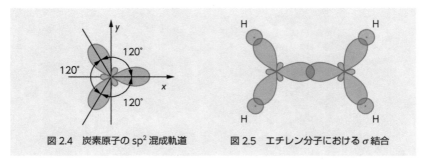

図 2.4　炭素原子の sp^2 混成軌道　　図 2.5　エチレン分子における σ 結合

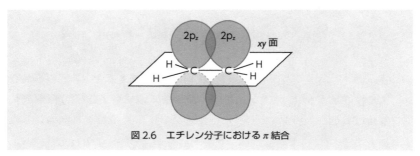

図 2.6　エチレン分子における π 結合

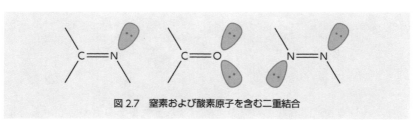

図 2.7　窒素および酸素原子を含む二重結合

結合からなる．π 結合とは，結合軸に対して垂直な方向に対称軸をもつ p 軌道どうしが重なってつくる結合である．π 結合をつくっている電子，すなわち π 電子は，σ 結合がつくる平面の上下に対称的に分布している．π 結合は σ 結合に比べて弱い．

　一般に，炭素−炭素二重結合を形成している炭素原子，およびそれらと結合している 4 個の原子は同一平面上にあり，炭素原子の結合角は 120° ないしそれに近い値をとる．sp^2 混成は，窒素原子や酸素原子でも可能であり，これらの原子を含む二重結合も 1 本の σ 結合と 1 本の π 結合からなる（図 2.7）．図 2.7 に示した原子団はいずれも平面構造をしている．

2.4.3 アセチレンの直線構造と sp 混成軌道

アセチレン分子は，三重結合をもち直線構造をしている．この分子構造は，炭素原子の sp 混成軌道を考えることによって理解することができる．

2s 軌道 1 個と p_x 軌道を次のように混成すると，2 個の等価な sp 混成軌道 ψ_1 および ψ_2 が得られる．sp 混成軌道は二方形混成軌道ともよばれる．

$$\psi_1 = \frac{1}{\sqrt{2}}\{\phi(s) + \phi(p_x)\} \tag{2.8}$$

$$\psi_2 = \frac{1}{\sqrt{2}}\{\phi(s) - \phi(p_x)\} \tag{2.9}$$

これら 2 つの sp 混成軌道の対称軸は同一直線上にあり，それぞれ反対の方向に大きく広がっている（図 2.8）．したがって，sp 混成軌道を用いてできる 2 本の σ 結合は一直線上にあり，結合角は 180° である．

アセチレン分子においては，各炭素原子は二方形の原子価状態にあり，2 つの sp 混成軌道を用いて，それぞれ 1 個の水素原子および他の炭素原子と σ 結合をつくっている（図 2.8）．sp 混成に使われなかった $2p_y$ および $2p_z$ 軌道は，炭素原子の間で，$2p_y$ 軌道どうし，および $2p_z$ 軌道どうしの間でそれぞれ π 結合をつくる（図 2.9）．すなわち，アセチレンの炭素－炭素三重結合は，1 本の σ 結合と 2 本の π 結合からなる．

炭素－炭素三重結合中の炭素原子は，アセチレンにかぎらず一般に，sp 混成をしており，sp 混成炭素原子およびそれらと結合している 2 個の原子は一直線上にある．また，炭素原子以外の原子で三重結合を形成しているものも sp 混成をしている．たとえば，ニトリルの窒素原子は sp 混成をしている．また，二酸化炭素中の炭素原子も sp 混成をしている．この炭素原子も直線構造をしているからである．

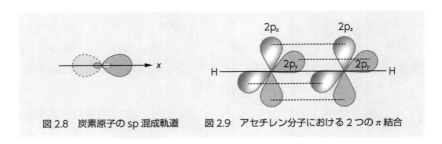

図 2.8　炭素原子の sp 混成軌道　　図 2.9　アセチレン分子における 2 つの π 結合

$$H_3C-C\equiv N\colon \qquad \overset{..}{O}=C=\overset{..}{O}$$

アセトニトリル　　　　二酸化炭素

2.4.4　炭素－炭素単結合，二重結合，三重結合の比較

炭素－炭素単結合，二重結合，三重結合の長さと結合エネルギーを比較してみよう（表2.3）．表2.3から，次のことがわかる．

表2.3　炭素－炭素結合の長さ l と結合エネルギー E

結合	炭素原子の原子価状態	l (nm)	E (kJ mol^{-1})
C－C	正四面体形	0.154	348
C＝C	三方形	0.134	607
C≡C	二方形	0.121	828

単結合，二重結合，三重結合の順に，結合長は短くなり，結合エネルギーは増大する．二重結合の結合エネルギーは，単結合の結合エネルギーの2倍よりも小さい．このことから，π 結合の結合エネルギーは σ 結合の結合エネルギーよりも小さいことがわかる．

練 習 問 題

問1　次の分子式を，価標，電荷，非共有電子対を省略しない構造式で表せ．
　　① H_2CO_3　　② CO　　③ O_3　　④ NH_4Cl

問2　次の化合物の立体構造を VSEPR 則によって推定せよ．
　　① PCl_5　　② $I_3{}^-$　　③ IF_3　　④ $SO_4{}^{2-}$

問3　アレン $CH_2=C=CH_2$（無色の気体）の分子構造を混成軌道の概念を使って説明せよ．

第3章

分子の化学結合と分子軌道

原子の種類は 100 余りであるが，それが化学的に結合してできた分子は 1000 万種以上にも及び，現在も新しい化合物が合成されている．このような分子の化学結合はどのようにして生じるのであろうか．第 2 章で述べたように，ルイスによる古典論（1916 年）では，化学結合は隣接した原子間で 2 個の電子（電子対）を共有することによって生じる．ハイトラー（W.H. Heitler）とロンドン（F.W. London）は，水素分子に対して量子論を初めて適用し，共有結合の本質を明らかにした．彼らの理論的方法は原子価結合（valence bond；VB）法とよばれ，その簡便性のために現在でも利用されている．VB 法では，原子に局在した原子軌道や混成軌道で分子の波動関数を構成するが，最初から分子全体に広がった軌道を考える理論も発展した．分子軌道（molecular orbital；MO）法である．MO 法は汎用性が高く，また計算時間が短くてすむので，現代の化学には不可欠な理論となっている．

本章では，まず分子の形とそれを規定する対称性について述べる．次に，最も簡単な系である水素分子イオンの化学結合について MO 法の立場から説明する．さらに一般の多原子分子を取り上げ，波動関数の性質や電子配置を明らかにする．

3.1 分子の形と対称性

分子という概念は，1811 年，アボガドロ（A. Avogadro）によって初めて提唱された（分子説）．以来，今日までに，1 億種にも及ぶ分子が認識され，現在も化学者によって新しい分子が日々合成されている．分子は，水素分子から分子量が数百万にも達する高分子まで大小さまざまであり，幾何学的な形も千差万別である．このような分子の大きさや形は 1 つ 1

つの原子の結合によって決まるが，その本質については次節で取り上げることにして，ここではまず分子の幾何学的な形について述べよう．

　分子の形といっても，それには2とおりの意味がある．1つは原子核の位置であり，もう1つは電子分布を指す．図3.1にベンゼン（C_6H_6）を例として示す．原子核に着目すると，この分子は平面上に並んだ12個の点としてみなすことができる．赤外分光や電子回折の測定から，ベンゼンの炭素骨格は正六角形をなし，C−C，C−H間距離はそれぞれ0.1399 nm，0.1101 nmであることがわかっている．一方，電子分布に着目すると，ベンゼンはふくらみをもつ星形のようにみえる．図3.1の電子分布は計算によって得られたものであるが，X線回折によって電子分布を観測することができる．このように，分子の形を原子核の位置で表すか，あるいは電子分布で表すかによって，まったく異なった様相を呈する．では，どのようにして分子の形を特徴づければよいのであろうか．最も明快な方法が対称性に基づく分類である．

　座標を図3.1（a）のようにとると，ベンゼンはz軸の周りに60°回転させてももとの分子と区別がつかない．また，yz面で左右ひっくりかえしても，もとの分子とぴったりと重なる．このように分子の形を不変にする変換がなされたとき，その変換を対称操作という．対称操作には基準とな

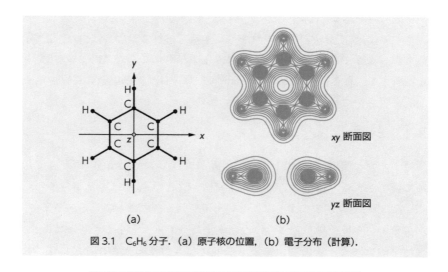

図3.1　C_6H_6分子．（a）原子核の位置，（b）電子分布（計算）．

る点，線，面が存在し，この点，線，面を対称要素という．分子に対する対称操作は次の5種類である．

(1) 恒等

そのままで何もしない対称操作であり，記号 E で表す．何もしなければ，分子の形はもとのままであるから，あらゆる分子は恒等要素（E）をもつ．一見，この対称操作は意味がないように思われるが，数学上の要請から必要になる．

(2) 回転

ある直線の周りで $\left(\frac{360°}{n}\right)$ だけ回転させた分子がもとの分子と同じ形にみえるとき，この対称操作を n 回回転，対称要素を n 回回転軸（C_n）という．回転軸の周りで $\left(\frac{360°}{n}\right)$ の回転を m 回続けて行う操作は $C_n{}^m$ と表す．m は 1, 2, …, n の値をとるが，$C_n{}^n$ は 360° 回転することを意味するので，恒等操作に等しい．図 3.2 (a) に示すように，アンモニア（NH₃）は 1 本の 3 回回転軸をもつ．また，ベンゼン分子は 1 本の 6 回回転軸（z 軸）と 6 本の 2 回回転軸（x 軸や y 軸など）をもつ．このように分子が複数の回転軸をもつ場合，n が最大のものを主軸という．

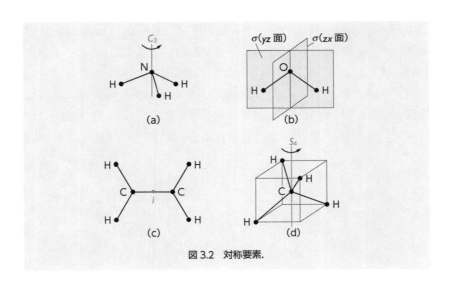

図 3.2　対称要素．

（3）鏡映

ある平面に対して反射（平面が xy 面なら，点 $P(x, y, z)$ を点 $P'(x, y, -z)$ に移すこと）させた分子がもとの分子と同じ形にみえる場合，この対称操作を鏡映（σ），対称要素を対称面あるいは鏡面という．図 3.2（b）に示したように，水（H_2O）は 2 枚の対称面をもつ．対称面はさらに細かく分類して，主軸に垂直な対称面を σ_h，主軸に平行な対称面を σ_v，主軸に平行かつ 2 回回転軸を 2 等分する対称面を σ_d と表す．たとえば，ベンゼンは 1 枚の σ_h（xy 面），3 枚の σ_v（yz 面など），3 枚の σ_d（zx 面など）がある．

（4）反転

ある点に対して反転（点が原点なら，点 $P(x, y, z)$ を点 $P'(-x, -y, -z)$ に移すこと）させた分子がもとの分子と同じ形にみえるとき，この対称操作を反転，対称要素を対称中心といい，ともに記号 i で表す．図 3.2（c）のエチレン（C_2H_4）の場合，対称中心は C−C 間の中点にある．

（5）回映

ある直線の周りで $\left(\frac{360°}{n}\right)$ だけ回転させ，続いてその直線に直交する平面で鏡映を行った分子がもとの分子と同じにみえる場合，この対称操作を n 回回映，対称要素を n 回回映軸（S_n）という．回映軸の周りで $\left(\frac{360°}{n}\right)$ 回転，続けて鏡映を m 回繰り返す操作は S_n^m と表す．m は 1, 2, …, $2n$ の値をとる．n が偶数なら $S_n^n = S_n^{2n} = E$ であるが，n が奇数なら $S_n^n = \sigma$，$S_n^{2n} = E$ となるからである．図 3.2（d）に示したように，メタン CH_4 は 3 本の 4 回回映軸をもつ．

分子の形は，分子がどのような種類の対称要素をいくつもつかによって分類することができる．恒等以外に何も対称要素をもたない分子もあれば，フラーレン C_{60} のように 96 個もの対称要素をもつ分子もある（コラム 3.1 参照）．

コラム 3.1　C_{60} の構造と対称性

　クロトー（H.W. Kroto, サセックス大学, イギリス）は, 宇宙空間に存在する分子（星間分子とよばれる）を実験室で合成することを目的として, スモーリー（R.E. Smalley, ライス大学, アメリカ）らと共同実験を始めた. 彼らは, 真空容器に入れたグラファイトに強力なレーザーを照射し, 蒸発によって生成した炭素クラスターの質量スペクトルを測定した. 図1は1985年に発表された実験データである. 安定なクラスターだけが観測にかかるように実験条件を厳しくすると（図1の c → b → a）, 炭素原子数 60 および 70 のピークがきわだってくることがわかる. 現在, C_{60}, C_{70} などのクラスターはフラーレンとよばれる. その後, フラーレンの大量合成法が開発されたこと, K_3C_{60} や Rb_3C_{60} などのフラーレンとアルカリ金属の化合物が 20〜30 K の温度で超伝導を示すことから, 広く研究されることになった.

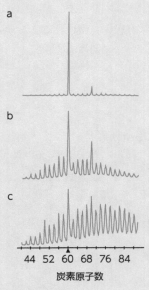

図1　C_{60} の質量スペクトル.
[Reprinted by permission from *Nature*, **318**, 162 (1985). Copyright Macmillan Magazines Ltd.]

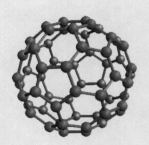

図2　C_{60} 分子.

　図2に示すように, C_{60} はサッカーボールのような構造をもつ. すなわち, 正

二十面体（20 個の正三角形で囲まれた多面体）の頂点を切り落として正五角形を出した構造をとる．C_{60} は，12 本の 5 回回転軸（C_5），20 本の 3 回回転軸（C_3），15 本の 2 回回転軸（C_2），12 本の 10 回回映軸（S_{10}），20 本の 6 回回映軸（S_6），15 枚の鏡面（σ），1 個の反転中心（i），それに恒等（E）と合計 96 個もの対称要素をもつ．直線分子を除くと，最も対称性の高い分子といえる．

個々の分子における対称操作の集合を点群といい，その記号も決まっている．表 3.1 にいくつかの分子の属する点群をまとめた．表中で $2\sigma_v$ や ∞C_2 などと表記されているのは，対称面 σ_v が 2 枚ある，2 回回転軸 C_2 が無数にあることなどを示す．

以上のように対称性の概念を用いると，分子の形を正確に特徴づけることができる．また，ここで取り上げた 5 つの対称操作に，並進（平行移動），らせん（平行移動の後，回転），映進（平行移動の後，鏡映）という 3 つの対称操作を加えることによって，結晶の形を特徴づけることが可能となる．さらに，分子軌道を特徴づける際にも，対称性の概念はたいへん重要な役割を果たす（3.3 節参照）．

表 3.1　いくつかの分子の対称性

点群	対称要素	形	例
C_1	E		CFClBrI
C_{2v}	$E, C_2, 2\sigma_v$		H_2O, H_2S
C_{3v}	$E, C_3, 3\sigma_v$		NH_3
$C_{\infty v}$	$E, C_\infty, \infty\sigma_v$		CO, HF
D_{2h}	$E, 3C_2, \sigma_h, 2\sigma_v, i$		C_2H_4, N_2O_4
$D_{\infty h}$	$E, C_\infty, \infty C_2, \sigma_h, \infty\sigma_v, i$ S_∞		N_2, CO_2, C_2H_2

3.2 水素分子イオン

　化学結合を理解するための最も簡単な系として，水素分子イオン（H_2^+）を考えよう．この分子は 2 個の原子核（陽子）と 1 個の電子からなるため，電子 1 個では電子対にならず，化学結合ができないように思われるかもしれない．しかし，この分子は安定な結合を形成して実在することが実験でわかっている．

　水素分子イオンにおける化学結合を理論的に確かめるには，量子論を適用し，水素原子と水素イオンが個々に分かれて存在するよりも，水素分子イオンとして存在するほうが，エネルギー的に安定になることを示せばよい．このためには，(1) シュレーディンガー方程式を立てる，(2) シュレーディンガー方程式を解く，(3) 得られた解を解釈する，という 3 つの段階をふんで考える必要がある．次で述べるように，段階 (2) は，微分方程式を解くという数学の問題であるが，いくつかの近似が導入されるので，得られた解を正しく解釈することが大切である．粗い近似で本質がわかることもあれば，精度の高い近似法を用いても実験結果を定性的にすら説明できない場合もあるからである．

　水素分子イオンの座標を図 3.3 のようにとると，この系のシュレーディンガー方程式は次式で与えられる．

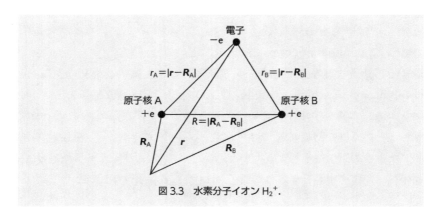

図 3.3　水素分子イオン H_2^+.

$$\left\{-\left(\frac{h^2}{8\pi^2 m}\right)\nabla^2 - \left(\frac{h^2}{8\pi^2 M}\right)\nabla_A{}^2 - \left(\frac{h^2}{8\pi^2 M}\right)\nabla_B{}^2 - \frac{e^2}{4\pi\varepsilon_0 r_A} - \frac{e^2}{4\pi\varepsilon_0 r_B} + \frac{e^2}{4\pi\varepsilon_0 R}\right\}\psi$$
$$= E\psi \tag{3.1}$$

ここで，$\nabla^2 = \dfrac{\partial^2}{\partial x^2} + \dfrac{\partial^2}{\partial y^2} + \dfrac{\partial^2}{\partial z^2}$，｛ ｝内の第1〜3項は電子および原子核A，Bの運動エネルギー，第4，5項は電子と原子核A，B間のクーロン引力ポテンシャル，第6項は原子核A，B間のクーロン反発ポテンシャルを表す．このように，分子のシュレーディンガー方程式を立てることは容易である．すなわち，分子を構成するすべての粒子（原子核と電子）の運動エネルギーと粒子間のクーロンポテンシャルを演算子の形で取り込めばよい．ところが，水素分子イオンでさえ3個の粒子を含むため，いわゆる三体問題となって式（3.1）を正確に解くことができない．そこで，次の2つの近似を行う．

近似1　陽子は電子に対して約1840倍もの質量をもつため，一般に原子核の運動は電子の運動に比べてきわめて緩慢である．そこで，原子核を静止させてしまうと，式（3.1）は

$$H\psi = \left\{-\left(\frac{h^2}{8\pi^2 m}\right)\nabla^2 - \frac{e^2}{4\pi\varepsilon_0 r_A} - \frac{e^2}{4\pi\varepsilon_0 r_B} + \frac{e^2}{4\pi\varepsilon_0 R}\right\}\psi = E\psi \tag{3.2}$$

となる．この式を解いて得られるのは，電子系のエネルギー E と波動関数 ψ である．波動関数は分子軌道とよばれる．電子系のエネルギー E は核間距離 R の関数であり，原子核の運動に対してポテンシャルエネルギーの役割を果たす．すなわち，E を極小にする R_e が分子の安定構造を決定し，R_e 近傍における E の曲率が振動運動を決定する．このような電子の運動と原子核の運動を分離して扱う方法をボルン–オッペンハイマー近似（Born–Oppenheimer approximation）という．

近似2　分子軌道を分子を構成する原子の原子軌道の線形結合（linear combination of atomic orbitals；LCAO）で表す（LCAO MO 法という）．すなわち，水素分子イオンの分子軌道という未知関数 ψ を水素原子の原子軌道という既知関数系 ϕ_i で展開して（$\psi = \sum_i C_i \phi_i$），展開係数 C_i を調整して最良の近似解を得ようというわけである．最も簡単な分子軌道 ψ は，原子核A，Bを中心とする水素原子の 1s 軌道 ϕ_A，ϕ_B を用いて，

$$\psi = C_A \phi_A + C_B \phi_B \tag{3.3}$$

$$\phi_{\mathrm{A}} = \sqrt{\frac{1}{\pi a_0{}^3}} \exp\left(-\frac{r_{\mathrm{A}}}{a_0}\right), \quad \phi_{\mathrm{B}} = \sqrt{\frac{1}{\pi a_0{}^3}} \exp\left(-\frac{r_{\mathrm{B}}}{a_0}\right) \qquad (3.4)$$

$$(a_0: \text{ボーア半径, } 0.0529\,\mathrm{nm})$$

と表される.

式 (3.2) は次のように解くことができる. まず式 (3.3) を式 (3.2) に代入し, 左側から ϕ_{A} をかけて積分する.

$$C_{\mathrm{A}} \int \phi_{\mathrm{A}} H \phi_{\mathrm{A}} \mathrm{d}\tau + C_{\mathrm{B}} \int \phi_{\mathrm{A}} H \phi_{\mathrm{B}} \mathrm{d}\tau = C_{\mathrm{A}} E \int \phi_{\mathrm{A}} \phi_{\mathrm{A}} \mathrm{d}\tau + C_{\mathrm{B}} E \int \phi_{\mathrm{A}} \phi_{\mathrm{B}} \mathrm{d}\tau \quad (3.5)$$

ここで, $\int \cdots \mathrm{d}\tau$ は座標 $x,\ y,\ z$ について $-\infty$ から $+\infty$ まで積分することを意味する. 同様に, 左側から ϕ_{B} をかけて全空間で積分すると,

$$C_{\mathrm{A}} \int \phi_{\mathrm{B}} H \phi_{\mathrm{A}} \mathrm{d}\tau + C_{\mathrm{B}} \int \phi_{\mathrm{B}} H \phi_{\mathrm{B}} \mathrm{d}\tau = C_{\mathrm{A}} E \int \phi_{\mathrm{B}} \phi_{\mathrm{A}} \mathrm{d}\tau + C_{\mathrm{B}} E \int \phi_{\mathrm{B}} \phi_{\mathrm{B}} \mathrm{d}\tau \quad (3.6)$$

が得られる. 原子軌道はすでに規格化されているから,

$$\int \phi_{\mathrm{A}} \phi_{\mathrm{A}} \mathrm{d}\tau = \int \phi_{\mathrm{B}} \phi_{\mathrm{B}} \mathrm{d}\tau = 1 \qquad (3.7)$$

を満たす. また, 簡単のために,

$$S = \int \phi_{\mathrm{A}} \phi_{\mathrm{B}} \mathrm{d}\tau = \int \phi_{\mathrm{B}} \phi_{\mathrm{A}} \mathrm{d}\tau \qquad (3.8)$$

$$H_{\mathrm{AA}} = \int \phi_{\mathrm{A}} H \phi_{\mathrm{A}} \mathrm{d}\tau, \quad H_{\mathrm{BB}} = \int \phi_{\mathrm{B}} H \phi_{\mathrm{B}} \mathrm{d}\tau \qquad (3.9)$$

$$H_{\mathrm{AB}} = \int \phi_{\mathrm{A}} H \phi_{\mathrm{B}} \mathrm{d}\tau, \quad H_{\mathrm{BA}} = \int \phi_{\mathrm{B}} H \phi_{\mathrm{A}} \mathrm{d}\tau \qquad (3.10)$$

と定義する. S は重なり積分, H_{AA} および H_{BB} はクーロン積分, H_{AB} および H_{BA} は共鳴積分とよばれる (具体的な内容は後述). さらに, ϕ_{A} と ϕ_{B} は同等であるから, $H_{\mathrm{AA}} = H_{\mathrm{BB}} = \alpha$, $H_{\mathrm{AB}} = H_{\mathrm{BA}} = \beta$ とおいて, 式 (3.5), (3.6) を整理すると,

$$C_{\mathrm{A}}(\alpha - E) + C_{\mathrm{B}}(\beta - ES) = 0 \qquad (3.11)$$

$$C_{\mathrm{A}}(\beta - ES) + C_{\mathrm{B}}(\alpha - E) = 0 \qquad (3.12)$$

となる. この連立方程式が $C_{\mathrm{A}} = C_{\mathrm{B}} = 0$ 以外の解をもつためには, 行列式

$$\begin{vmatrix} \alpha - E & \beta - ES \\ \beta - ES & \alpha - E \end{vmatrix} = 0 \qquad (3.13)$$

が満たされなければならない. 式 (3.13) を永年方程式という (補足, p.98).

左辺の行列式を展開して解くと,

$$E_1 = \frac{\alpha + \beta}{1 + S} \tag{3.14}$$

$$E_2 = \frac{\alpha - \beta}{1 - S} \tag{3.15}$$

が得られる．E_1，E_2 に対応する分子軌道 ψ_1，ψ_2 は規格化条件

$$\int \psi^2 \mathrm{d}\tau = \int (C_\mathrm{A}\phi_\mathrm{A} + C_\mathrm{B}\phi_\mathrm{B})^2 \mathrm{d}\tau = C_\mathrm{A}{}^2 + 2C_\mathrm{A}C_\mathrm{B}S + C_\mathrm{B}{}^2 = 1 \tag{3.16}$$

を考慮して，係数 C_A，C_B を求めると次のようになる．

$$\psi_1 = \sqrt{\frac{1}{2 + 2S}}(\phi_\mathrm{A} + \phi_\mathrm{B}) \tag{3.17}$$

$$\psi_2 = \sqrt{\frac{1}{2 - 2S}}(\phi_\mathrm{A} - \phi_\mathrm{B}) \tag{3.18}$$

　このようにして，シュレーディンガー方程式が解けたわけであるが，エネルギーや波動関数には重なり積分 S，クーロン積分 α，共鳴積分 β が含まれているため，まずこれらの物理的意味を述べておこう．式 (3.4) を用いて，これらの積分を計算した結果を図 3.4 に示す．

　重なり積分 S は 2 つの原子軌道 ϕ_A と ϕ_B の積の積分であり，軌道間の空間的な重なりの程度を表す．図 3.4 (a) に示すように，$R \to 0$ のとき，ϕ_A と ϕ_B はぴったりと重なるから，$S = 1$ となる．ϕ_A と ϕ_B は原子核 A，B からの距離とともに指数関数的に減衰するため，S は R の増加とともに急激に減少する．$R > 0.5$ nm では 2 つの軌道間で実質的な重なりがなくなり，S は 0 に近づく．なお，水素分子イオンの S は平衡核間距離（$R_\mathrm{e} = 0.106$ nm）で約 0.59 と異常に大きな値をもつが，通常の分子の S は大きくても 0.2～0.3 の範囲にある．

　クーロン積分 α は，式 (3.9) を変形すると，

$$\begin{aligned}
\alpha &= \int \phi_\mathrm{A}\left\{-\left(\frac{h^2}{8\pi^2 m}\right)\nabla^2 - \left(\frac{e^2}{4\pi\varepsilon_0 r_\mathrm{A}}\right)\right\}\phi_\mathrm{A}\mathrm{d}\tau \\
&\quad + \int \phi_\mathrm{A}\left(-\frac{e^2}{4\pi\varepsilon_0 r_\mathrm{B}}\right)\phi_\mathrm{A}\mathrm{d}\tau + \int \phi_\mathrm{A}\left(\frac{e^2}{4\pi\varepsilon_0 R}\right)\phi_\mathrm{A}\mathrm{d}\tau \\
&= E_{1\mathrm{s}} + \int \left(-\frac{e^2 \phi_\mathrm{A}{}^2}{4\pi\varepsilon_0 r_\mathrm{B}}\right)\mathrm{d}\tau + \frac{e^2}{4\pi\varepsilon_0 R}
\end{aligned} \tag{3.19}$$

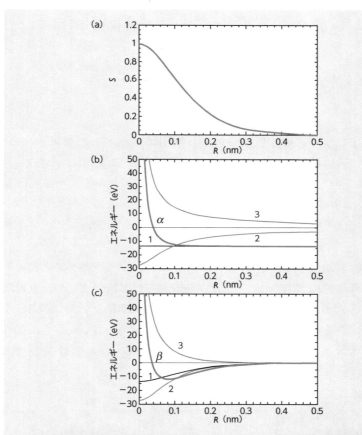

図 3.4　(a) 重なり積分，(b) クーロン積分．図中の 1，2，3 は式 (3.19) の第 1，2，3
　　　　項を表す，(c) 共鳴積分．図中の 1，2，3 は式 (3.20) の第 1，2，3 項を表す．

となる．第 1 項は 1s 状態にある水素原子のエネルギー $(E_{1s} = -13.606\,\mathrm{eV})$，第 2 項は原子核 A 上の 1s 電子（電荷密度：$-e\phi_A{}^2$）と原子核 B（電荷：$+e$）のクーロン引力ポテンシャル，第 3 項は原子核間のクーロン反発ポテンシャルを表す．$R \to 0$ のとき，第 2 項は水素原子のクーロンポテンシャル $(-13.606 \times 2 = -27.212\,\mathrm{eV})$ になるが，第 3 項は $+\infty$ に発散する．図 3.4 (b) からわかるように，$R > 0.1\,\mathrm{nm}$ では，第 2 項と第 3 項はほぼ相殺されて，α は実質上 E_{1s} に等しくなる．

　一方，共鳴積分 β は式 (3.10) を変形すると，

$$\beta = \int \phi_A \left\{ -\left(\frac{h^2}{8\pi^2 m} \right) \nabla^2 - \left(\frac{e^2}{4\pi\varepsilon_0 r_B} \right) \right\} \phi_B \mathrm{d}\tau$$

$$+ \int \phi_A \left(-\frac{e^2}{4\pi\varepsilon_0 r_A} \right) \phi_B \mathrm{d}\tau + \int \phi_A \left(\frac{e^2}{4\pi\varepsilon_0 R} \right) \phi_B \mathrm{d}\tau$$

$$= E_{1s} S + \int \left(-\frac{e^2 \phi_A \phi_B}{4\pi\varepsilon_0 r_A} \right) \mathrm{d}\tau + \frac{e^2 S}{4\pi\varepsilon_0 R} \tag{3.20}$$

を得る．β は 2 つの原子軌道間の相互作用エネルギーと解釈される．$R \to 0$ のとき，第 3 項の原子核間のクーロン反発ポテンシャルのために，β は $+\infty$ に発散する．第 1，3 項は重なり積分 S に比例し，第 2 項にも $\phi_A \phi_B$ が含まれているため，$R \to \infty$ のとき，$\beta = 0$ となる．図 3.4（c）からもわかるように，$R > 0.1\,\mathrm{nm}$ では，$|\beta|$ は S にほぼ比例することに注意しよう．

　以上の計算結果を用いて，水素分子イオンのエネルギーを求めた結果を図 3.5 に示す．E_1 は $R = 0.132\,\mathrm{nm}$ で極小値 $-15.37\,\mathrm{eV}$ をもつ．水素原子（H）と水素イオン（H^+）のエネルギーを基準にとると（図 3.5 の E_{1s}），水素分子イオンのエネルギーは $1.76\,\mathrm{eV}$ 低くなっている．このエネルギーが結合エネルギー D_e に相当する．したがって，電子が ψ_1 軌道に

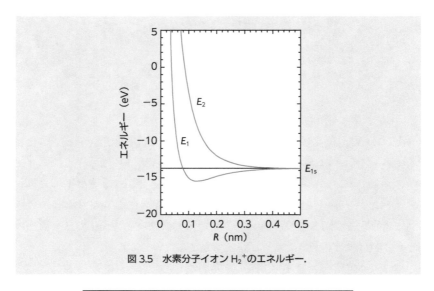

図 3.5　水素分子イオン H_2^+ のエネルギー.

入ると，$R_e = 0.132\,\mathrm{nm}$ で安定な水素分子イオンが形成されることがわかる．実験結果および正確な計算結果は $R_e = 0.106\,\mathrm{nm}$，$D_e = 2.79\,\mathrm{eV}$ であるから，粗い近似法を用いた割にはうまく説明できたといえよう．一方，E_2 は E_1 と異なり，極小値をもたない．したがって，電子が ψ_2 軌道に入ると，水素分子イオンは不安定になり，水素原子と水素イオンに解離する．このことから，ψ_1 を結合性軌道，ψ_2 を反結合性軌道とよぶ．

次に，ψ_1 軌道と ψ_2 軌道について調べてみよう．図 3.6 にこれらの軌道の電子密度を示す．電子が ψ_1 軌道や ψ_2 軌道にあるとき，電子密度は，

$$\psi_1{}^2 = \frac{1}{2+2S}(\phi_A{}^2 + 2\phi_A\phi_B + \phi_B{}^2) \tag{3.21}$$

$$\psi_2{}^2 = \frac{1}{2-2S}(\phi_A{}^2 - 2\phi_A\phi_B + \phi_B{}^2) \tag{3.22}$$

で与えられる．ψ_1 軌道は原子核 A，B の中間領域（結合ができる領域）で 2 個の 1s 軌道の符号が等しい．すなわち，1s 軌道という波動関数の位相がそろう．その結果，原子核 A，B の中間領域で電子密度が増加し，原子核間のクーロン反発が弱められ分子が安定化する．一方，ψ_2 軌道は結合領域で 2 個の 1s 軌道の位相が逆になるため，原子核間で電子密度が減少する．とくに原子核 A，B を結ぶ軸の垂直二等分面では節（$\psi_2 = 0$）になるから，電子密度は 0 である．その結果，原子核間のクーロン反発

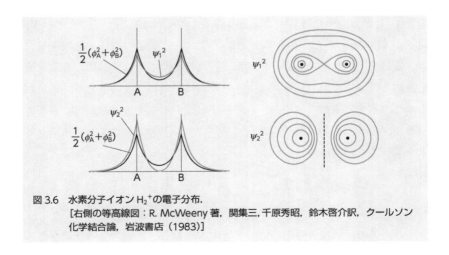

図 3.6　水素分子イオン $H_2{}^+$ の電子分布.
　　　　［右側の等高線図：R. McWeeny 著，関集三，千原秀昭，鈴木啓介訳，クールソン
　　　　化学結合論，岩波書店（1983）］

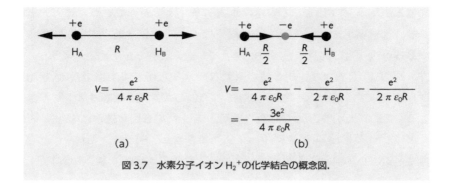

図3.7　水素分子イオン H_2^+ の化学結合の概念図.

が強められ，分子は不安定化する．

　以上のように，化学結合の本質は原子核と原子核の間で電子密度が増すことにある．この事情は図3.7によって，さらに明らかになる．図3.7 (a) は2つの原子核のみがある場合であり，当然のことながらクーロン反発によって2つの原子核は互いに離れていく．ところが，図3.7 (b) のように，2つの原子核の中央に電子が入ると，電子と原子核に働くクーロン引力が原子核間のクーロン反発に打ち勝つため，2つの原子核は互いに引きつけあう．この引力ポテンシャルは核間距離 R が短いほど顕著になるから，最後には電子と原子核が合体してしまうように思われるかもしれない．しかし，古典的な粒子と異なり，電子は狭い空間内で静止することができず，しかも空間を狭くするほど運動エネルギーは増加する．その結果，電子が2つの原子核の中間だけでなく原子核の周辺にも存在領域を拡大することで，運動エネルギーの増加が抑えられ，また原子核間で存在確率を高めることでポテンシャルエネルギーが低下しているのである．言い換えれば，電子の運動エネルギーの存在が分子の形成をもたらしているわけであるが，その代わり分子の結合エネルギーも数 eV とわずかな値にとどまってしまうのである．

3.3　等核2原子分子

　水素分子イオンで述べた分子軌道の考え方は，一般の分子においても成立する．その際，構成原子の原子軌道の線形結合によって分子軌道を組み

立てるが，以下の規則が成り立つ．

1) 2個の原子軌道の線形結合によって，2個の分子軌道ができる．一般に，N個の原子軌道の線形結合でN個の分子軌道が形成される．

2) 原子軌道間の空間的な重なりが大きいほど，結合性軌道は安定化し，反結合性軌道は不安定化する．つまり，軌道間の重なり積分Sが大きくなると，Sに比例して共鳴積分β（< 0）の大きさも増すから，結合性軌道のエネルギー準位はより低くなり，反結合性軌道の準位はより高くなる．これを最大重なりの原理という．

3) 原子軌道間のエネルギーが近いほど，結合性軌道は安定化し，反結合性軌道は不安定化する（3.4節参照）．

これらの規則に従って，等核2原子分子の分子軌道を組み立てる．個々の組み合わせを考えるまえに，2原子分子の原子核A，B上にs軌道やp軌道をおいたとき，分子軸（z軸）の周りの回転や分子軸を含む平面での鏡映（$\sigma(yz)$，$\sigma(zx)$）によって，これらの原子軌道がどのように変化するかを表3.2に示す．対称操作によって原子軌道がもとの原子軌道と変わ

表3.2　2原子分子における原子軌道の対称性

原子軌道	$C_2(z)$	$\sigma(yz)$	$\sigma(zx)$	分子軌道
s	1	1	1	σ
p_x	-1	-1	1	π
p_y	-1	1	-1	π
p_z	1	1	1	σ

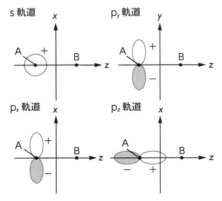

らないとき 1, 符号が逆になるとき−1 で示す.

まず, 原子軌道がともに 1s 軌道である場合を考えよう. すでに前節で述べたように, この組み合わせから結合性軌道と反結合性軌道が形成される (図 3.8). これらの軌道を σ_g と σ_u と表すと,

$$\sigma_g = \sqrt{\frac{1}{2+2S}}(\phi_{1sA} + \phi_{1sB}) \tag{3.23}$$

$$\sigma_u = \sqrt{\frac{1}{2-2S}}(\phi_{1sA} - \phi_{1sB}) \tag{3.24}$$

である. 記号 σ は波動関数が軸対称 (z 軸の周りの任意の回転操作に対して関数形が変わらない) であることを示す. また添字 g と u は, 分子の中心 (原点) での反転に対し, 波動関数が変わらない $\{\sigma_g(x, y, z) = \sigma_g(-x, -y, -z)\}$, 波動関数の符号が逆になる $\{\sigma_u(x, y, z) = -\sigma_u(-x, -y, -z)\}$ ことを表す. なお, 2s, 3s, …軌道の組み合わせからも結合性軌道 σ_g と反結合性軌道 σ_u ができる.

このような分子軌道の形成は, 原子軌道の対称性から決まることを確認しておこう. 表 3.2 に示したように, s 軌道は回転 ($C_2(z)$) や鏡映 ($\sigma(yz)$,

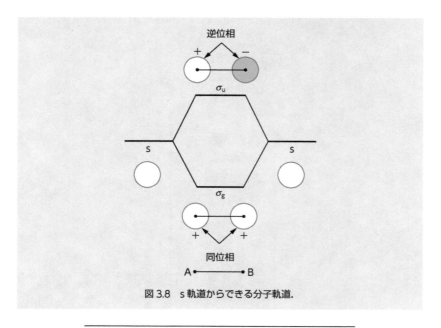

図 3.8 s 軌道からできる分子軌道.

$\sigma(zx)$）によって関数形が変わらない．これをs軌道は偶の性質をもつという．より身近な言葉でいえば，s軌道は回転や鏡映に対して偶関数である．偶関数と偶関数の積は偶関数であるから，s軌道間の重なり積分は，

$$\int \phi_{sA}\phi_{sB}d\tau \neq 0 \tag{3.25}$$

である．すなわち，s軌道どうしは空間的な重なりをもつことができるので，結合性軌道と反結合性軌道が形成されることになる（規則2））．

次に2p軌道の組み合わせを考えよう．まず規則1）から，各原子につき2p$_x$，2p$_y$，2p$_z$と3個の原子軌道があるから，合計6個の分子軌道ができる．図3.9に示すように，2p$_z$軌道どうしの組み合わせから2個の分子軌道，

$$\sigma_g = \sqrt{\frac{1}{2-2S}}(\phi_{2p_zA} - \phi_{2p_zB}) \tag{3.26}$$

$$\sigma_u = \sqrt{\frac{1}{2+2S}}(\phi_{2p_zA} + \phi_{2p_zB}) \tag{3.27}$$

ができる．σ_gは逆符号の2p$_z$軌道からなり，結合領域では同位相となる

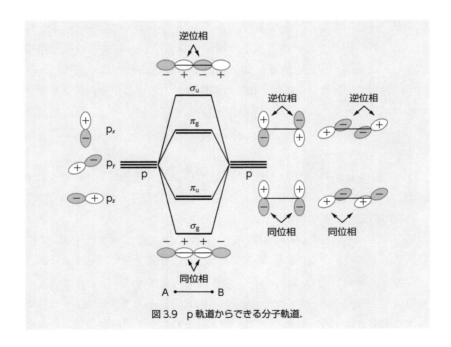

図3.9 p軌道からできる分子軌道.

ため，結合性軌道となる．一方，$\sigma_{\rm u}$ は同符号の $2{\rm p}_z$ 軌道からなり，結合領域では逆位相となるため，反結合性軌道となる．(3.26)，(3.27) において重なり積分 S は負の値をもつ．これらの軌道はともに軸対称である．$\sigma_{\rm g}$ は結合領域で電子密度が高くなるが，$\sigma_{\rm u}$ は結合領域で節をもち，電子密度は低い．$2{\rm p}_x$ 軌道の組み合わせからも 2 個の分子軌道，

$$\pi_{\rm u} = \sqrt{\frac{1}{2+2S}}\,(\phi_{2{\rm p}_x{\rm A}} + \phi_{2{\rm p}_x{\rm B}}) \tag{3.28}$$

$$\pi_{\rm g} = \sqrt{\frac{1}{2-2S}}\,(\phi_{2{\rm p}_x{\rm A}} - \phi_{2{\rm p}_x{\rm B}}) \tag{3.29}$$

ができる．ここで，記号 π は，分子軸の周りで $180°$ 回転すると波動関数の符号が変わることを示す．$\pi_{\rm u}$ 軌道は $2{\rm p}_x$ 軌道が同位相で混じるため，結合領域で電子密度が高く，結合性軌道である．一方，$\pi_{\rm g}$ 軌道は $2{\rm p}_x$ 軌道の位相が逆になるため，原子核 A，B の中央で節をもつ．その結果，$\pi_{\rm g}$ 軌道は結合領域で電子密度が低く，反結合性軌道である．なお，$2{\rm p}_y$ 軌道の組み合わせからも，同様な 2 個の分子軌道 $\pi_{\rm u}$，$\pi_{\rm g}$ ができる．これらの軌道は $2{\rm p}_x$ 軌道由来の $\pi_{\rm u}$，$\pi_{\rm g}$ 軌道を分子軸の周りで $90°$ 回転させただけなので，同じエネルギーをもつ．

上記以外の組み合わせは，重なり積分が 0 になり，軌道間の相互作用はない．たとえば，$2{\rm p}_x$ 軌道と $2{\rm p}_y$ 軌道の組み合わせでは，鏡映 (σ_{yz}) 操作に対して，前者は奇関数，後者は偶関数であるから，その積は奇関数である．したがって，これらの軌道間の重なり積分は，

$$\int \phi_{2{\rm p}_x{\rm A}}\phi_{2{\rm p}_y{\rm B}}\,{\rm d}\tau = 0 \tag{3.30}$$

となる．

$2{\rm p}_z$ 軌道は分子軸（z 軸）方向に大きな広がりをもち，$2{\rm p}_x$ 軌道や $2{\rm p}_y$ 軌道は分子軸の垂直（x 軸や y 軸）方向に大きな分布をもつ．したがって，これらの軌道間の重なり積分は，

$$\left|\int \phi_{2{\rm p}_z{\rm A}}\phi_{2{\rm p}_z{\rm B}}\,{\rm d}\tau\right| > \left|\int \phi_{2{\rm p}_x{\rm A}}\phi_{2{\rm p}_x{\rm B}}\,{\rm d}\tau\right| = \left|\int \phi_{2{\rm p}_y{\rm A}}\phi_{2{\rm p}_y{\rm B}}\,{\rm d}\tau\right| \tag{3.31}$$

である．その結果，$2{\rm p}_z$ 軌道からできた結合性軌道 $\sigma_{\rm g}$ は，$2{\rm p}_x$，$2{\rm p}_y$ 軌道からできた結合性軌道 $\pi_{\rm u}$ に比べて大きく安定化する．一方，$2{\rm p}_z$ 軌道由来の反結合性軌道 $\sigma_{\rm u}$ は，$2{\rm p}_x$，$2{\rm p}_y$ 軌道由来の反結合性軌道 $\pi_{\rm g}$ に比べて大きく不安定化する．したがって，分子軌道のエネルギー準位は $\sigma_{\rm g} < \pi_{\rm u}$

$< \pi_\mathrm{g} < \sigma_\mathrm{u}$ の順になる.

　以上のように，1s，2s，2p 軌道の組み合わせから，(σ_g と σ_u)，(σ_g と σ_u)，(σ_g, π_u, π_g および σ_u) の分子軌道が得られる．したがって，1s，2s，2p 軌道のエネルギー準位が十分離れている場合，分子軌道のエネルギーは，

$$1\sigma_\mathrm{g} < 1\sigma_\mathrm{u} \ll 2\sigma_\mathrm{g} < 2\sigma_\mathrm{u} \ll 3\sigma_\mathrm{g} < 1\pi_\mathrm{u} < 1\pi_\mathrm{g} < 3\sigma_\mathrm{u} \quad (3.32)$$

となる（図 3.10）．ここで，同じ記号で表される分子軌道は，エネルギーの低い順に 1, 2, 3, …と番号をつけて区別した．2s, 2p 軌道のエネルギーが接近している場合，同じ偶奇性をもつ原子軌道（2s, $2\mathrm{p}_z$）間の相互作用が無視できなくなり，式 (3.32) の $3\sigma_\mathrm{g}$ 軌道と $1\pi_\mathrm{u}$ 軌道の順序が逆になる（図 3.10）．

　等核 2 原子分子の電子配置を求めるには，パウリの原理に従って，エネルギーの低い軌道から 2 個ずつ電子を収容していけばよい．その際，π 軌道のように同じエネルギーをもつ軌道が 2 個ある場合，スピンの向き

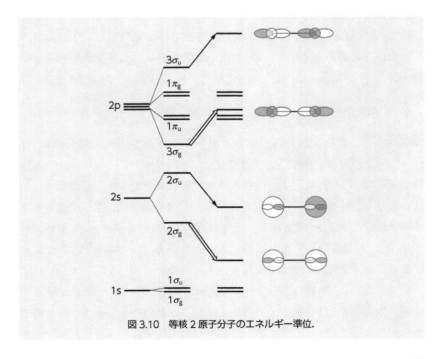

図 3.10　等核 2 原子分子のエネルギー準位.

表3.3 等核2原子分子の電子配置，解離エネルギー，結合距離

	電子配置	解離エネルギー (eV)	結合距離 (nm)
H_2	$(1\sigma_g)^2$	4.48	0.074
He_2	$(1\sigma_g)^2(1\sigma_u)^2$	−	−
Li_2	$KK(2\sigma_g)^2$	1.05	0.267
Be_2	$KK(2\sigma_g)^2(2\sigma_u)^2$	−	−
B_2	$KK(2\sigma_g)^2(2\sigma_u)^2(1\pi_u)^2$	3.02	0.159
C_2	$KK(2\sigma_g)^2(2\sigma_u)^2(1\pi_u)^4$	6.21	0.124
N_2	$KK(2\sigma_g)^2(2\sigma_u)^2(1\pi_u)^4(3\sigma_g)^2$	9.76	0.110
O_2	$KK(2\sigma_g)^2(2\sigma_u)^2(3\sigma_g)^2(1\pi_u)^4(1\pi_g)^2$	5.12	0.121
F_2	$KK(2\sigma_g)^2(2\sigma_u)^2(3\sigma_g)^2(1\pi_u)^4(1\pi_g)^4$	1.60	0.141
Ne_2	$KK(2\sigma_g)^2(2\sigma_u)^2(3\sigma_g)^2(1\pi_u)^4(1\pi_g)^4(3\sigma_u)^2$	−	−

KK : $(1\sigma_g)^2(1\sigma_u)^2$

がそろうように電子が入る（フント（Hund）の規則）．表3.3に等核2原子分子の電子配置，解離エネルギーおよび平衡核間距離を示す．

H_2分子は結合性軌道$1\sigma_g$に2個電子をもち，反結合性軌道$1\sigma_u$には電子がない．このとき電子配置は$(1\sigma_g)^2$と表される．化学結合の相対的な強さは，

$$\frac{1}{2} \times |(\text{結合性軌道内の電子数}) - (\text{反結合性軌道内の電子数})| \quad (3.33)$$

で定義される結合次数を導入すると便利である．H_2分子の結合次数は，$\frac{2-0}{2} = 1$であり，単結合（一重結合）に相当する．He_2分子は，結合性軌道$1\sigma_g$，反結合性軌道$1\sigma_u$にそれぞれ2個の電子をもつ．その結果，結合次数は$\frac{2-2}{2} = 0$であり，化学結合は生じない．なお，$1\sigma_u$軌道から電子が1個抜けたHe_2^+は実在し，平衡核間距離$R_e = 0.108\,\mathrm{nm}$，解離エネルギー$D_0 = 2.37\,\mathrm{eV}$であることが知られている．この事実は，$1\sigma_u$軌道が確かに反結合性軌道であることを示している．

Li_2分子の電子配置は$(1\sigma_g)^2(1\sigma_u)^2(2\sigma_g)^2$である．$1\sigma_g$と$2\sigma_g$は結合性軌道，$1\sigma_u$は反結合性軌道であるから，結合次数は$\frac{4-2}{2} = 1$となって単結合が生じる．$Li_2$分子の解離エネルギーは$1.05\,\mathrm{eV}$と小さく，同じ単結

合である H_2 分子の解離エネルギーの $\frac{1}{4}$ にも満たない。Be_2 分子は $(1\sigma_g)^2$ $(1\sigma_u)^2(2\sigma_g)^2(2\sigma_u)^2$ の電子配置をもつ。$2\sigma_u$ は反結合性軌道であるから，結合次数は 0 となって，安定な化学結合は生じない。

　式 (3.32) を適用すると，B_2 分子の電子配置は $(1\sigma_g)^2(1\sigma_u)^2(2\sigma_g)^2$ $(2\sigma_u)^2(3\sigma_g)^2$ と期待される。このとき B_2 分子は閉殻構造となるため，反磁性を示すはずである。ところが，B_2 分子は常磁性であることが実験でわかっており，開殻構造でなければならない。最も可能性の高い電子配置は $(1\sigma_g)^2(1\sigma_u)^2(2\sigma_g)^2(2\sigma_u)^2(1\pi_u)^2$ であるとされている。$3\sigma_g$ 軌道と $1\pi_u$ 軌道のエネルギー準位が逆転するのは，B 2s 準位（精度の高い計算では，$\varepsilon_{\text{calc}} = -13.46\,\text{eV}$）と B 2p 準位（$\varepsilon_{\text{calc}} = -8.43\,\text{eV}$）が接近しているため，$2s - 2p_z$ 軌道間の相互作用によって，$2\sigma_g$ 軌道はより安定化し，$3\sigma_g$ 軌道はより不安定化するからである（図3.10））。$1\pi_u$ 軌道は結合性軌道であるから，B_2 分子の結合次数は $\frac{6-4}{2} = 1$ である。なお，B 1s 準位（$\varepsilon_{\text{calc}} = -209.4\,\text{eV}$）は B 2s 準位や 2p 準位とはエネルギー差が大きく，B_2 分子の $1\sigma_g$ 軌道や $1\sigma_u$ 軌道は分子軌道といっても B 1s 軌道と変わらない。

　$3\sigma_g$ 軌道と $1\pi_u$ 軌道のエネルギー準位の逆転現象は，C_2 や N_2 分子においてもみられるが，O_2 分子や F_2 分子では式 (3.32) の順序に従う。これは，原子番号が増すと，$2s - 2p$ 準位間のエネルギー差が大きくなり，$2s - 2p_z$ 軌道間の相互作用が弱くなるからである。たとえば，F_2 分子では，2s 準位（$\varepsilon_{\text{calc}} = -42.79\,\text{eV}$）と 2p 準位（$\varepsilon_{\text{calc}} = -19.86\,\text{eV}$）は 20 eV 以上も離れているため，軌道間相互作用による $2\sigma_g$ 軌道の安定化，$3\sigma_g$ 軌道の不安定化は小さい。

　C_2 分子は星間分子として知られる。この分子の電子配置は $(1\sigma_g)^2$ $(1\sigma_u)^2(2\sigma_g)^2(2\sigma_u)^2(1\pi_u)^4$ であり，結合次数は 2 となる。

　N_2 分子では，結合性軌道である $3\sigma_g$ 軌道にさらに 2 個の電子が収容される。その結果，結合次数は 3 に達し，最も安定な分子（$R_e = 0.110\,\text{nm}$，$D_0 = 9.76\,\text{eV}$）が形成される。なお，$3\sigma_g$ 軌道から電子が 1 個抜けた N_2^+ イオンでは，$R_e = 0.112\,\text{nm}$，$D_0 = 8.71\,\text{eV}$ である。平衡核間距離がわずかではあるが長くなっているので，$3\sigma_g$ 軌道は結合的な性格をもっていることがわかる。

　O_2 分子になると，反結合性軌道である $1\pi_g$ 軌道に 2 個の電子が入る。

図 3.11　液体酸素の青色と常磁性.
液体酸素は, 沸点が 90 K の淡青色の液体である. 磁石を近づけると, 液体酸素
は磁石に吸い寄せられる.

結合次数は 2 に減少するため, N_2 分子に比べて解離エネルギーは減少し,
平衡核間距離も長くなる. なお, $1\pi_g$ 軌道は縮重軌道であるため, フント
の規則に従って, 2 個の電子はスピンを平行にして別々の軌道に入る. そ
の結果, B_2 分子の場合と同様に, O_2 分子は開殻構造をとり, 常磁性を示
す (図 3.11).

　F_2 分子は $1\pi_g$ 軌道に 4 個の電子が収容される. 結合次数は 1 に低下し,
解離エネルギーはさらに減少する.

　最後に, Ne_2 分子では, 反結合性軌道である $3\sigma_u$ 軌道に 2 個の電子が入
る. 結合次数は 0 であり, 安定な分子として存在しない.

3.4　異核 2 原子分子

　フッ化水素 (HF) のように, 異なる元素の原子からなる 2 原子分子を
異核 2 原子分子という. 異核 2 原子分子では, 2 つの原子で原子軌道のエ
ネルギーが異なるので, 等核 2 原子分子にはない現象が現れる.

　いま, 異核 2 原子分子の分子軌道 ψ を 2 個の原子の原子軌道 ϕ_A, ϕ_B の
線形結合

$$\psi = C_A \phi_A + C_B \phi_B \tag{3.34}$$

で表し, 前節と同様な計算を行うと, 次の連立方程式が得られる.

$$C_A(\alpha_A - E) + C_B(\beta - ES) = 0 \tag{3.35}$$

$$C_A(\beta - ES) + C_B(\alpha_B - E) = 0 \qquad (3.36)$$

ここで，$\alpha_A = H_{AA}$，$\alpha_B = H_{BB}$ はクーロン積分であり，各々の原子軌道の
エネルギーに近い値をもつ（以下では，$\alpha_A < \alpha_B$ と仮定）．また，$\beta = H_{AB}$
$= H_{BA}$ は共鳴積分であり，軌道間の相互作用エネルギーを表す．式(3.35)，
(3.36) から係数 C_A，C_B を消去すると，

$$(\alpha_A - E)(\alpha_B - E) - (\beta - ES)^2 = 0$$

$$(1 - S^2)E^2 - (\alpha_A + \alpha_B - 2\beta S)E + \alpha_A\alpha_B - \beta^2 = 0 \qquad (3.37)$$

が得られる．重なり積分 S は 1 よりも十分小さく，S^2 や βS の項は無視で
きるものとし，さらに軌道間の相互作用エネルギーが軌道エネルギーの差
より十分小さい（$|\beta| \ll |\alpha_A - \alpha_B|$）と仮定すると，式 (3.37) の近似解は，

$$E_1 = \alpha_A - \frac{\beta^2}{\alpha_B - \alpha_A} \qquad (3.38)$$

$$E_2 = \alpha_B + \frac{\beta^2}{\alpha_B - \alpha_A} \qquad (3.39)$$

となる．このようにして得られた分子軌道のエネルギー準位を図 3.12 に
示す．E_1 は原子軌道のエネルギー準位から，

$$\Delta = \frac{\beta^2}{\alpha_B - \alpha_A} \qquad (3.40)$$

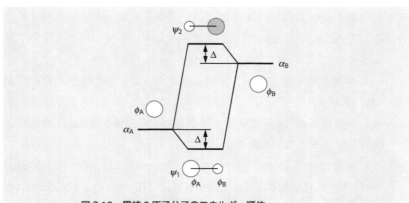

図 3.12　異核 2 原子分子のエネルギー順位.
（原子軌道 ϕ_A，ϕ_B はともに s 軌道であると仮定）.

だけ安定化し，E_2 は Δ だけ不安定化することがわかる．この傾向は，2 つの原子軌道のエネルギー差が小さいほど，また共鳴積分 β の絶対値が大きいほど著しい．なお，前者の傾向は 3.3 節で述べた規則 3) にほかならない．

分子軌道は，近似的に，

$$\psi_1 = C_A\left(\phi_A - \frac{\beta}{\alpha_B - \alpha_A}\phi_B\right) \tag{3.41}$$

$$\psi_2 = C_B\left(\phi_B + \frac{\beta}{\alpha_B - \alpha_A}\phi_A\right) \tag{3.42}$$

となる．$\beta < 0$，$\alpha_A < \alpha_B$ であることに注意すると，ψ_1 軌道は ϕ_A と ϕ_B の符号が等しく，結合性軌道であるのに対し，ψ_2 軌道は符号が逆になり，反結合性軌道であることがわかる．等核 2 原子分子と異なり，異核 2 原子分子では原子軌道の係数は均等でなくなる．すなわち，ψ_1 軌道ではエネルギーの近い ϕ_A 軌道の寄与が大きく，ψ_2 軌道では ϕ_B 軌道の寄与が大きい．その結果，異核 2 原子分子では，電子分布が偏り，電気的な分極を生じる．

具体例として水素化リチウム（LiH）を考えると，2 個の原子の電子配置は，

$$\text{Li} : (1s)^2 (2s)^1, \quad \text{H} : (1s)^1$$

であり，原子軌道のエネルギー（計算値）は

$$\text{Li } 1s : -67.4 \text{ eV}, \quad \text{Li } 2s : -5.3 \text{ eV}, \quad \text{H } 1s : -13.6 \text{ eV}$$

である．最も簡単な LCAO MO 法では，これらの原子軌道から分子軌道を組み立てる．3.3 節で述べた規則を適用すると，LiH 分子の分子軌道は次のようになる．

1) 3 個の原子軌道から出発しているので，合計 3 個の分子軌道ができる（規則 1)）．

2) Li 2s 軌道と H 1s 軌道は重なりをもち，結合性軌道 2σ と反結合性軌道 3σ が生じる（規則 2)）．

3) Li 1s 軌道と H 1s 軌道のエネルギー準位は著しく離れているため，軌道間の相互作用は小さく，Li 1s 軌道に由来する分子軌道 1s は本質的に原子軌道そのものである（規則 3)）．

4) LiH は 4 個の電子をもつため，その電子配置は $(1s)^2 (2s)^2 (3s)^0$ と

なる.

　LiH の分子軌道とエネルギー準位を図 3.13 に示す. 結合性軌道 2σ は
H 1s 軌道の寄与が大きく, 反結合性軌道 3σ は Li 2s 軌道の寄与が大きい.
その結果, 結合性軌道の電子密度は H 原子上で高くなるため, H 原子は
負に帯電し, Li 原子は正に帯電する. これら正負の電荷を $+\delta$, $-\delta$ とし,
負電荷から正電荷を結ぶベクトルを $\boldsymbol{l}$ とするとき,

$$\mu = \delta\,\boldsymbol{l} \tag{3.43}$$

を電気双極子モーメントという. 電気双極子モーメントの単位は C m や D
(P.J.W. Debye にちなんだ名称で, デバイとよぶ. $1\,\mathrm{D} = 3.336 \times 10^{-30}\,\mathrm{C\,m}$)
で表される. 分子内の電荷の偏りは第 1 章で述べた原子の電気陰性度と
直接, 対応づけることができる. Li, H の電気陰性度は 1.0, 2.1 である
ため, LiH 分子では $\mathrm{Li}^{\delta+}\mathrm{H}^{\delta-}$ と分極していることが期待される. この電荷
分布は, 分子軌道を考えることによって明快に裏づけられたことになる.
表 3.4 に代表的な異核 2 原子分子の電気双極子モーメントの大きさを示す.

　もう 1 つの例として, フッ化水素 (HF) を取り上げよう. F 原子と H
原子の電子配置は,

$$\mathrm{F} : (1s)^2 (2s)^2 (2p)^5, \quad \mathrm{H} : (1s)^1$$

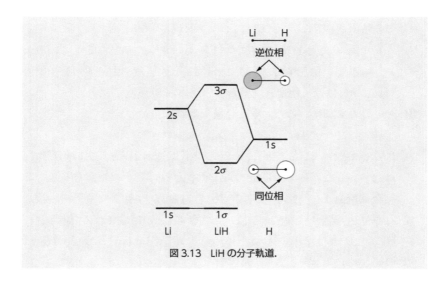

図 3.13　LiH の分子軌道.

表 3.4 分子の双極子モーメント

化合物	双極子モーメント（D）	結合距離（nm）	電子移動量（e）
HF	1.83	0.0917	0.41
HCl	1.11	0.1275	0.18
HBr	0.827	0.1415	0.12
HI	0.448	0.1609	0.06
LiH	5.88	0.1595	0.77
LiF	6.33	0.1564	0.84
NaCl	9.00	0.2361	0.79
CO	0.110	0.1128	0.020
NO	0.159	0.1151	0.029

であり，原子軌道のエネルギー（計算値）は

F 1s：$-718\,\mathrm{eV}$, F 2s：$-42.8\,\mathrm{eV}$, F 2p：$-19.9\,\mathrm{eV}$,
H 1s：$-13.6\,\mathrm{eV}$

である．このデータをもとに，先に述べた規則を適用すると，HF 分子の分子軌道は次のようになる．

1) F には 1s, 2s, $2p_x$, $2p_y$, $2p_z$ 軌道，H には 1s 軌道がある．したがって，合計 6 個の原子軌道の線形結合を扱うので，6 個の分子軌道ができる（規則 1））．

2) F 1s, 2s 軌道と H 1s 軌道のエネルギー準位は著しく離れているため，軌道間の相互作用は小さく，F 1s, 2s 軌道に由来する分子軌道（1σ, 2σ）は原子軌道と変わらない（規則 3））．

3) 分子軸を z 軸にとると，重なり積分は対称性から，

$$\int \phi_{\mathrm{F}2p_x} \phi_{\mathrm{H}1s}\, d\tau = \int \phi_{\mathrm{F}2p_y} \phi_{\mathrm{H}1s}\, d\tau = 0$$

になるため（表 3.2 参照），F $2p_x$, $2p_y$ 軌道と H 1s 軌道の相互作用はない．したがって，F $2p_x$, $2p_y$ 軌道は化学結合には関与しない非結合性軌道 1π を形成する．F $2p_z$ 軌道と H 1s 軌道は軌道間の重なりを生じ，結合性軌道 3σ と反結合性軌道 4σ が形成される（規則 2））．

4) HF は 10 個の電子をもつため，その電子配置は $(1\sigma)^2 (2\sigma)^2 (3\sigma)^2$ $(1\pi)^4 (4\sigma)^0$ となる．

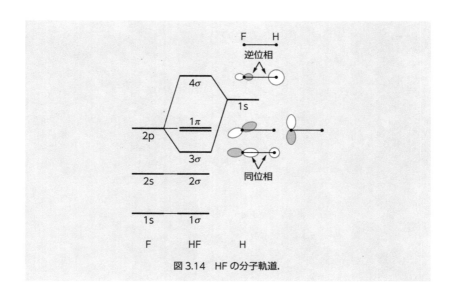

図 3.14　HF の分子軌道.

HF の分子軌道とエネルギー準位を図 3.14 に示す. 結合性軌道 3σ は F $2p_z$ 軌道の寄与が大きい. その結果, 結合性軌道の電子密度は F 原子上で高くなるため, F 原子は負に帯電し, H 原子は正に帯電する.

3.5　多原子分子

2 原子分子の場合と同様に, 多原子分子の電子状態も分子軌道法によって記述することができる. ここでは例として, 水 (H_2O) およびメタン (CH_4) を取り上げる.

3.5.1　水 (H_2O)

H, O 原子の電子配置は各々 $(1s)^1$, $(1s)^2(2s)^2(2p)^4$ である. 2 個の H 原子の 1s 軌道に由来する軌道として,

$$\psi_1 \propto \phi_{1sA} + \phi_{1sB} \tag{3.44}$$

$$\psi_2 \propto \phi_{1sA} - \phi_{1sB} \tag{3.45}$$

を導入しておくと, H_2O の分子軌道 ψ は, ψ_1, ψ_2 および O 原子の原子軌道の線形結合として表される.

H_2O の座標を図 3.15 に示す. H_2O は恒等 (E), 2 回回転軸 ($C_2(z)$),

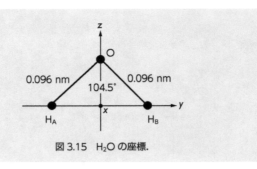

図 3.15　H_2O の座標.

表 3.5　H_2O 分子の原子軌道の偶奇性

	E	C_2	$\sigma(yz)$	$\sigma(zx)$	記号
ψ_1	1	1	1	1	a_1
ψ_2	1	-1	1	-1	b_2
O 1s	1	1	1	1	a_1
O 2s	1	1	1	1	a_1
O $2p_x$	1	-1	-1	1	b_1
O $2p_y$	1	-1	1	-1	b_2
O $2p_z$	1	1	1	1	a_1

鏡面 $\sigma(yz)$，$\sigma(zx)$ の 4 つの対称要素をもつ．表 3.5 に 4 つの対称操作に対する各軌道の偶奇性を示す．O 1s，O 2s，O $2p_z$，ψ_1 軌道はいずれの操作を施しても関数形はそのままである．O $2p_y$ 軌道と ψ_2 軌道は同じ偶奇性をもち，O $2p_x$ 軌道は他の軌道と異なる偶奇性をもつことがわかる．なお，表中で記号 a，b は，$C_2(z)$ に対して偶，奇であることを表す．また，下付きの 1，2 は $\sigma(zx)$ に対して偶，奇であることを表す．

　3.4 節で述べた規則を適用すると，H_2O の分子軌道は次のようになる．

1) 合計 7 個の軌道の線形結合を考えているので 7 個の分子軌道ができる．

2) O 1s 軌道と H 1s 軌道のエネルギーは著しく離れており，O 1s 軌道に由来する分子軌道 $1a_1$ は本質的に O 1s 軌道そのものである（規則 3））．

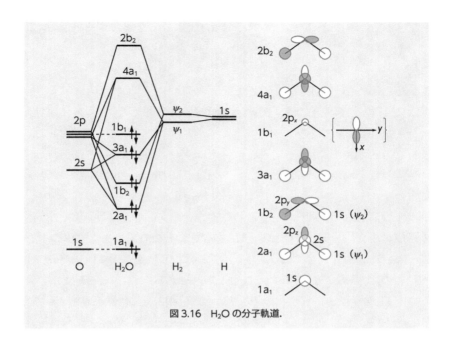

図 3.16　H_2O の分子軌道.

3) 軌道の偶奇性から，O 2s，O $2p_z$，ψ_1 軌道は，互いに混じり合う．最もエネルギーが低い分子軌道 $2a_1$ は，ψ_1 軌道に対して O 2s，O $2p_z$ 軌道が，いずれも同位相で混じることによって生ずる結合性軌道である．ψ_1 軌道に対して，O 2s 軌道が逆位相，O $2p_z$ 軌道が同位相で混じると，分子軌道 $3a_1$ が生ずる．ψ_1 軌道に対して O 2s，O $2p_z$ 軌道がともに逆位相で混じると，反結合性分子軌道 $4a_1$ が生ずる．

また，O $2p_y$ 軌道と ψ_2 軌道から結合性軌道 $1b_2$ と反結合性軌道 $2b_2$ が生じる．

最後に，O $2p_x$ 軌道は水素側に偶奇性の一致する軌道がなく，非結合性軌道 $1b_1$ を形成する．

H_2O の分子軌道とエネルギー準位を図 3.16 に示す．H_2O の電子配置は，

$$(1a_1)^2(2a_1)^2(1b_2)^2(3a_1)^2(1b_1)^2(4a_1)^0(2b_2)^0$$

となる．ルイスの電子対結合では水分子は

$$H-\overset{\cdot\cdot}{\underset{\cdot\cdot}{O}}-H$$

と記される．この2組の非共有電子対は $1b_1$ 軌道の2個の電子と $3a_1$ 軌道の2個の電子に相当する．

3.5.2 メタン（CH_4）

次に，H原子，C原子の電子配置，軌道エネルギーをもとに，メタン（CH_4）の分子軌道を組立ててみよう．

$$H : (1s)^1 \qquad E_{1s} = -13.6 \text{ eV}$$
$$C : (1s)^2 (2s)^2 (2p)^2 \quad E_{1s} = -308 \text{ eV}, \; E_{2s} = -19.2 \text{ eV},$$
$$E_{2p} = -11.8 \text{ eV}$$

まず仮想的な H_4 分子の座標と対称適合軌道を図 3.17 に示す．立方体の四隅に水素原子 H_A，H_B，H_C，H_D を置き，座標の原点を立方体の中心にとる．H_A と H_B からなる H_2 分子では，H_A 1s 軌道と H_B 1s 軌道から，同位相の ψ_b 軌道と逆位相の ψ_a 軌道が形成される．同様に，H_C と H_D からなる H_2 分子でも，同位相の $\psi_b{}'$ 軌道と逆位相の $\psi_a{}'$ 軌道が形成される．H_4 分子では，ψ_b，$\psi_b{}'$ 軌道の組み合わせから ψ_1，ψ_2 軌道が，ψ_a，$\psi_a{}'$ 軌道の組み合わせから ψ_3，ψ_4 軌道が形成される．ψ_1 軌道は，節がないため，エネルギーが低くなる．ψ_2，ψ_3，ψ_4 軌道はそれぞれ yz 面，zx 面，xy 面に節があり，三重に縮重している[*1]．

図 3.18 に CH_4 分子の分子軌道を示す．軌道相互作用の規則（3.4 節）を適用すると，次のように整理することができる．

1) C 1s 軌道は，H 1s 軌道とエネルギーが離れているため，そのまま内殻軌道（$1a_1$）を形成する．ここで，記号 a_1 は縮重のない軌道を表す．

[*1] $\psi_1 \sim \psi_4$ 軌道は，以下のように表すことができる．

$$\psi_1 = \frac{1}{2}(\phi_A + \phi_B + \phi_C + \phi_D) \qquad (3.46)$$

$$\psi_2 = \frac{1}{2}(\phi_A + \phi_B - \phi_C - \phi_D) \qquad (3.47)$$

$$\psi_3 = \frac{1}{2}(\phi_A - \phi_B + \phi_C - \phi_D) \qquad (3.48)$$

$$\psi_4 = \frac{1}{2}(\phi_A - \phi_B - \phi_C + \phi_D) \qquad (3.49)$$

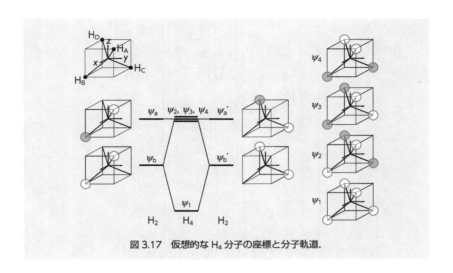

図 3.17 　仮想的な H_4 分子の座標と分子軌道.

2) 節のない C 2s 軌道と ψ_1 軌道から, 結合性軌道 ($2a_1$) と反結合性軌道 ($3a_1$) が形成される.

3) C $2p_x$ 軌道と ψ_2 軌道は, 節が yz 面にあり, これらの組み合わせによって結合性軌道 ($1t_2$) と反結合性軌道 ($2t_2$) が形成される. 同様に, 節が zx 面にある C $2p_y$ 軌道と ψ_3 軌道, 節が xy 面にある C $2p_z$ 軌道と ψ_4 の組み合わせによっても軌道結合性軌道 ($1t_2$) と反結合性軌道 ($2t_2$) が形成される. ここで, 記号 t_2 は三重縮重軌道を表す.

CH$_4$ 分子には 10 個の電子があるため, 基底状態における電子配置は,

$$CH_4 : (1a_1)^2 (2a_1)^2 (1t_2)^6 (2t_2)^0 (3a_1)^0$$

となる. $2a_1$ と $1t_2$ 軌道の 8 個の電子が CH 間の共有結合を担う. $1t_2$ 軌道は最高被占軌道であり, $2t_2$ 軌道は最低空軌道である.

最後に, CH$_4$ 分子における混成軌道を用いた化学結合についても簡単に述べておこう. 2 章で述べた sp^3 混成軌道をここでは $\chi_1 \sim \chi_4$ と記すと, これらは,

$$\chi_1 = \frac{1}{2} \left(\phi_s + \phi_{px} + \phi_{py} + \phi_{pz} \right) \tag{3.50}$$

$$\chi_2 = \frac{1}{2} \left(\phi_s + \phi_{px} - \phi_{py} - \phi_{pz} \right) \tag{3.51}$$

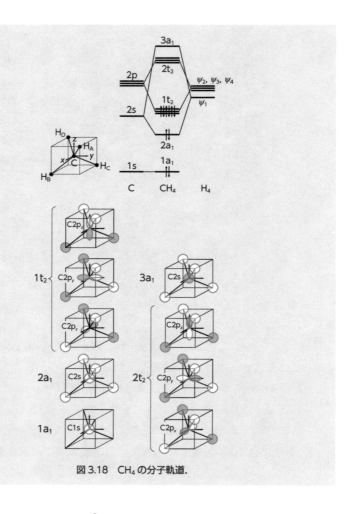

図 3.18　CH₄ の分子軌道.

$$\chi_3 = \frac{1}{2}\left(\phi_s - \phi_{px} + \phi_{py} - \phi_{pz}\right) \tag{3.52}$$

$$\chi_4 = \frac{1}{2}\left(\phi_s - \phi_{px} - \phi_{py} + \phi_{pz}\right) \tag{3.53}$$

と表される. s, p_x, p_y, p_z は原子軌道（固有関数）であり, 原子のハミルトニアン H を作用させると, 軌道エネルギー（固有値）が得られる. すなわち,

$$H\phi_s = E_s\phi_s$$

$$H\phi_{px} = E_{px}\phi_{px}$$

$$H\phi_{py} = E_{py}\phi_{py}$$

$$H\phi_{pz} = E_{pz}\phi_{pz}$$

ここで，$E_{px} = E_{py} = E_{pz} = E_p$ であり，p 軌道は三重に縮重している．一方，混成軌道に原子のハミルトニアン H を作用させると，

$$H\chi_1 = \frac{1}{2}H(\phi_s + \phi_{px} + \phi_{py} + \phi_{pz}) = \frac{1}{2}\{E_s\phi_s + E_p(\phi_{px} + \phi_{py} + \phi_{pz})\}$$

となる．$E_s = E_p$ の場合，

$$H\chi_1 = \frac{1}{2}E_s(\phi_s + \phi_{px} + \phi_{py} + \phi_{pz}) = E_s\chi_1$$

となるため，χ_1 は固有関数，$E_s(= E_p)$ は固有値となる．ところが，水素原子以外の原子では $E_s \neq E_p$ であるため，χ_1 は固有関数とはならない．$\chi_2{\sim}\chi_4$ 軌道についても同様な結果が得られる．

　混成軌道 $\chi_1{\sim}\chi_4$ を用いると，CH_4 分子の結合性軌道は H 1s 軌道 $\phi_A{\sim}\phi_D$ との組み合わせにより，

$$\psi_1 = \frac{1}{\sqrt{2}}(\chi_1 + \phi_A) \tag{3.54}$$

$$\psi_2 = \frac{1}{\sqrt{2}}(\chi_2 + \phi_B) \tag{3.55}$$

$$\psi_3 = \frac{1}{\sqrt{2}}(\chi_3 + \phi_C) \tag{3.56}$$

$$\psi_4 = \frac{1}{\sqrt{2}}(\chi_4 + \phi_D) \tag{3.57}$$

と表される．2 章の図 2.3 では，これらの軌道は等価で四重に縮重することになり，図 3.18 に示した CH_4 の結合性軌道である $2a_1$ 軌道（一重）と $1t_2$ 軌道（三重）と矛盾する．この矛盾は，$\psi_1{\sim}\psi_4$ 軌道がそれぞれ個々のC−H 結合に局在していると見なしているところに原因がある．実際は，$\psi_1{\sim}\psi_4$ 軌道の間には重なりによる相互作用があり，対角化すると期待値は，図 3.18 のように一重と三重縮重軌道に分裂する．混成軌道の概念は，直感的でわかりやすく，特に分子や結晶の構造を議論する際には有用であるが，軌道のエネルギーは厳密には議論できないので，その適用には注意が

必要である.

補足　永年方程式

　2原子分子に対する永年方程式 (3.13) を, N 個の原子からなる分子に拡張してみよう. 各原子の原子軌道を ϕ_1, ϕ_2, $\cdots$, ϕ_N とすると, 分子軌道 ψ はその線形結合から,

$$\psi = \sum_{i=1}^{N} C_i \phi_i \tag{3.H1}$$

と表される. シュレーディンガー方程式の両辺に左側から ψ (ψ が複素関数なら ψ^*) をかけて全空間で積分すると,

$$\int \psi H \psi \, \mathrm{d}\tau = E \int \psi^2 \, \mathrm{d}\tau \tag{3.H2}$$

であるから, 分子軌道 ψ のエネルギー E は

$$E = \frac{\int \psi H \psi \, \mathrm{d}\tau}{\int \psi^2 \, \mathrm{d}\tau} \tag{3.H3}$$

で与えられる. 式 (3.H1) を式 (3.H3) に代入すると,

$$E = \frac{\displaystyle\sum_{i=1}^{N} C_i^2 \int \phi_i H \phi_i \, \mathrm{d}\tau + \sum_{i=1}^{N} \sum_{j=1(\neq i)}^{N} C_i C_j \int \phi_i H \phi_j \, \mathrm{d}\tau}{\displaystyle\sum_{i=1}^{N} C_i^2 + \sum_{i=1}^{N} \sum_{j=1(\neq i)}^{N} C_i C_j \int \phi_i \phi_j \, \mathrm{d}\tau} \tag{3.H4}$$

ここで, 各積分を

$$S_{ij} = \int \phi_i \phi_j \, \mathrm{d}\tau \ (\text{重なり積分}) \tag{3.H5}$$

$$H_{ii} = \int \phi_i H \phi_i \, \mathrm{d}\tau \ (\text{クーロン積分}) \tag{3.H6}$$

$$H_{ij} = \int \phi_i H \phi_j \, \mathrm{d}\tau \ (\text{共鳴積分}) \tag{3.H7}$$

と置き換えると, 式 (3.H4) は

$$E = \frac{\displaystyle\sum_{i=1}^{N} C_i^2 H_{ii} + \sum_{i=1}^{N} \sum_{j=1(\neq i)}^{N} C_i C_j H_{ij}}{\displaystyle\sum_{i=1}^{N} C_i^2 + \sum_{i=1}^{N} \sum_{j=1(\neq i)}^{N} C_i C_j S_{ij}} \tag{3.H8}$$

となる. E は C_i の関数であるが, 変分法とよばれる方法によると, $\frac{\partial E}{\partial C_1} = 0$, $\frac{\partial E}{\partial C_2} = 0$, $\cdots$, $\frac{\partial E}{\partial C_N} = 0$ の条件から, 次の N 個の連立方程式が得られる.

$$C_1(H_{11}-ES_{11})\ +C_2(H_{12}-ES_{12})+\cdots\ +C_N(H_{1N}-ES_{1N})=0 \left.\vphantom{\begin{array}{c}1\\1\\1\\1\end{array}}\right\}$$
$$C_1(H_{21}-ES_{21})\ +C_2(H_{22}-ES_{22})+\cdots\ +C_N(H_{2N}-ES_{2N})=0$$
$$\cdots\cdots$$
$$C_1(H_{N1}-ES_{N1})+C_2(H_{N2}-ES_{N2})+\cdots+C_N(H_{NN}-ES_{NN})=0$$

$$\tag{3.H9}$$

$C_1, C_2, \cdots, C_N$ が 0 でない意味のある値をもつためには,

$$\begin{vmatrix} H_{11}-ES_{11} & H_{12}-ES_{12}\cdots & H_{1N}-ES_{1N} \\ H_{21}-ES_{21} & H_{22}-ES_{22}\cdots & H_{2N}-ES_{2N} \\ \vdots & \vdots & \vdots \\ H_{N1}-ES_{N1} & H_{N2}-ES_{N2}\cdots H_{NN}-ES_{NN} \end{vmatrix}=0 \tag{3.H10}$$

でなければならない. 式 (3.H10) を永年方程式という.

コラム 3.2　電子準位を測定する方法

　分子の電子状態は結合エネルギー, 波動関数の対称性, 電子の空間分布, スピン状態の 4 つの要素によって特徴づけることができる. ここでは結合エネルギーを測定する実験法について述べよう.

　一定の振動数 ν をもつ光を分子 M に照射すると, 光電効果,

$$\mathrm{M} + h\nu \quad \rightarrow \quad \mathrm{M}_i^+ + \mathrm{e}^-$$

によって, 分子から電子が放出される. 放出電子の運動エネルギーを E_k とすると, エネルギー保存則から,

$$h\nu - E_k = E(\mathrm{M}_i^+) - E(\mathrm{M})$$

が成り立つ (図 1). ここで, $E(\mathrm{M})$ は分子のエネルギー, $E(\mathrm{M}_i^+)$ は i 番目の準位から電子が放出されたイオンのエネルギーを表す. 上式の右辺は分子のイオン化エネルギー $E_{\mathrm{i}(i)}$ の定義そのものであるから, 放出電子の運動エネルギーを測定することによって, 分子のイオン化エネルギーを直接的に決定することができる. このような実験法は光電子分光とよばれ, 照射する光の波長により紫外光電子分光 (UPS) と X 線光電子分光 (XPS) に大別される. 分子軌道法で求めた分子軌道のエネルギーを ε_i とすると, 近似的に,

$$E_{\mathrm{i}(i)} = -\varepsilon_i$$

の関係が成立する. この式をクープマンズ (Koopmans) の定理という.

　実験例として, 図 2 に Mg Kα 線 ($h\nu = 1253.6$ eV) を気相 CO 分子に照射して得られた X 線光電子スペクトルを示す. 横軸はイオン化エネルギー, 縦軸は

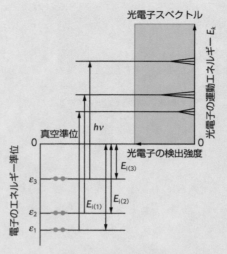

図1 光電子分光の原理.

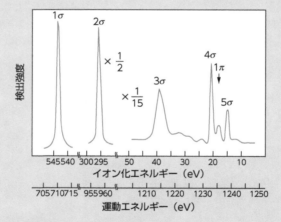

図2 CO分子の光電子スペクトル.
[K. Siegbahn, *et al.*, *"ESCA Applied to Free Molecules"*, North Holland (1969)]

光電子の検出強度を表す．CO分子には6つの占有軌道があるが，図の6つのピークはこれらの軌道からの光電子放出に基づく．価電子（5σ, 1π, 4σ, 3σ）のイオン化エネルギーは数十 eV 以下と小さく，内殻電子（2σ(C 1s), 1σ(O 1s)）のそれは数百 eV に達することがわかる．

内殻準位は元素によって大きく変化するため，XPS は物質の元素分析に応用することができる．UPS では価電子状態が対象となるが，ピークの形状を解析することによって，結合性や非結合性など価電子軌道の性質を調べることができる．さらには最近では，放出電子のスピンを選別した UPS によって，物質のスピン状態に関する情報も得られるようになった．このように，光電子分光は物質の化学結合や電子状態を論じる際に不可欠な実験法になっている．

コラム 3.3　貴ガス化合物の化学結合

　貴ガスは閉殻電子構造をとるため，原子のまま安定に存在し，反応性が著しく低い．ところが，1962 年，バートレット（N. Bartlett）はこの常識を覆して，Xe 原子が F 原子や O 原子と安定な化学結合を形成することを発見した．現在，XeF_2，XeF_4，XeO_4 などの化合物が知られている．貴ガス化合物の化学結合は，第 2 章で学んだオクテット則では説明することはできない．

　ここでは，二フッ化キセノン XeF_2 を取り上げ，分子軌道法によってその化学結合を探ってみよう．この化合物は直線分子であり，Xe−F 間の結合距離は 0.200 nm であることが知られている．

　XeF_2 分子の座標を次ページの図（a）のようにとり，Xe $5p_z$ 軌道，2 個の F $2p_z$ 軌道の組み合わせで分子軌道を考えよう．Xe 5p 軌道および F 2p 軌道のエネルギー（計算値）は −12.44 eV，−19.86 eV である．

1) 3.3 節で述べた規則 1）から，3 つの原子軌道を組み合わせるので，3 つの分子軌道ができる．
2) H_2O の場合と同様に，あらかじめ 2 個の F $2p_z$ 軌道から，対称的な軌道 ϕ_1 と反対称的な軌道 ϕ_2 を導入しておく（図（b）参照）．xy 面を鏡面にとり，各々の軌道の偶奇性を調べてみると，

Xe $5p_z$	ϕ_1	ϕ_2
−1	1	−1

となる．したがって，ϕ_2 軌道と Xe $5p_z$ 軌道はともに鏡映に対して奇の性質をもつため（つまり，重なり積分が 0 にならないから），結合性軌道と反結合性軌道を形成する．一方，ϕ_1 軌道は偶の性質をもつため，奇の Xe $5p_z$ 軌道と相互作用をすることができない．この分子軌道を非結合性軌道とよぶ．その結果，Xe 原子の電子（$5p_z$ 軌道）2 個および F 原子の電子（$2p_z$ 軌道）2 個が XeF_2 の結合性軌道（σ_u）と非結合性軌道（σ_g）に入る．結合性軌道に入った電子は XeF_2 分

子を安定化させる. 非結合性軌道に入る電子は XeF_2 を安定にすることもないが, 不安定にすることもない. こうして, ルイスのオクテット則を超える過剰な電子があっても非結合性軌道に入るかぎり, 分子の結合を弱めることはない. XeF_2 にみられる結合様式を3中心4電子結合とよぶ.

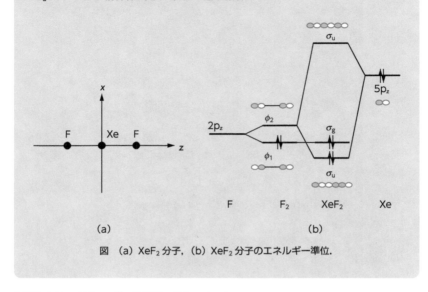

図 (a) XeF_2 分子, (b) XeF_2 分子のエネルギー準位.

練 習 問 題

問 1 円柱, 三角錐と同じ対称性をもつ身近な分子を示せ.

問 2 He_2 分子は不安定であるが, その陽イオンは安定に存在することが知られている. この事実を分子軌道法を使って説明せよ.

問 3 水酸イオン OH^- について次の問いに答えよ.
①O 原子と H 原子の原子軌道のエネルギー(計算値)を表に示す. これらの原子軌道から, OH^- の分子軌道を組み立てよ.

H 1s	O 1s	O 2s	O 2p
−13.6 eV	−562 eV	−33.9 eV	−17.2 eV

② OH⁻の化学結合を次の語句を用いて説明せよ.

(1s)^2(2s)^2(2p)^4, 結合性軌道, 重なり積分, 電子分布

③ OH⁻に比べて, OHやOH₂⁻の結合距離はどのようになると予想されるかを, 根拠とともに述べよ.

問4 N₂分子の分子軌道計算を行ったところ, 分子軌道の等高線図 (A)〜(D) が得られた. (A)〜(D) は $2\sigma_u$, $3\sigma_g$, $1\pi_u$, $1\pi_g$ のいずれの軌道か. 図中の実線は＋部位, 破線は－部位を表す.

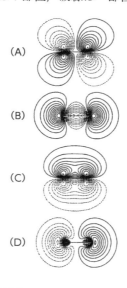

(A)

(B)

(C)

(D)

π 電子をもつ有機化合物の分子軌道と性質

エチレン，ブタジエンやベンゼンなどの不飽和化合物は，エタンやブタンなどの飽和化合物とは性質が著しく異なり，反応性に富む．その原因は，不飽和化合物の分子が動きやすい π 電子をもっていることにある．

エチレン分子について考えてみよう．この分子は平面構造をとる．炭素原子は，4 個の原子価軌道 2s，$2p_x$，$2p_y$ および $2p_z$ 軌道のうちから，3 個の原子軌道 2s，$2p_x$ および $2p_y$ を使って sp^2 混成軌道をつくり，この混成軌道を σ 結合の形成に使う．一方，混成に使われなかった $2p_z$ 軌道は，sp^2 混成軌道と直交していて，2 個平行に並んで π 結合を形成する．すなわち，エチレンの二重結合は，σ 結合と π 結合からなる．σ 結合を形成する原子軌道と π 結合を形成する原子軌道とは直交しているので，互いに混じり合わない．したがって，π 電子だけからなる分子軌道として π 分子軌道を考えることができる．

4.1 ヒュッケル分子軌道法

4.1.1 原理

N 個の $2p_z$ 軌道 $\phi_1, \phi_2, \cdots, \phi_N$ からなる系を考えると，その π 分子軌道 ψ は

$$\psi = \sum_{i=1}^{N} C_i \phi_i \tag{4.1}$$

と表せる．この分子軌道のエネルギー ε は

$$\varepsilon = \int \psi H \psi \, d\tau = \int \left(\sum_{i=1}^{N} C_i \phi_i \right) H \left(\sum_{j=1}^{N} C_j \phi_j \right) d\tau$$

$$= \sum_{i=1}^{N} C_i^2 \int \phi_i H \phi_i \, d\tau + 2 \sum_{j>i} C_i C_j \int \phi_i H \phi_j \, d\tau \tag{4.2}$$

と表せる．ここで，

$$\alpha_i = \int \phi_i H \phi_i \, \mathrm{d}\tau \qquad\qquad \text{クーロン積分} \quad (4.3)$$

$$\beta_{ij} = \int \phi_i H \phi_j \, \mathrm{d}\tau \ (i \text{ と } j \text{ が結合している場合}) \text{共鳴積分} \quad (4.4)$$

とおくと

$$\varepsilon = \sum_{i=1}^{N} C_i{}^2 \alpha + 2 \sum_{j>i} C_i C_j \beta_{ij} \qquad\qquad (4.5)$$

と書ける.

いま，クーロン積分 α_i は，すべての ϕ_i について等しく，一定の値 α をとると仮定する（仮定 1）．また，重なり積分を無視することにする．すなわち，

$$i \neq j \text{ の場合 } \int \phi_i \phi_j \, \mathrm{d}\tau = 0 \text{ かつ } i = j \text{ の場合 } \int \phi_i \phi_j \, \mathrm{d}\tau = 1 \quad (\text{仮定 2})$$
$$(4.6)$$

また，ψ は規格化されている．

$$\int \left(\sum_{i=1}^{N} C_i \phi_i \right)^2 \mathrm{d}\tau = 1 \qquad\qquad (4.7)$$

したがって

$$\sum_{i=1}^{N} \sum_{j=1}^{M} C_i C_j \int \phi_i \phi_j \, \mathrm{d}\tau = \sum_{i=1}^{N} C_i{}^2 = 1 \qquad\qquad (4.8)$$

となる.

式 (4.5) に $\displaystyle\sum_{i=1}^{N} C_i{}^2 (=1)$ を乗ずると，

$$\varepsilon \sum_{i=1}^{N} C_i{}^2 = \sum_{i=1}^{N} C_i{}^2 \alpha + 2 \sum_{j>i} C_i C_j \beta_{ij} \qquad\qquad (4.9)$$

となる．変分法によってエネルギー極小値を求めるために，ε を各係数 C_i で微分する．たとえば，C_1 で微分すると，

$$\frac{\partial \varepsilon}{\partial C_1} \sum_{i=1}^{N} C_i{}^2 + \varepsilon \cdot 2C_1 = 2C_1 \cdot \alpha + 2 \sum_{j>1}^{N} C_j \cdot \beta_{1j} \qquad\qquad (4.10)$$

となる．エネルギーが極小値をとるためには，

$$\frac{\partial \varepsilon}{\partial C_1} = 0 \qquad\qquad (4.11)$$

でなければならない．したがって式 (4.10) は，

$$\varepsilon \cdot 2C_1 = 2C_1\alpha + 2\sum_{j>1}^{N} C_j \cdot \beta_{1j} \tag{4.12}$$

すなわち，

$$C_1(\alpha - \varepsilon) + C_2\beta_{12} + C_3\beta_{13} + \cdots\cdots + C_N\beta_{1N} = 0 \tag{4.13}$$

となる．$C_2, C_3, \cdots, C_N$ についても同様の操作を行うと，次の連立 1 次方程式が得られる．

$$\left.\begin{array}{l} C_1(\alpha - \varepsilon) + C_2\beta_{12} + C_3\beta_{13} + \cdots + C_N\beta_{1N} = 0 \\ C_1\beta_{21} + C_2(\alpha - \varepsilon) + C_3\beta_{23} + \cdots + C_N\beta_{2N} = 0 \\ C_1\beta_{31} + C_2\beta_{32} + C_3(\alpha - \varepsilon) + \cdots + C_N\beta_{3N} = 0 \\ \cdots + \cdots + \cdots + \cdots + \cdots = 0 \\ C_1\beta_{N1} + C_2\beta_{N2} + C_3\beta_{N3} + \cdots + C_N(\alpha - \varepsilon) = 0 \end{array}\right\} \tag{4.14}$$

いま，原子 i と j が直接結合していれば $\beta_{ij} = \beta$，そうでない場合には $\beta_{ij} = 0$ と仮定する（仮定 3）．この仮定によって，式 (4.14) は未知数が N 個になるので解くことができる．

仮定 1, 2, 3 の近似を用いることによって，π 分子軌道とそのエネルギーを求める方法を，考案者の名前をとってヒュッケル (Hückel) 分子軌道法という．

4.1.2 エチレン $CH_2＝CH_2$ の π 分子軌道

エチレンの場合は，2 個の π 軌道からなる系に相当するので，4.1.1 節の連立 1 次方程式 (4.14) は次のようになる．

$$\left.\begin{array}{l} C_1(\alpha - \varepsilon) + C_2\beta = 0 \\ C_1\beta + C_2(\alpha - \varepsilon) = 0 \end{array}\right\} \tag{4.15}$$

ここで，

$$-\lambda = \frac{\alpha - \varepsilon}{\beta} \tag{4.16}$$

すなわち，

$$\varepsilon = \alpha + \lambda\beta \tag{4.17}$$

とおくと，式 (4.15) は次のようになる．

$$\left.\begin{array}{l} -\lambda C_1 + C_2 = 0 \\ C_1 - \lambda C_2 = 0 \end{array}\right\} \tag{4.18}$$

この連立方程式が $C_1 = C_2 = 0$ 以外の解をもつためには，係数がつくる行列式が 0 でなければならない．すなわち，

$$\begin{vmatrix} -\lambda & 1 \\ 1 & -\lambda \end{vmatrix} = 0 \tag{4.19}$$

永年方程式 (4.19) を解くと，

$$\left.\begin{array}{l} \lambda^2 - 1 = 0 \\ \lambda = \pm 1 \end{array}\right\} \tag{4.20}$$

これより，分子軌道のエネルギーは，

$$\left.\begin{array}{l} \lambda = 1 \text{ のとき，} \varepsilon_1 = \alpha + \beta \\ \lambda = -1 \text{ のとき，} \varepsilon_2 = \alpha - \beta \end{array}\right\} \tag{4.21}$$

$\lambda = 1$ のとき，

$$\left.\begin{array}{l} -C_1 + C_2 = 0 \\ C_1 = C_2 \end{array}\right\} \tag{4.22}$$

ここで，次の規格化条件

$$\sum_{i=1}^{N} C_i^2 = 1 \tag{4.23}$$

を使うと，

$$C_1^2 + C_1^2 = 1 \tag{4.24}$$

となるので，

$$C_1 = \pm \frac{1}{\sqrt{2}} \tag{4.25}$$

を得る．波動関数全体の符号は，正・負どちらでもよいので，

$$C_1 = \frac{1}{\sqrt{2}} \tag{4.26}$$

とすると，$\lambda = 1$ に対応する分子軌道として

$$\psi_1 = \frac{1}{\sqrt{2}}(\phi_1 + \phi_2) \tag{4.27}$$

が得られる．

　$\lambda = -1$ のときも同様に計算すると，

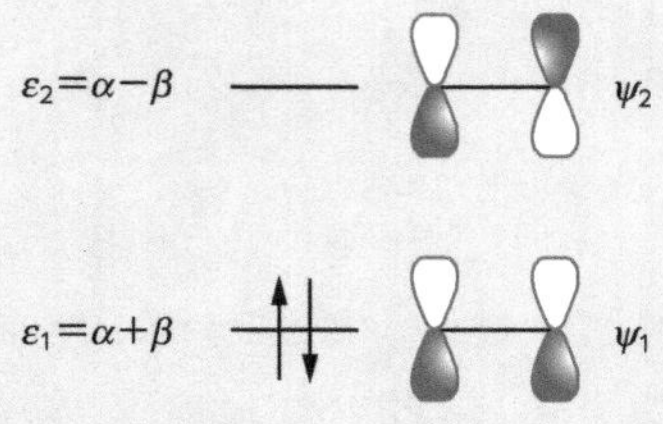

$$\varepsilon_2 = \alpha - \beta \quad\rule{2cm}{0.4pt}\qquad \psi_2$$

$$\varepsilon_1 = \alpha + \beta \quad\underline{\uparrow\!\downarrow}\qquad \psi_1$$

図 4.1　エチレンの π 分子軌道とエネルギー準位.

$$\psi_2 = \frac{1}{\sqrt{2}}(\phi_1 - \phi_2) \tag{4.28}$$

が得られる. 以上の結果を模式的に表すと, 図 4.1 のようになる.

4.1.3　1,3-ブタジエンの π 分子軌道

ブタジエン (CH$_2$=CH−CH=CH$_2$) は, 4 個の π 軌道からなる系に相当するので, 4.1.1 節の連立 1 次方程式 (4.14) は次のようになる.

$$\left.\begin{array}{llll} -\lambda C_1 & +C_2 & & = 0 \\ C_1 & -\lambda C_2 & +C_3 & = 0 \\ & C_2 & -\lambda C_3 & +C_4 = 0 \\ & & C_3 & -\lambda C_4 = 0 \end{array}\right\} \tag{4.29}$$

したがって, 永年方程式は,

$$\begin{vmatrix} -\lambda & 1 & 0 & 0 \\ 1 & -\lambda & 1 & 0 \\ 0 & 1 & -\lambda & 1 \\ 0 & 0 & 1 & -\lambda \end{vmatrix} = 0 \tag{4.30}$$

これを展開すると,

$$\lambda^4 - 3\lambda^2 + 1 = 0 \tag{4.31}$$

となる. これを解いて,

$$\lambda^2 = \frac{3 \pm \sqrt{5}}{2} \tag{4.32}$$

よって,

$$\lambda = \frac{-1 \pm \sqrt{5}}{2}, \ \frac{1 \pm \sqrt{5}}{2} \qquad (4.33)$$

小数にすると,

$$\lambda = \pm 1.618, \quad \pm 0.618 \qquad (4.34)$$

これらの λ の値を式（4.29）に代入すると，分子軌道の係数が得られる.

たとえば，$\lambda = 1.618$ を式（4.29）の第1，2，4式に代入すると，それぞれ,

$$C_2 = 1.618 \, C_1 \qquad (4.35)$$

$$C_3 = -C_1 + 1.618 \, C_2 = (-1 + 1.618^2) C_1 = 1.618 \, C_1 \quad (4.36)$$

$$C_4 = \frac{C_3}{1.618} = C_1 \qquad (4.37)$$

となる. さらに規格化条件

$$C_1{}^2 + C_2{}^2 + C_3{}^2 + C_4{}^2 = 1 \qquad (4.38)$$

を用いると,

$$C_1{}^2 + (1.618 \, C_1)^2 + (1.618 \, C_1)^2 + C_1{}^2 = 1 \qquad (4.39)$$

となる. これより

$$C_1 = \pm 0.372 \qquad (4.40)$$

を得る. 波動関数全体の符号は正・負どちらでもよいから，$C_1 = 0.372$ とすると，他の係数は $C_2 = 0.602$，$C_3 = 0.602$，$C_4 = 0.372$ となる. すなわち，$\lambda = 1.618$ に対する分子軌道として

$$\psi_1 = 0.372 \, \phi_1 + 0.602 \, \phi_2 + 0.602 \, \phi_3 + 0.372 \, \phi_4 \quad (4.41)$$

を得る. 他の λ に対応する分子軌道，ψ_2，ψ_3，ψ_4 も同様にして求める. 結果をまとめると図4.2のようになる.

図4.2 より，軌道のエネルギーが高くなるにつれて，節（波動関数の値が0で，その両側で波動関数の符号が逆転する点，線または面）の個数が増えていくことがわかる. ψ_1 では，ϕ_1，ϕ_2，ϕ_3 および ϕ_4 の係数がすべて同符号であり，節の個数は0である. すなわち，すべての炭素-炭素結合が結合的である. ψ_2 では，ϕ_1 と ϕ_2 および ϕ_3 と ϕ_4 の係数は同符号であるが，ϕ_2 と ϕ_3 の係数は異符号であり，ϕ_2 と ϕ_3 の間に節が存在する. ψ_3 では，ϕ_1 と ϕ_2，および ϕ_3 と ϕ_4 の間にそれぞれ節が存在する（合計2個）. ψ_4 では，すべての炭素-炭素原子間に節が存在する（合計3個）. このよ

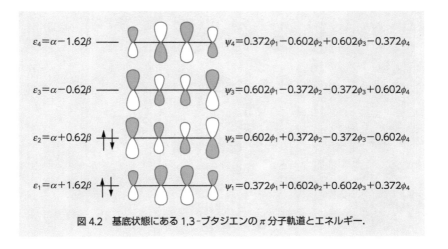

$\varepsilon_4 = \alpha - 1.62\beta$ —— $\psi_4 = 0.372\phi_1 - 0.602\phi_2 + 0.602\phi_3 - 0.372\phi_4$

$\varepsilon_3 = \alpha - 0.62\beta$ —— $\psi_3 = 0.602\phi_1 - 0.372\phi_2 - 0.372\phi_3 + 0.602\phi_4$

$\varepsilon_2 = \alpha + 0.62\beta$ ⥮ $\psi_2 = 0.602\phi_1 + 0.372\phi_2 - 0.372\phi_3 - 0.602\phi_4$

$\varepsilon_1 = \alpha + 1.62\beta$ ⥮ $\psi_1 = 0.372\phi_1 + 0.602\phi_2 + 0.602\phi_3 + 0.372\phi_4$

図 4.2　基底状態にある 1,3–ブタジエンの π 分子軌道とエネルギー.

うに，節の個数からも分子軌道のエネルギーの順序は推定される.

4.1.4　ベンゼンの π 分子軌道

$$
\begin{array}{c}
6 \overset{1}{\diagup} 2 \\
5 \diagdown_{4} 3
\end{array}
$$

　ベンゼンの炭素原子に上のように番号をつけると，4.1.1 節の連立 1 次方程式（4.14）は次のようになる.

$$
\left.
\begin{array}{l}
-\lambda C_1 + C_2 \qquad\qquad\qquad\qquad + C_6 = 0 \\
C_1 - \lambda C_2 + C_3 \qquad\qquad\qquad = 0 \\
\qquad C_2 - \lambda C_3 + C_4 \qquad\qquad = 0 \\
\qquad\qquad C_3 - \lambda C_4 + C_5 \qquad = 0 \\
\qquad\qquad\qquad C_4 - \lambda C_5 + C_6 = 0 \\
C_1 \qquad\qquad\qquad\qquad + C_5 - \lambda C_6 = 0
\end{array}
\right\} \quad (4.42)
$$

これから，永年方程式は

$$\begin{vmatrix} -\lambda & 1 & 0 & 0 & 0 & 1 \\ 1 & -\lambda & 1 & 0 & 0 & 0 \\ 0 & 1 & -\lambda & 1 & 0 & 0 \\ 0 & 0 & 1 & -\lambda & 1 & 0 \\ 0 & 0 & 0 & 1 & -\lambda & 1 \\ 1 & 0 & 0 & 0 & 1 & -\lambda \end{vmatrix} = 0 \qquad (4.43)$$

となる. これを展開すると,

$$(\lambda^2 - 1)^2 (\lambda^2 - 4) = 0 \qquad (4.44)$$

となるので,

$$\lambda = \pm 1 (\text{重根}), \quad \pm 2 \qquad (4.45)$$

を得る. $\lambda = \pm 1$ が重根になるため, ε_2 と ε_3 および ε_4 と ε_5 の準位が縮重する. これらの根を式 (4.42) に代入し, 規格化条件を用いると, 6 個の π 分子軌道が得られる (表 4.1). 各 π 分子軌道は, 模式的に図 4.3 のように表される. 図の中で, 炭素原子の位置に描かれた白丸または色丸は, その位置で原子軌道の係数が正または負であることを示す. 係数の絶対値が大きいほど大きい丸として描かれている. 図の点線は節面(分子面に垂直)を表しており, ここでも, 分子軌道のエネルギーが高いほど節面の個数が多くなっていることがわかる.

表 4.1 ベンゼンの π 分子軌道

$\varepsilon_1 = \alpha + 2\beta$	$\psi_1 = \dfrac{1}{\sqrt{6}} (\phi_1 + \phi_2 + \phi_3 + \phi_4 + \phi_5 + \phi_6)$
$\varepsilon_2 = \alpha + \beta$	$\psi_2 = \dfrac{1}{2} (\phi_2 + \phi_3 - \phi_5 - \phi_6)$
$\varepsilon_3 = \alpha + \beta$	$\psi_3 = \dfrac{1}{\sqrt{12}} (2\phi_1 + \phi_2 - \phi_3 - 2\phi_4 - \phi_5 + \phi_6)$
$\varepsilon_4 = \alpha - \beta$	$\psi_4 = \dfrac{1}{\sqrt{12}} (2\phi_1 - \phi_2 - \phi_3 + 2\phi_4 - \phi_5 - \phi_6)$
$\varepsilon_5 = \alpha - \beta$	$\psi_5 = \dfrac{1}{2} (-\phi_2 + \phi_3 - \phi_5 + \phi_6)$
$\varepsilon_6 = \alpha - 2\beta$	$\psi_6 = \dfrac{1}{\sqrt{6}} (\phi_1 - \phi_2 + \phi_3 - \phi_4 + \phi_5 - \phi_6)$

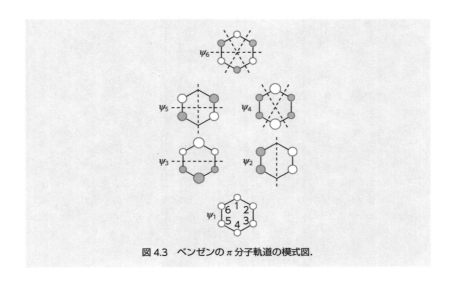

図 4.3　ベンゼンの π 分子軌道の模式図.

4.1.5　共役直鎖ポリエンの一般式

　以上のように, π 分子軌道は, 永年方程式を解けば得られることがわかった. 共役直鎖ポリエンについては, 分子軌道および軌道エネルギーの一般解が得られている. それによると, n 原子からなる共役直鎖ポリエンの k 番目の π 分子軌道のエネルギー ε_k は,

$$\varepsilon_k = \alpha + 2\beta \cos \frac{k\pi}{n+1}, \ (k=1, \ 2, \ \cdots, \ n) \qquad (4.46)$$

である. また, k 番目の π 分子軌道を

$$\psi_k = \sum_{i=1}^{n} C_{ki} \phi_i \qquad (4.47)$$

とすると, 係数 C_{ki} は,

$$C_{ki} = \sqrt{\frac{2}{n+1}} \sin \frac{ki}{n+1} \pi \qquad (4.48)$$

で与えられる.

コラム 4.1　平面環状共役ポリエンの π 分子軌道

　ベンゼンのような平面環状共役ポリエンについても，分子軌道と軌道エネルギーの一般解が得られている．その軌道エネルギーは，次に述べるように，簡単な図を描くだけで求めることができる．ここではその方法を紹介し，得られた結果に基づいて，平面環状共役ポリエンの性質を考えてみよう．

　炭素数 n の平面環状共役ポリエンの軌道エネルギーは，次のようにして求められる（図1）．半径が同じ大きさ（$|2\beta|$）の円を描き，これに内接する正 n 角形を1つの頂点が真下にくるように描く．このとき，円の中心を通る水平線（図の点線）が p 軌道のエネルギー α に対応し，正 n 角形と円との交点の位置（縦方向）が各軌道エネルギーとなる．たとえば，$n=6$，すなわち，ベンゼンの場合には，軌道エネルギーは，低いほうから順に，$\alpha+2\beta$，$\alpha+\beta$（二重に縮重），$\alpha-\beta$（二重に縮重），$\alpha-2\beta$ である．この図から次のことがわかる．

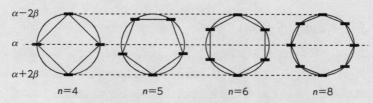

図1　平面環状共役ポリエンの分子軌道エネルギー順位.

k 番目の分子軌道のエネルギー： $\varepsilon_k = \alpha + 2\beta\cos\left(\dfrac{2\pi k}{n}\right)$

- n の値にかかわらず，最低のエネルギー $\alpha+2\beta$ をもつ軌道が必ず1個存在する．
- n が偶数の場合には，最高のエネルギー $\alpha-2\beta$ をもつ軌道が1個存在する．n が奇数の場合には，最高エネルギー準位の軌道は，$\alpha-2\beta$ よりも低い位置に，二重に縮重して存在する．
- n が奇数の場合には，最低エネルギー準位の軌道のみが非縮重で，それ以外の軌道はすべて二重に縮重している．n が偶数の場合には，最高エネルギー準位の軌道も非縮重で，それ以外の軌道はすべて二重に縮重している．

　いま，ベンゼン（$n=6$）とシクロオクタテトラエン（$n=8$）について，分子軌道に π 電子をエネルギーの低いほうから充てんしてみよう．

　ベンゼンの場合は，6個の電子を充てんすると閉殻構造ができる．これは，ベンゼン分子が安定であることとよく一致している．一方，シクロオクタテトラエンの場合は，6個の電子が結合性軌道に入り，残り2個が非結合性軌道に入る

ことになる．フント則により，この2個は縮重した2個の軌道に1つずつ入る．つまり，シクロオクタテトラエンが平面構造をとれば，不対電子をもち，開殻構造をとることになる．しかし，そのような構造はひじょうに不安定である．したがって，シクロオクタテトラエンは平面構造をとれない．実際，シクロオクタテトラエンは，非平面構造である浴槽形として存在する（図2）．このシクロオクタテトラエン分子に電子を2個与えて2価陰イオンとするか，あるいは2個電子を取り去って2価陽イオンとすると，いずれも閉殻構造をとることができる．このため，シクロオクタテトラエンの2価陰イオンおよび2価陽イオンは，いずれも平面構造をとって安定に存在する．

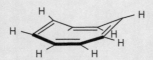

図2　シクロオクタテトラエンの非平面構造（浴槽形構造）.

　一般に，環状共役ポリエンについては，ヒュッケル則とよばれる次のような経験則が知られている．
● 環状共役ポリエンは，$4n + 2$ 個の π 電子をもつ場合には，著しく安定であるのに対して，$4n$ 個の π 電子をもつ場合には著しく不安定である．
　これは，分子軌道を考えれば説明できる．すなわち，最低準位に2個の電子を入れると，その上の準位を完全に充足させるためには，4個の電子が必要である．したがって，全電子数が $4n + 2$ 個のときは，電子閉殻構造をつくれるので，分子は安定に存在できる．これに対して，全電子数が $4n$ 個のときは，閉殻構造がつくれないので不安定になる．

4.2　分子軌道から理解できる分子の構造と性質

　分子軌道が求められると，それをもとにして分子の構造や性質を理解することができる．

4.2.1　全 π 電子エネルギーと非局在化エネルギー

　π 電子の全エネルギー E_π は，ヒュッケル分子軌道法では，分子軌道エネルギーの和として定義される．すなわち，

$$E_\pi = \sum_m n_m \varepsilon_m \qquad (4.49)$$

ここで，n_m は ψ_m に入っている π 電子の個数，ε_m は ψ_m の軌道エネルギーである．

たとえば，エチレンでは，ψ_1 に 2 個の電子が入っているので，全 π 電子エネルギーは

$$E_\pi = 2\varepsilon_1 = 2(\alpha + \beta) = 2\alpha + 2\beta \qquad (4.50)$$

である．

また，ブタジエンでは，ψ_1 と ψ_2 にそれぞれ 2 個ずつ電子が入っているので，全 π 電子エネルギーは

$$\begin{aligned}E_\pi &= 2\varepsilon_1 + 2\varepsilon_2 = 2(\alpha + 1.62\beta) + 2(\alpha + 0.62\beta) \\ &= 4\alpha + 4.48\beta \qquad (4.51)\end{aligned}$$

である．

いま，π 電子の非局在化がない仮想的なブタジエンを考える．この仮想ブタジエンは，エチレンが 2 分子つながったものなので，その全 π 電子エネルギー $E_\pi(\text{hypothetical})$ は，エチレン分子 2 個分，すなわち，$4\alpha + 4\beta$ に等しい．したがって，これと実際のブタジエンの全 π 電子エネルギー $E_\pi(\text{real})$ との差 ΔE は，

$$\begin{aligned}\Delta E &= E_\pi(\text{hypothetical}) - E_\pi(\text{real}) \\ &= (4\alpha + 4\beta) - (4\alpha + 4.48\beta) = -0.48\beta \qquad (4.52)\end{aligned}$$

である．これは，電子が非局在化されることによって得られる安定化エネルギー，すなわち，非局在化エネルギーとみなすことができる．

同様にして，ベンゼンの非局在化エネルギーも求めることができる．π 電子の非局在化がない仮想的なベンゼンを考える．この仮想ベンゼンは，3 個のエチレン分子が環状に結合したものなので，その全 π 電子エネルギー $E_\pi(\text{hypothetical})$ は，エチレン分子の全 π 電子エネルギーの 3 倍であるから，

$$E_\pi(\text{hypothetical}) = 3 \times (2\alpha + 2\beta) = 6\alpha + 6\beta \qquad (4.53)$$

である．

一方，実際のベンゼンの全 π 電子エネルギー $E_\pi(\text{real})$ は

$$E_\pi(\text{real}) = 2 \times (\alpha + 2\beta) + 4(\alpha + \beta) = 6\alpha + 8\beta \qquad (4.54)$$

である．したがって，ベンゼンの非局在化エネルギー ΔE は

$$\Delta E = E_\pi(\text{hypothetical}) - E_\pi(\text{real})$$
$$= 6\alpha + 6\beta - (6\alpha + 8\beta) = -2\beta \qquad (4.55)$$

である．

4.2.2 電子密度

π 分子軌道 ψ_k を

$$\psi_k = \sum_{i=1}^{n} C_{ki}\phi_i$$

と表すと，この分子軌道に存在する電子の確率分布は ψ_k^2 として与えられる．ヒュッケル分子軌道法では，基底として使われる原子軌道関数は規格化してあり，重なり積分は無視するので，たとえば，ブタジエンの ψ_1 については，

$$\int \psi_1{}^2 \, \mathrm{d}\tau = 0.37^2 \times \int \phi_1{}^2 \, \mathrm{d}\tau + 0.60^2 \times \int \phi_2{}^2 \, \mathrm{d}\tau + 0.60^2$$
$$\times \int \phi_3{}^2 \, \mathrm{d}\tau + 0.37^2 \times \int \phi_4{}^2 \, \mathrm{d}\tau = 1 \qquad (4.56)$$

が成り立つ．これは，分子軌道 ψ_1 に電子が1個存在する場合，その電子を原子 1, 2, 3 および 4 の近傍に見いだす確率が，それぞれ，0.37^2, 0.60^2, 0.60^2 および 0.37^2 であることを示している．

一般に，π 分子軌道 ψ_k において原子 i の近傍で電子を見いだす確率 $p_{ii}{}^{(k)}$ は，部分 π 電子密度（partial π-electron density）とよばれ，

$$p_{ii}{}^{(k)} = C_{ki}{}^2 \qquad (4.57)$$

で与えられる．

各分子軌道に電子が n_k 個入っているとき，原子 i の π 電子密度（π-electron density）P_{ii} は，

$$P_{ii} = \sum_k n_k p_{ii}{}^{(k)} = \sum_k n_k C_{ki}{}^2 \qquad (4.58)$$

である．ここで，$\displaystyle\sum_k$ は，すべての π 分子軌道について総和をとることを示す．

たとえば，ブタジエンでは ψ_1 と ψ_2 にそれぞれ2個ずつ電子が入っているので，炭素原子1の π 電子密度 P_{11} は

$$P_{11} = 2 \times 0.37^2 + 2 \times 0.60^2 = 1 \qquad (4.59)$$

である．同様に，他の炭素原子もすべて π 電子密度は 1 である．

4.2.3　π 結合次数

π 電子密度と同様な考え方で，部分 π 結合次数（partial π-bond order）$p_{ij}{}^{(k)}$ が定義できる．

$$p_{ij}{}^{(k)} = C_{ki}C_{kj} \qquad (4.60)$$

部分 π 結合次数は，i-j 結合の部分 π 電子密度に相当し，π 分子軌道 ψ_k 中の 1 電子が i-j 結合の結合力に寄与する程度を表す．

各分子軌道に電子が n_k 個入っているとき，結合 i-j の π 結合次数（π-bond order）P_{ij} は，

$$P_{ij} = \sum_k n_k p_{ij}{}^{(k)} = \sum_k n_k C_{ki} C_{kj} \qquad (4.61)$$

で与えられる．π 結合次数は，i-j 結合の π 結合としての強さの尺度である．

エチレンの π 結合次数は

$$P_{12} = 2 \times \frac{1}{\sqrt{2}} \times \frac{1}{\sqrt{2}} = 1 \qquad (4.62)$$

である．

ブタジエンの π 結合次数は次のようになる．

$$P_{12} = P_{34} = 2 \times 0.37 \times 0.60 + 2 \times 0.60 \times 0.37 = 0.89 \quad (4.63)$$

$$P_{23} = 2 \times 0.60 \times 0.60 - 2 \times 0.37 \times 0.37 = 0.45 \qquad (4.64)$$

これから，ブタジエンの末端の"二重結合"は，エチレンの二重結合に比べて π 結合性が減少している一方，中央の"単結合"は約 50 ％近く π 結合性を帯びていることがわかる．

同様にして，ベンゼンの π 結合次数は 0.67 と求められる．この値は，ベンゼンを 2 つのケクレ構造の共鳴混成体であるとみなした場合の π 結合次数 0.5 よりも大きい．

π 結合次数は結合の強さの尺度なので，結合長との間には相関があると期待される．すなわち，π 結合次数が大きいほど結合は短く，π 結合次数が小さいほど結合は長くなると期待される．実際，両者の間には比較的よい直線関係が成り立っている（図 4.4）．

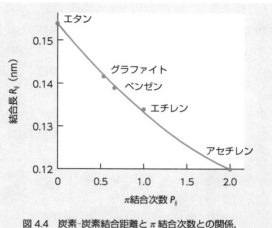

図 4.4　炭素‐炭素結合距離と π 結合次数との関係.

4.2.4　π 分子軌道と紫外可視吸収スペクトル

　安定に存在している物質を構成している分子では，電子は分子軌道にエネルギーの低いほうから順に収容されている．この状態を基底電子状態という．基底電子状態にある分子は，紫外光（200〜400 nm）ないし可視光（400〜700 nm）の光を吸収すると励起電子状態になる.

　光の波長 λ とエネルギー E との間には次のような関係が成り立っている，

$$E = h\nu = \frac{hc}{\lambda} \qquad (4.65)$$

ここで，h はプランク定数，c は真空中の光の速度である．E を kJ mol^{-1}，λ を nm で表すと，

$$E \ (\text{kJ mol}^{-1}) = \frac{1.196 \times 10^5}{\lambda} \ (\text{nm}) \qquad (4.66)$$

である．これから，紫外光のエネルギーは約 300〜600 kJ mol^{-1}，可視光のエネルギーは約 170〜300 kJ mol^{-1} であることがわかる.

　分子を励起電子状態にするのに必要な最低のエネルギーは，電子が詰まっている分子軌道の中で最もエネルギーの高い軌道，すなわち最高被占軌道（highest occupied molecular orbital ; HOMO）から，電子が詰まっ

ていない分子軌道のうちで最もエネルギーの低い軌道，すなわち最低空軌
道（lowest unoccupied molecular orbital；LUMO）に，電子を1個遷
移させるのに必要なエネルギーである．このエネルギーを ΔE とし，
LUMO と HOMO のエネルギーをそれぞれ $E(\mathrm{LUMO})$, $E(\mathrm{HOMO})$ とす
ると，

$$\Delta E = E(\mathrm{LUMO}) - E(\mathrm{HOMO}) \tag{4.67}$$

である．したがって，波長 λ の光のエネルギーが，LUMO と HOMO の
エネルギー差に等しいとき，すなわち，

$$\Delta E = \frac{hc}{\lambda} \tag{4.68}$$

が成り立つとき，波長 λ の光が分子によって吸収されることになる．

　共役直鎖ポリエンの場合には，LUMO と HOMO のエネルギー差は共
役鎖が長いほど小さくなり，最長波長吸収帯の吸収極大波長は長くなる．
このことを調べてみよう．

　n 原子（n は偶数）からなる共役ポリエンの基底電子状態における
HOMO は，エネルギーの低いほうから $\frac{n}{2}$ 番目の π 分子軌道であり，
LUMO は $\frac{n}{2}+1$ 番目の π 分子軌道である．k 番目の π 分子軌道のエネルギー
は，

$$\varepsilon_k = \alpha + 2\beta\cos\frac{k\pi}{n+1} \tag{4.69}$$

であるから，

$$\begin{aligned}
\Delta E &= \varepsilon_{\frac{n}{2}+1} - \varepsilon_{\frac{n}{2}} \\
&= \left\{\alpha + 2\beta\cos\frac{\pi}{n+1}\left(\frac{n}{2}+1\right)\right\} - \left\{\alpha + 2\beta\cos\frac{\pi}{n+1}\left(\frac{n}{2}\right)\right\} \\
&= 2\beta\left\{\cos\frac{\pi}{n+1}\left(\frac{n}{2}+1\right) - \cos\frac{\pi}{n+1}\left(\frac{n}{2}\right)\right\} \\
&= -4\beta\sin\frac{\pi}{2(n+1)} \tag{4.70}
\end{aligned}$$

β は負の値をとるので，LUMO と HOMO のエネルギー差 ΔE はつねに正
の値になり，しかも炭素鎖が長くなるにつれて ΔE は小さくなる．いいか
えると，直鎖共役ポリエンの最長波長吸収帯の吸収極大波長は，炭素鎖が

表 4.2　共役ポリエン H$-\!(\,$CH$=$CH$\,)_n$H の最長波長吸収帯の吸収極大波長と ΔE

n	Cの数	λ_{max} (nm)	$\Delta E/(-\beta)$
1	2	163	2.0
2	4	217	1.236
3	6	268	0.890
4	8	304	0.695
5	10	334	0.569
6	12	364	0.482

長いほど長くなる．表 4.2 に計算された ΔE と実測された吸収極大波長 λ_{max} を示す．

　われわれになじみのある共役ポリエンに，カロテノイドとよばれる天然色素がある．ニンジンやカボチャなどに存在する赤い色素として知られる α-カロテン，β-カロテン，γ-カロテンや，トマトやスイカなどに存在する赤い色素として知られるリコペンなどが代表的である．いずれも分子式 $C_{40}H_{56}$ をもつ構造異性体で，10 ないし 11 個の炭素－炭素二重結合が共役した長い共役系をもつ．β-カロテン（$\lambda_{max} = 484$ nm）とリコペン（$\lambda_{max} = 548$ nm）の構造式を下に示す．

β-カロテン（$\lambda_{max} = 484$ nm）

リコペン（$\lambda_{max} = 548$ nm）

コラム 4.2　フェノールフタレインがアルカリ性で赤くなる理由

　酸塩基指示薬としてよく知られているフェノールフタレインは，酸性溶液中では無色だが，塩基性溶液中では濃紅色を示す．この色変化は，どのような仕組みで起こっているのであろうか．

　フェノールフタレイン分子は，酸性溶液中では環状エステル構造（ラクトン環）をとっている．中心の炭素原子は正四面体構造（sp³混成）をしており，エステル基のほかに，3つのベンゼン環が結合している．中心炭素原子が sp³混成状態にあるため，ベンゼン環の間には共役が存在しない．したがって，無色体の紫外可視吸収スペクトルは，フェノールと安息香酸のスペクトルをたしあわせたものに近く，可視部に吸収を示さない．

　無色体（**1**）に塩基を作用させると，2個のフェノールの **OH** 基からプロトン2個が引き抜かれるとともに，ラクトン環が開裂して陰イオン（**2**）が生成する．（**2**）では，中央の炭素原子は平面三方構造（sp²混成）をとっているので，π電子が分子全体に非局在化されている．その結果, **HOMO** と **LUMO** のエネルギー差が減少して，可視光のエネルギーに相当するようになる．このため，緑色の光を吸収して，その補色である濃紅色がわれわれの目に感じられるのである．

(1)　　　　　　　　　　　　　　　　　　　**(2)**

無色（酸性溶液中）　　　　　　　　　　　　赤色（塩基性溶液中）

4.3　分子軌道と化学反応

　分子軌道がわかると，それに基づいて化学反応も統一的に理解することができる．その例として，フロンティア軌道理論とウッドワード-ホフマン（Woodward-Hoffmann）則を紹介しよう．

4.3.1　フロンティア軌道理論

　1952年，福井謙一（京都大学）は，化学反応においては，反応にかか

わる分子のすべての軌道が同等な働きをするのではなく，HOMOと
LUMOだけが重要な働きをすると考え，HOMOとLUMOをフロンティ
ア軌道と名付けた．この考え方をフロンティア軌道理論という．この理論
が最初に適用されたのが，ナフタレンのニトロ化反応における位置選択性
の問題である．

　濃硫酸中でナフタレンに濃硝酸を作用させると，ニトロ化反応が起こる．
ニトロ化は1位と2位で起こる可能性があるが，実際には，1位が圧倒的
（95%）に起こりやすい．

$$HNO_3 + 2\,H_2SO_4 \rightleftharpoons NO_2^+ + H_3O^+ + 2\,HSO_4^-$$

この反応では，まず，硝酸と硫酸との間の酸塩基反応によってニトロニウ
ムイオン NO_2^+ が生じ，これがナフタレンを攻撃する．この求電子試剤
NO_2^+ は，炭素原子上の電子密度のより大きい位置を攻撃すると期待され
る．ところが，π 電子密度はいずれの炭素原子上も1である．

　この矛盾に対して，1952年，福井は，この反応で最も重要な働きをし
ているのはナフタレンのHOMOに入っている電子であると考え，その電
子密度の最大の位置で反応が最も進行しやすいと考えた．実際，ナフタレ
ンのHOMOでは，1位および2位の電子密度は，それぞれ，2×0.4253^2
$= 0.362$ および $2 \times 0.2629^2 = 0.138$ であり，実験結果が矛盾なく説明さ
れる．

　フロンティア軌道理論は，ひじょうに多くの反応の統一的な解釈に成功
を収め，その功績により福井謙一は，のちにウッドワード-ホフマン則
（Woodward-Hoffmann rules）をうち立てたホフマン（R. Hoffmann,
アメリカ）とともに1981年，ノーベル化学賞を受賞した．

　ここで，フロンティア軌道が化学反応の位置選択性と反応性を支配する
理由を考えてみよう．

　いま，2つの軌道 ψ_a と ψ_b とが相互に作用しあう場合を考える（図4.5）．
ψ_a のエネルギー ε_a は ψ_b のエネルギー ε_b よりも低いとする（$\varepsilon_a < \varepsilon_b$）．$\psi_a$
と ψ_b とが相互作用をすると，新たに2つの軌道が生ずる．それらを ψ_1

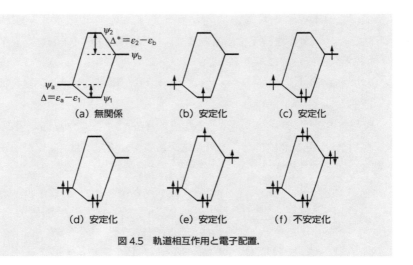

図 4.5　軌道相互作用と電子配置.

および ψ_2 とし, そのエネルギーをそれぞれ ε_1 および ε_2, $\varepsilon_1 < \varepsilon_2$ とすると, 3.4 節で学んだ異核 2 原子分子の分子軌道の類推から, 次のことが導かれる.

1) 相互作用によって生成した軌道 ψ_1 のエネルギー（ε_1）は相互作用前の低い軌道 ψ_a よりも低く（$\varepsilon_1 < \varepsilon_a$）, 軌道 ψ_2 のエネルギー（ε_2）は相互作用前の高い軌道 ψ_b よりも高くなる（$\varepsilon_2 > \varepsilon_b$）.

2) 相互作用による安定化エネルギー（$\Delta = \varepsilon_a - \varepsilon_1$）および不安定化エネルギー（$\Delta^* = \varepsilon_2 - \varepsilon_b$）は, 相互作用がないときの軌道のエネルギー差（$\Delta E = \varepsilon_b - \varepsilon_a$）が小さいほど, また, 軌道間の重なりが大きいほど大きい.

3) 不安定化エネルギーのほうが安定化エネルギーよりも大きい（$\Delta^* > \Delta$）.

4) 相互作用がないときの軌道エネルギー差が小さい場合は, 相互作用によって生成した軌道は, 2 つの軌道の中間的な性格をもつ. 相互作用がないときの軌道エネルギー差が大きい場合は, 生成した低いほうの軌道はもとの低い軌道に近い性格をもち, 生成した高いほうの軌道はもとの高い軌道に近い性格をもつ.

軌道相互作用によって系全体が安定化されるかどうかは, 軌道に入って

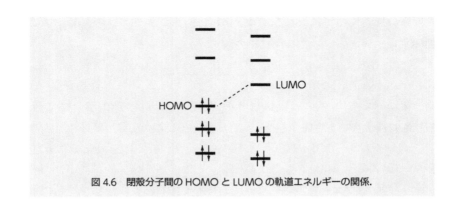

図 4.6　閉殻分子間の HOMO と LUMO の軌道エネルギーの関係.

いる電子の個数によって決まる．その様子が図 4.5 に示されている．これ
から，次のことがわかる．(i) 関与する電子が 0 個の場合（a）は，安定
化も不安定化も起こらない．(ii) 関与する電子が 1～3 個の場合（b～e）
には，安定化が起こる．(iii) 関与する電子が 4 個の場合（f）には，不安
定化が起こる．(iv) 閉殻分子どうしの相互作用で安定化がもたらされる
のは，被占軌道と空軌道との相互作用である（d）.

　一般に基底状態の閉殻分子どうしでは，LUMO は HOMO よりもつね
に高いので，閉殻分子どうしで被占軌道と空軌道のエネルギー差が最小に
なるのは，つねに HOMO と LUMO の組み合わせである（図 4.6）．したがっ
て，閉殻分子どうしの反応では，HOMO と LUMO が支配的な役割を果
たす.

　ラジカルのように不対電子をもつ分子の場合には，不対電子は被占軌道
の中で最もエネルギーの高い軌道に入る．この軌道は，電子が 1 つしか入っ
ていないので，半占有分子軌道（singly occupied molecular orbital；
SOMO）とよばれる．SOMO の関与する軌道相互作用は，相互の軌道に入っ
ている電子が 0，1，2 個のいずれの場合にも安定化をもたらす．したがっ
て，ラジカルや励起分子が関与する反応では，HOMO，LUMO に加えて，
SOMO もフロンティア軌道として主役を演じることになる.

4.3.2　付加環化反応

　フロンティア軌道理論が威力を発揮したもう 1 つの代表例が，付加環

化反応の反応性の問題である．エチレンと 1,3-ブタジエンとを混合して加熱するとシクロヘキセンが生成する．

ディールス-アルダー（Diels-Alder）反応とよばれるこの反応は，1 段階で六員環化合物を生成するため，合成反応として大変有用であり，発見者のディールス（O. Diels）とアルダー（K. Alder）はその業績により 1950 年にノーベル化学賞を受賞した．

ディールス-アルダー反応のように，付加反応が起こるとともに環が生成する反応は，一般に付加環化反応（cycloaddition）とよばれる．

ディールス-アルダー反応の特徴は，この反応が熱的に進行することである．これは，エチレンの二量化による付加環化反応が熱的には進行しないのと対照的である．

ディールス-アルダー反応のもう 1 つの特徴として，この反応が立体特異的であることがあげられる．すなわち，出発物質の立体構造が保持されたまま反応が進行する．

これらの事実は，ルイス構造だけをもとに考えたのでは説明できず，フロンティア軌道理論によって初めて統一的に説明された．1,3-ブタジエンとエチレンの間の HOMO-LUMO 相互作用を考えてみよう．図 4.7 に示すように，(a)，(b) 2 通りの相互作用が考えられる．(a) は，1,3-ブタジエンの HOMO とエチレンの LUMO との相互作用，(b) は 1,3-ブタジエンの LUMO とエチレンの HOMO との相互作用である．(a)，(b) いずれの場合も，HOMO と LUMO のエネルギー差は等しい．いずれの場

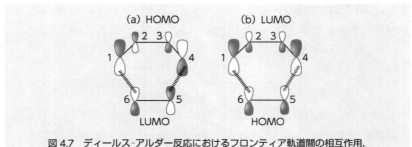

図 4.7　ディールス–アルダー反応におけるフロンティア軌道間の相互作用.

合も，1,3-ブタジエンの末端の C1，C4 とエチレンの C6，C5 との間に，それぞれ同位相の軌道の重なりが生じるので，C1 と C6 および C4 と C5 の間に新しい結合が生じる．このような仕組みで，同時に 2 本の炭素–炭素結合が生成して六員環がつくられるので，エチレンの置換基の幾何学的配置（*cis* あるいは *trans*）は反応中に保たれる．すなわち，*cis*-置換エチレンからは *cis*-置換シクロヘキセンが，*trans*-置換エチレンからは *trans*-置換シクロヘキセンが生成する．

　次に，エチレンの二量化反応を考えてみよう．図 4.8 にエチレンの HOMO と LUMO を示す．この場合，一方の炭素原子どうしは位相が合うので新しい結合をつくることができるが，他方の炭素原子どうしは位相が合わないので結合をつくることができない．つまり，エチレンの二量化反応は熱的には進行しないことが説明されたことになる．

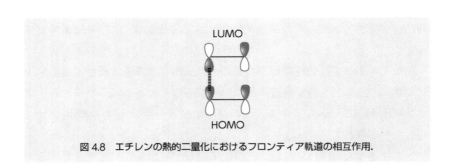

図 4.8　エチレンの熱的二量化におけるフロンティア軌道の相互作用.

4.3.3　電子環状反応

ブタジエンを加熱 (Δ) または光照射 (hν) すると, 閉環反応が進行して, シクロブテンが生成する.

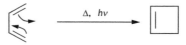

このように, 共役ポリエンの末端の間に新たな σ 結合が生成する反応は, 一般に, 電子環状反応とよばれる. この名称は, 反応の進行が構造式の上では電子が環状に動くように表せることに由来する. この反応の特徴は, 生成するシクロブテンの立体配置が反応条件によって異なることである. すなわち, 下記の構造式の **1** から熱的に反応が進行した場合には *trans* 体 **2** が, 光照射下に反応が進行した場合には *cis* 体 **3** が生成する.

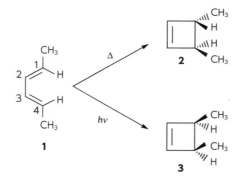

これらの反応では, 図 4.9 に示すようにブタジエンの C1-C2 および C3-C4 結合が回転しながら, C1 と C4 の間に σ 結合が生成している. 熱反応 (**1 → 2**) では, C1-C2 結合および C3-C4 結合が同方向に回転 (同旋的回転) することによって, *trans* 体 **2** が生成し, 光反応 (**1 → 3**) では, 両結合が反対方向に回転 (逆旋的回転) することによって, *cis* 体 **3** が生成する.

　熱か光によって反応経路が異なる理由は, ルイス構造式だけからでは説明できない. これを分子軌道に基づいて説明したのがウッドワードとホフマン (R. Hoffmann) であり, その説明は今日, ウッドワード–ホフマン則として知られる.

　すでに述べたように, 一般に, 熱反応は電子的な基底状態で進行するの

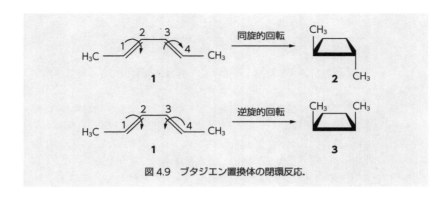

図 4.9　ブタジエン置換体の閉環反応.

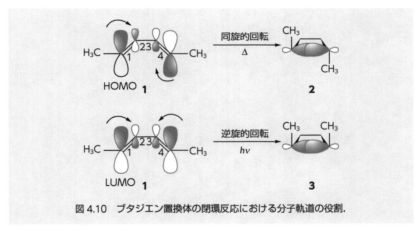

図 4.10　ブタジエン置換体の閉環反応における分子軌道の役割.

で，反応の進行は主として HOMO によって支配される．これに対して，光反応では，光照射によって，HOMO の電子が 1 つ LUMO に押し上げられるため，反応の進行は主として LUMO によって支配される．

　そこで，HOMO と LUMO が同旋的回転ないし逆旋的回転をしたときに，C1 と C4 の p 軌道の位相がどのような関係になっているかを調べてみる（図 4.10）．位相が合えば，σ 結合が生成することになるので反応が進行する．位相が合わなければ，反応は進行しない．図 4.10 から，HOMO は同旋的に回転すると位相が合い，LUMO は逆旋的に回転すると位相が合うことがわかる．これより同旋的回転は熱的に進行し，逆旋的回転は光化学的に進行することが理解される．

コラム 4.3　有機分子の色を置換基で変える

　ベンゼン環に置換基が入ると，多くの場合，置換基の種類にかかわらず，吸収帯が全体に長波長にシフトする．シフトの程度は置換基によって異なるが，長波長シフトする傾向は，置換基が電子供与性か電子求引性かに関係しない．この長波長シフトは，π共役系が置換基にまで広がり，HOMO-LUMO 間のエネルギーが減少することに起因する．たとえば，ベンゼン（**1**）は$\lambda_{max} = 254\,nm$であるのに対して，電子供与基であるアミノ基をもつアニリン（**2**）では$\lambda_{max} = 280\,nm$，電子吸引基であるニトロ基をもつニトロベンゼン（**3**）では$\lambda_{max} = 269\,nm$である．ニトロベンゼンでは長波長の吸収バンドが可視部にまで広がっているため，淡黄色を呈する．このように，芳香族化合物の色は置換基の導入によって変えることができる．

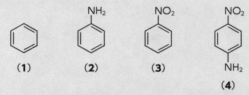

(1)	**(2)**	**(3)**	**(4)**

　ベンゼン環に電子供与性置換基と電子求引性置換基の両方が入ると，置換基が単独の場合よりも遥かに大きな長波長シフトが起こり，顕著な着色が見られる．たとえば，電子供与基であるアミノ基と電子吸引基であるニトロ基をもつp-ニトロアニリン（**4**）は，鮮やかな黄色を呈し，吸収ピークの波長λ_{max}は375 nm である．すなわち，ベンゼンよりも 120 nm も長波長シフトしている．この大きな長波長シフトの原因は，たんにπ電子の非局在化が広がったことではなく，アミノ基の孤立電子対の軌道からニトロ基のπ^*軌道への分子内電子移動遷移が起こったことに起因している．

　すなわち，アミノ基の窒素原子上の電子対がニトロ基の酸素原子上に移動することによって，共鳴構造 II の性格を強く帯びた励起状態が生成する．その結果，励起エネルギーが減少し，著しい長波長シフトがもたらされる．

(4)

　このような，電子供与基と電子吸引基の導入による吸収波長の著しい長波長シフトは，有機色素や色素レーザーの分子設計における重要な指針になっている．代表的な有機色素を下記に示す．

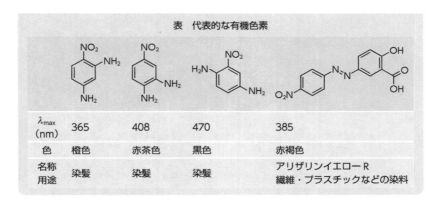

表　代表的な有機色素

λ_{max} (nm)	365	408	470	385
色	橙色	赤茶色	黒色	赤褐色
名称 用途	染髪	染髪	染髪	アリザリンイエローR 繊維・プラスチックなどの染料

コラム 4.4　フォトクロミズム

　物質のなかには，光が当たると色が変化し，暗くなるともとの色に戻るものがある．光によって色が可逆的に変化する現象は，フォトクロミズムとよばれ，多くの人々の関心を集めてきた．この現象は，太陽光に当たると濃い色に変色し，室内ではもとの色に戻る調光機能サングラスなどに利用されている．また，最近では，光記録材料や分子素子への応用可能性からも着目されている．

　たとえば，スピロピランとよばれる化合物に紫外線を照射すると，無色から紫色に変化する（図1）．（スピロ形分子は，紫外線を吸収すると，開環反応を起こして不安定な中間体に変化する．この中間体は，すみやかにC2-C3結合の回転とC=C結合の cis-trans 異性化を起こして，安定なメロシアニン形に変化する．）

　これは，スピロピラン分子が紫外線を吸収して電子環状反応を起こし，スピロ形とよばれる閉環構造から，メロシアニン形とよばれる開環構造に変化するためである．スピロ形分子では，ジヒドロインドール部分（構造式の左半分）と 2H-クロメン部分（構造式の右半分）とがスピロ炭素（C1）で直交しているので，π結合の共役がスピロ炭素を境に途切れ，共役系が短くなっている（図2）．

スピロ形（無色）　　　　　中間体　　　　　メロシアニン形（紫色）

図1　スピロピランのフォトクロミズム.

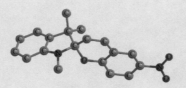

図2 スピロ形分子の立体構造.
[W. Clegg, N.C. Norman, T. Flood, L. Sallans, W.S. Kwak, P.L. Kwiatkowski, J.G. Lasch, *Acta Cryst., C*, **47**, 817 (1991)]

　このためスピロ形分子は，可視光をほとんど吸収せず，無色である．これに対して，メロシアニン形分子は，ほぼ平面構造をとり，π結合の共役が分子全体に広がっている．このため，メロシアニン形分子は可視光を吸収し，着色する．着色したメロシアニン形分子は不安定なので，光が当たらなくなると，無色のスピロ形分子に戻る．このようにフォトクロミズムは，光によって分子が反応して，その形を変えることに起因している．

　フォトクロミズムを示す化合物としては，スピロピラン以外に，ジアリールエテン（図3）やフルギド（図4）がよく知られている．これらのフォトクロミズムも，6π電子環状反応によって，光照射前後でπ共役系の広がりが変化することにもとづいている．

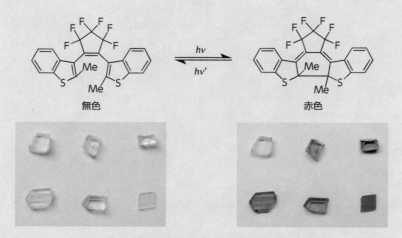

図3 ジアリールエテンのフォトクロミズム.
ジアリールエテンの結晶に紫外光を照射すると，化学構造の違いを反映してさまざまな色を呈し，可視光を照射すると色が消える．[T. Fukaminato, S. Kobatake, T. Kawai, M. Irie, *Proc. Japan Acad., B*, **77**, 30 (2001)]

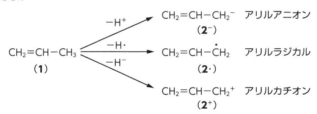

図4 フルギドのフォトクロミズム.

練 習 問 題

問1 プロペン (**1**) のメチル基から, H^+, $H\cdot$, あるいは H^- を取り去ると, それぞれ, アリルアニオン (**2⁻**), アリルラジカル (**2·**) およびアリルカチオン (**2⁺**) が生成する. これらは, いずれも有機反応における重要な反応中間体である. これらについて次の問いに答えよ.

$$
\begin{array}{c}
\xrightarrow{\ -H^+\ } \quad CH_2=CH-CH_2^- \quad \text{アリルアニオン} \\
\text{(\textbf{2}}^-\text{)} \\
CH_2=CH-CH_3 \xrightarrow{\ -H\cdot\ } \quad CH_2=CH-\overset{\cdot}{C}H_2 \quad \text{アリルラジカル} \\
\text{(\textbf{1})} \qquad\qquad\qquad \text{(\textbf{2}}\cdot\text{)} \\
\xrightarrow{\ -H^-\ } \quad CH_2=CH-CH_2^+ \quad \text{アリルカチオン} \\
\text{(\textbf{2}}^+\text{)}
\end{array}
$$

① アリルラジカルの π 分子軌道をヒュッケル分子軌道法により求めよ.

② アリルアニオン, アリルラジカル, アリルカチオンのそれぞれについて, 電子配置を示せ.

③ それぞれについて, 炭素-炭素結合の π 結合次数を求めよ.

④ それぞれについて, π 電子の非局在化エネルギーを求めよ.

問2 フルギドとよばれる一群の化合物は, フォトクロミズムを示すものとして古くから知られている. たとえば, **1** は淡黄色を示すが, 光

を照射すると赤色の化合物 **2** に変化する．**2** は加熱すると **1** の幾何異性体 **3** に変化する．この反応は，C1‐C2‐C3‐C4‐C5‐C6 によって形成される 6π 電子系の電子環状反応とみなすことができる．これについて，次の問いに答えよ．

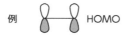

1　　　　　　　　　　　　　　　　　　　　**3**

① 6π 電子系である 1,3,5‐ヘキサトリエンの HOMO および LUMO の概形を例にならって示せ．各原子軌道の係数の差は無視してよい．

例　⬭⬭ HOMO

② 化合物 **2** の構造を示せ．立体異性体が生じうる場合には，どの異性体であるかを明示せよ．

③ ② の解答に至った理由を述べよ．

第 5 章

配位結合の化学

　19 世紀末，遷移金属イオンに複数の原子や分子が結合した錯塩とよばれる物質が，その美しい色によって化学者の注目を集めたが，その構造や結合の仕組みはよくわかっていなかった．その後，1950 年代から 1960 年代にかけて成立した配位子場理論により，配位結合の本質や遷移金属錯体の色の起源などが，ほぼ完全に理解できるようになった．本章では，配位結合の考え方について述べた後，金属錯体の結合をルイスの酸・塩基の立場に立って説明する．次に，配位子場理論について，点電荷モデルおよび分子軌道論の立場から説明した後，遷移金属錯体の色の起源および磁気的性質について説明する．

5.1　配位結合

　アンモニア分子 NH_3 中の N 原子は，2s と 2p 軌道からなる 4 個の sp^3 混成軌道をつくる．3 個の sp^3 混成軌道には不対電子があり，水素原子の 1s 軌道の不対電子とそれぞれ共有結合を形成している．残りの sp^3 混成軌道には 1 対の非共有電子対があり，NH_3 はそれ自体ですでにオクテット則を満たしている．これに H^+ を反応させると，NH_3 の窒素原子上にある非共有電子対を H^+ と共有することにより，アンモニウムイオン NH_4^+ を生じる．こうしてできた N−H 結合は，他の 3 つの N−H 結合と等価な共有結合であるが，共有された電子対を一方の原子のみが供給する場合，生じた共有結合をとくに配位結合（coordinate bond）とよぶ．

　金属イオンは H^+ と同様に，非共有電子対を共有するための空軌道をもつため，非共有電子対をもつ :CO，:CN^-，:NH_3 などと配位結合を形成する．こうして生じた化合物を金属錯体とよぶ．金属イオンに配位結合している原子または分子を配位子（ligand）という．配位子としてエチレンジ

アミン（NH₂CH₂CH₂NH₂）が金属イオンに配位する場合，2つの窒素原子上にある非共有電子対を金属イオンと共有する．このように，1つの配位子が複数の部位で金属イオンに配位結合する配位子は，金属イオンを含む環状構造を形成するが，これをキレート（chelate）という．これは，中心金属イオンと配位子による結合のありさまを形容して，カニなどのハサミを意味するギリシャ語の"chela"に由来した言葉である．配位子は配位する部位の数によって，単座配位子，二座配位子などとよばれている．

5.2 ルイスの酸・塩基

2原子間に配位結合が形成されるためには，非共有電子対の供与体と受容体が必要である．

非共有電子対の供与体と受容体は，それぞれルイスが定義した酸（ルイス酸）および塩基（ルイス塩基）にほかならない．1923年，ルイス（G. Lewis）は，プロトン H^+ の供与体と受容体をそれぞれ酸および塩基と定義したブレンステッド（J.N. Brønsted）による酸・塩基の概念を拡張し，新しい酸・塩基の定義を提案した．ルイスによれば，「酸は共有結合を形成するために，他の物質から1対の電子対を受容するものであり，塩基はその電子対を与えるもの」である．この考え方によれば，金属イオンと配位子との配位結合による金属錯体の形成を酸・塩基の結合とみなすことができる．たとえば，$[Mn(H_2O)_6]^{2+}$ では，Mn^{2+} がルイス酸であり，非共有電子対をもった H_2O がルイス塩基としてふるまい，$[Mn(H_2O)_6]^{2+}$ が塩となる．ルイス酸とルイス塩基の結合には，共有結合とイオン結合の両方が寄与する．通常，酸・塩基の強さは溶液中におけるプロトンの放出しやすさ，またはプロトンとの結合のしやすさで決められる．しかし，ルイスの定義では，プロトンは多数あるルイス酸の中の1つにすぎず，プロトンの供与性・受容性の強さだけを基準にして酸・塩基の強さを決めることはできない．

水溶液中の金属イオン（ルイス酸）と配位子（ルイス塩基）の結合の強さは，金属錯体の生成定数で表すことができる．いま，金属イオンを M，配位子を L としたとき，金属錯体 $[ML_n]$ の生成定数 β_n は次式で表される．

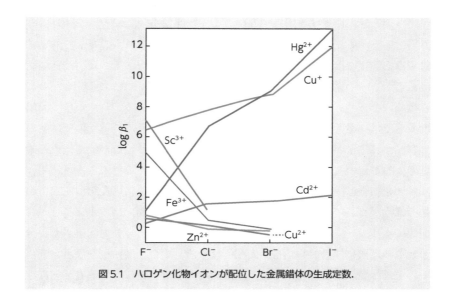

図5.1　ハロゲン化物イオンが配位した金属錯体の生成定数.

$$\beta_n = \frac{[\mathrm{ML}_n]}{[\mathrm{M}][\mathrm{L}]^n} \tag{5.1}$$

　図5.1は，ハロゲン化物イオンが配位した種々の金属錯体について生成定数の対数値を示したものである．図5.1に示すように，金属イオンの種類によっては，生成定数が$\mathrm{F}^- < \mathrm{Cl}^- < \mathrm{Br}^- < \mathrm{I}^-$の順に増大するものと，$\mathrm{I}^- < \mathrm{Br}^- < \mathrm{Cl}^- < \mathrm{F}^-$の順に増大するものとがある．また，銅錯体においては，Cu^+の場合の生成定数は$\mathrm{F}^- < \mathrm{Cl}^- < \mathrm{Br}^- < \mathrm{I}^-$の順に増大するのに対して，$\mathrm{Cu}^{2+}$の場合の生成定数は$\mathrm{I}^- < \mathrm{Br}^- < \mathrm{Cl}^- < \mathrm{F}^-$の順に増大する．一般に，ハロゲン化物イオンに対して$\mathrm{I}^- < \mathrm{Br}^- < \mathrm{Cl}^- < \mathrm{F}^-$の順に結合が強くなるイオンや化合物を硬い酸（hard acid）とよび，$\mathrm{F}^- < \mathrm{Cl}^- < \mathrm{Br}^- < \mathrm{I}^-$の順に結合が強くなるイオンや化合物を軟らかい酸（soft acid）とよぶ．また，硬い酸と結合しやすいN, O, Fなどの化合物を硬い塩基（hard base）とよび，軟らかい酸と結合しやすいP, S, Iなどの化合物を軟らかい塩基（soft base）とよぶ．

　硬さや軟らかさは，分極率と関わりがある．分極率とはある物質を電場においた際に，電場に応答し電子分布を変化させる作用の係数で，分極率

が高いほど外場に対する応答が高いことを意味する．原子やイオンの場合，外場に応答する電子は最外殻にある価電子であり，これらの電子の外場に対する応答性によって酸や塩基の硬さや軟らかさが決まる．硬い酸と塩基はどちらも，半径は小さくて分極しにくい特徴がある．一方，軟らかい酸と塩基はどちらも半径が大きく分極しやすい特徴がある．したがって同属の元素では，重元素ほど酸・塩基の性質は軟らかくなる．重元素では内殻に存在する電子が核電荷を遮蔽しているために有効核電荷が低く、最外殻電子は核電荷の支配を受けにくく分極率が高くなるからである．

イオン結合はクーロン力に由来するため，イオン上に局在化した電荷があるほうが有利である．そのため，硬い酸や塩基の間ではイオン結合が支配的になる．一方，軟らかい酸と塩基の間に働くクーロン力は小さく，分子軌道の形成に伴う共有結合が支配的になる．また，硬い酸や塩基と軟らかい塩基と酸の組み合わせでは，クーロン力も分子軌道の形成も不利になり，これらの間では安定な化学結合を形成しない．遷移金属イオンに関しては，酸化数が高くなれば酸として硬くなり，酸化数が低くなれば軟らかくなる．例えば，酸化数$3+$のコバルトは硬い酸に分類されるが，酸化数0のコバルトは軟らかい酸になる．

このように，ルイスの酸・塩基の性質を決めるのに，酸・塩基の硬さ・軟らかさという概念が用いられる．この概念は "Hard and Soft Acids and Bases" の頭文字をとって HSAB 則とよばれている．表 5.1 にルイスの酸・塩基の分類を示す．硬い酸と硬い塩基は反応してイオン結合性の強い安定な化合物を生成するのに対し，軟らかい酸と軟らかい塩基は共有結合性の強い安定な化合物を生成する．図 5.1 に示す Sc^{3+} や Fe^{3+} とハロ

表 5.1　HSAB の原理によるルイスの酸・塩基の分類

硬い酸	H^+, Li^+, BF_3, Ca^{2+}, Al^{3+}, Sc^{3+}, Cr^{3+}, Co^{3+}, Fe^{3+}
中間の酸	２価遷移金属イオン
軟らかい酸	Cu^+, Cd^{2+}, Ag^+, Hg^+, Hg^{2+}, Pt^{2+}, Tl^+, BH_3
硬い塩基	F^-, ClO_4^-, O^{2-}, H_2O
中間の塩基	NO_2^-, Br^-, N_3^-, SO_3^{2-}
軟らかい塩基	I^-, S^{2-}, CN^-, CO

ゲン化物イオンとの結合ではイオン結合性が支配的であるのに対し，Hg^{2+}やCu^+とハロゲン化物イオンとの結合では共有結合性が支配的であることがわかる．

5.3　金属錯体の結合（配位子場理論）

　遷移金属錯体を含む配位化合物では，その結合に $(n + 1)$s 軌道，$(n + 1)$p 軌道に加え，nd 軌道が重要な役割を果たしている．金属錯体における立体構造と配位結合の関係について配位子場理論がでるまでは，$(n + 1)$s 軌道，$(n + 1)$p 軌道および nd 軌道で構成された混成軌道による原子価結合理論で説明されてきた．しかしこの理論では，遷移金属錯体が高スピン錯体になったり低スピン錯体になったりする仕組みや，可視領域に現れる複数の光吸収帯を，十分に説明することができない．これを可能にしたのが配位子場理論である．1950 年代から 1960 年代にかけて成立した配位子場理論により，現在では，配位結合の本質や遷移金属錯体の色の起源などがほぼ完全に理解できるようになった．ここでは，配位子場理論について，点電荷モデルおよび分子軌道論の立場から説明する．

5.3.1　結晶場理論による d 軌道の分裂（点電荷モデル）

　金属イオンが配位子に取り囲まれていると，金属イオンは配位子からの静電ポテンシャルを受ける．結晶場理論とは，配位子を点電荷とみなし，その静電ポテンシャルによって d 電子のエネルギー準位がどのように変化するかを調べる理論である．

　いま，金属イオンが 6 個の配位子に正八面体的に取り囲まれたとき，五重縮退の d 電子軌道が分裂する様子を考える．正八面体型金属錯体において，1 個の d 電子をもつ金属イオンと，中心から距離 a の各頂点に 6 個の点電荷 $-Ze$ があるとする（図 5.2）．金属イオンの d 電子は原子核および原子内の電子とのクーロン力以外に，周りの 6 個の点電荷から生じる電場を受ける．この電場による d 電子のポテンシャルエネルギー V は次式で表される．

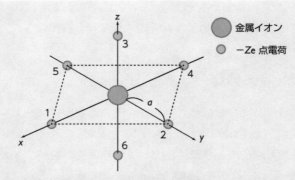

図 5.2　6 個の点電荷 $-Ze$ によって正八面体型に囲まれた金属イオン.

$$V(\boldsymbol{r}) = \sum_{i=1}^{6} \frac{Ze^2}{|\boldsymbol{R}_i - \boldsymbol{r}|} \tag{5.2}$$

ここで，$\boldsymbol{R}_i$ は i 番目の点電荷の位置を表し，$\boldsymbol{r}$ は金属イオンの d 電子の位置を表す．式 (5.2) に基づいて，d 軌道のエネルギー準位を計算すると次式となる．

$$E(\mathrm{d}_{x^2-y^2}) = E(\mathrm{d}_{z^2}) = E_0 + \int \phi(\mathrm{d}_{x^2-y^2}) V(r) \phi(\mathrm{d}_{x^2-y^2}) \mathrm{d}\tau$$
$$= E_0 + \frac{6Ze^2}{a} + 6Dq \tag{5.3}$$

$$E(\mathrm{d}_{xy}) = E(\mathrm{d}_{yz}) = E(\mathrm{d}_{zx})$$
$$= E_0 + \int \phi(\mathrm{d}_{xy}) V(r) \phi(\mathrm{d}_{xy}) \mathrm{d}\tau$$
$$= E_0 + \frac{6Ze^2}{a} - 4Dq \tag{5.4}$$

式 (5.3) および (5.4) において，第 1 項は孤立した自由イオンにおける d 軌道のエネルギーを表す．点電荷の静電エネルギーによる第 2 項は，すべての d 軌道に等しいエネルギー変化を与える．第 2 項による d 軌道のエネルギーが高くなる様子を図 5.3 に示す．d 軌道の分裂の原因となるのは第 3 項である．図 5.3 に示すように，$\mathrm{d}_{x^2-y^2}$ および d_{z^2} 軌道の電子密度はそれぞれ x, y 軸上および z 軸上で大きな値をもち，軸上に負電荷があればより大きなクーロン反発を受けてエネルギーが高くなる．d_{xy}, d_{yz},

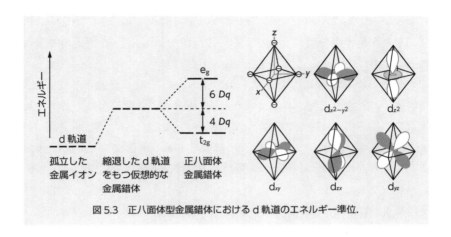

図 5.3　正八面体型金属錯体における d 軌道のエネルギー準位.

d_{zx} 軌道の電子密度は 2 つの軸の間の領域で大きくなるため安定な軌道となる. パラメータ D および q は, 金属-配位子間距離 a および d 軌道半径 $\bar{r}$ と次式のような関係がある.

$$D = \frac{35 Z e}{4 a^{5}}, \; q = \frac{2 e \bar{r}^4}{105} \tag{5.5}$$

ここで, $-Ze$ は配位子の電荷の大きさを表す. 式 (5.5) からわかるように, D は中心金属イオンに配位する周りのイオンの情報を含み, q は静電場の作用を受ける d 電子の情報を含んでいる.

図 5.3 に示すように, 孤立した金属イオンでは五重に縮重していた d 軌道は, 正八面体型金属錯体では, 配位子の静電場によって二重に縮重した $d_{x^2-y^2}$, d_{z^2} 軌道（まとめて e_g 軌道とよぶ）と三重に縮重した d_{xy}, d_{yz}, d_{zx} 軌道（まとめて t_{2g} 軌道とよぶ）に分裂する. なお, e_g および t_{2g} は群論による対称性を表記する記号で, 詳細は群論の専門書にゆずるが e や t は二重および三重の縮重度を示し, 添字 g は, 正八面体型金属錯体の中心での反転に対して波動関数の符号が不変であることを意味する gerade の頭文字である. ちなみに d 軌道は全て gerade である. この d 軌道の分裂を配位子場分裂といい, その大きさは正八面体型錯体では $10\,Dq$ である. 配位子場分裂の大きさは, 金属イオンの酸化数が大きいほど大きくなる. これは, 酸化数が大きくなると有効核電荷が大きくなるため金属イオンの半径が小さくなり, 配位子がより近づくので d 軌道との相互作用が大き

くなるからである．また，同じ酸化数の金属イオンでは，3d，4d，5d系列の順に配位子場分裂が大きくなる．これは，3d，4d，5d軌道の順にd軌道の広がりが大きくなり，配位子との相互作用が大きくなるからである．

　配位子の静電場によってd軌道のエネルギー準位が分裂する様式は，錯体の形に大きく支配される．図5.4に，さまざまな配位形態におけるd軌道の準位を示す．図5.4のように座標軸をとると，正四面体型錯体では，d_{xy}，d_{yz}，d_{zx}軌道のほうが，配位子による静電場の大きなクーロン反発を受けて不安定になり，d軌道の分裂パターンは正八面体型錯体の場合と逆のパターンになり，$d_{x^2-y^2}$，d_{z^2}軌道のほうがd_{xy}，d_{yz}，d_{zx}軌道よりも安定になる．ここで，$d_{x^2-y^2}$，d_{z^2}軌道をe，d_{xy}，d_{yz}，d_{zx}軌道をt_2と表記し，g（gerade）の添字がつかないのは，正四面型錯体に対称心が存在しないためである．また，e軌道とt_2軌道間のエネルギー差（Δ_{tet}）は，正八面体型六配位錯体のt_{2g}軌道とe_g軌道間のエネルギー差（Δ_{oct}）に比べて小さく，両者の間には，$\Delta_{tet} = \dfrac{4}{9}\Delta_{oct}$の関係がある．

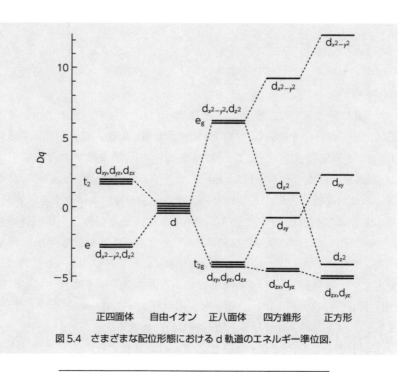

図5.4　さまざまな配位形態におけるd軌道のエネルギー準位図.

5.3.2　分子軌道理論による d 軌道の分裂

　本項では，分子軌道理論の立場に立って，正八面体型金属錯体 $[\mathrm{ML}_6]^{n+}$ の形成によって生じる d 軌道の分裂の原因を考える．正八面体錯体では，対称性から $\mathrm{e_g}(3\mathrm{d}_{x^2-y^2},\ 3\mathrm{d}_{z^2})$ 軌道と中心金属イオンに向いた配位子の非共有電子対との間には σ 結合性の相互作用があり，結合性軌道 (σ_d) および反結合性軌道 $(\sigma_\mathrm{d}{}^*)$ という 2 つの分子軌道を形成する．一方，$\mathrm{t_{2g}}(3\mathrm{d}_{xy},$ $3\mathrm{d}_{yz},\ 3\mathrm{d}_{zx})$ 軌道は σ 結合に関与しないためエネルギーは変化しないので非結合性軌道とよばれる．図 5.5 は正八面体型金属錯体における金属イオンの軌道と配位子の軌道の間で形成される σ 結合軌道を表したものである．金属イオンの $\mathrm{e_g}(3\mathrm{d}_{x^2-y^2},\ 3\mathrm{d}_{z^2})$ 軌道，4s 軌道，4p 軌道はそれぞれ配位子の非共有電子対の軌道との間で σ 結合を形成する．これらの σ 結合軌道は，それぞれ対称性が異なるため，互いに交じりあうことはない．σ 結合によって形成された結合性軌道および反結合性軌道のエネルギー準位

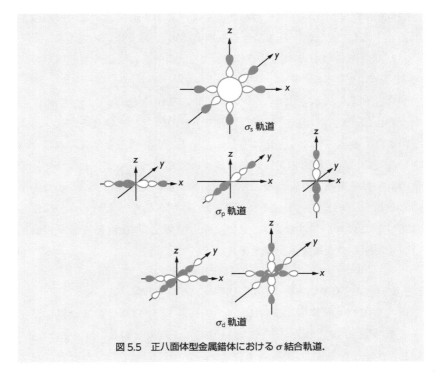

図 5.5　正八面体型金属錯体における σ 結合軌道.

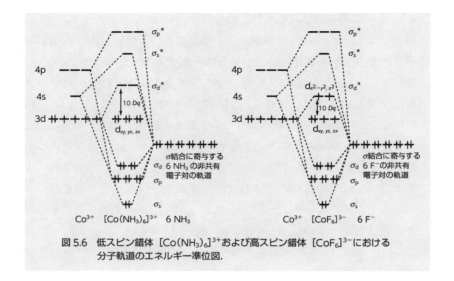

図 5.6 低スピン錯体 $[Co(NH_3)_6]^{3+}$ および高スピン錯体 $[CoF_6]^{3-}$ における
分子軌道のエネルギー準位図.

を図 5.6 に示す. 図 5.6 からわかるように, 分子軌道理論では, 反結合性
軌道 $\sigma_d^*(3d_{x^2-y^2}, 3d_{z^2})$ と非結合性軌道 $t_{2g}(3d_{xy}, 3d_{yz}, 3d_{zx})$ のエネルギー
差が結晶場理論の $10\,Dq$ に対応しており, σ_d^* 軌道の反結合性が著しいほ
ど $10\,Dq$ は大きくなる.

　また, 図 5.6 に示すように, 金属イオンの $e_g(3d_{x^2-y^2}, 3d_{z^2})$ 軌道, 4s
軌道および 4p 軌道は配位子の非共有電子対の軌道と σ 結合を形成するこ
とにより, 金属錯体の安定化に寄与している. ここで注意しなければなら
ないことは, 分子軌道の対称性である. 第 3 章で詳しく述べたように, 分
子の対称性を破るような軌道の組み合わせはありえない. 図 5.5 からわか
るように, σ_s 軌道, σ_p 軌道, σ_d 軌道は対称性が異なるため, 互いに混じ
りあうことはない. すなわち, 4s 軌道, 4p 軌道, 3d 軌道は別々の分子
軌道を形成し, 金属錯体を安定化させるのである.

5.3.3 強い配位子場と弱い配位子場

　正八面体型金属錯体において, 配位子場により分裂した d 軌道に電子
が入る場合, d 電子の数が 1〜3, 8〜10 の電子配置は図 5.7 のようになる.
なお, d 電子の数が 2, 3, 8 の場合, フント則に従って電子が収容されて

いる.

一方, d電子の数が4〜7の場合, 基底状態の電子配置として2つの可能性がある. この2つの可能性について, d電子の数が4の場合を例にとって考えてみよう. 配位子場が弱い場合, フント則に従ってスピンをできるだけ平行にして電子が収容される電子配置 ($t_{2g}^3 e_g^1$) をとるが, この電子配置を高スピン状態とよぶ. 高スピン状態の場合, フント則によるエネルギーの利得の方が配位子場分裂によるエネルギー ($10\,Dq$) の損失より大きい. 一方, 配位子場が強い場合, 4番目の電子が t_{2g} 軌道に収容されることによるクーロン反発によるエネルギー損失よりも, 配位子場分裂によるエネルギー ($10\,Dq$) の利得の方が大きいため t_{2g}^4 の電子配置をとる. この電子配置を低スピン状態とよんでいる. 図5.8はd電子数が4〜7における高スピン状態および低スピン状態の電子配置を示したものである. 基底状態として高スピン状態をとるか低スピン状態をとるかは, 配位子の種類によって決まるものであり, 高スピン状態と低スピン状態では, その光吸収スペクトルや磁気的性質はまったく異なるものになる.

なお, 正四面体型金属錯体では, 一般に t_2 軌道と e 軌道のエネルギー

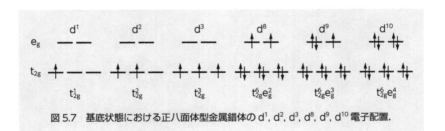

図 5.7　基底状態における正八面体型金属錯体の d^1, d^2, d^3, d^8, d^9, d^{10} 電子配置.

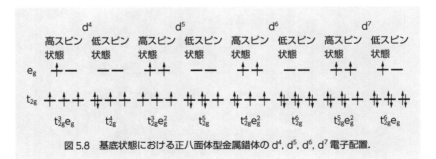

図 5.8　基底状態における正八面体型金属錯体の d^4, d^5, d^6, d^7 電子配置.

差が小さいため，高スピン状態の電子配置しかとらない．

5.4 遷移金属錯体の色の起源

5.4.1 配位子場遷移（d‑d 遷移）

　ルビーなどの宝石や遷移金属錯体には美しい色をもっているものが多い．これらの有色のほとんどは遷移金属イオンの d 電子の光学遷移が関与している．図 5.9 に 3d 電子が 1 個から 9 個まで占有されている正八面体型アクア錯イオン $[M(H_2O)_6]^{n+}$ の可視吸収スペクトルを示す．

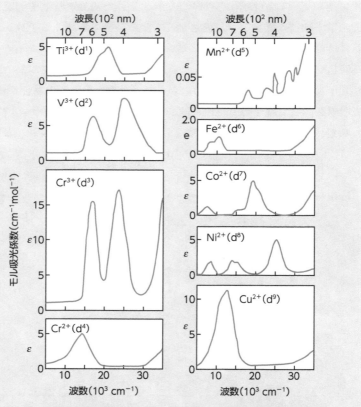

図 5.9　d^1‑d^9 電子配置のアクア錯イオン $[M(H_2O)_6]^{n+}$ の可視吸収スペクトル．["Ligand Field Theory and Its Applications," B.N. Figgis and M.A. Hitchman (Wiley‑VCH, 2000), p. 205.]

まず3d電子が1個の $[Ti(H_2O)_6]^{3+}$ を例にとって考えてみよう．Ti^{3+} では，1個の3d電子は基底状態では t_{2g} 軌道に入る．t_{2g} 軌道と e_g 軌道のエネルギー差は約 $20,000\ cm^{-1}$ であり，これは波長 500 nm の可視光のエネルギーに相当する．$[Ti(H_2O)_6]^{3+}$ 水溶液に光が当たると，Ti^{3+} は約 500 nm の光（緑色）を吸収し，3d電子はスピンの向きを保存したまま t_{2g} 軌道から e_g 軌道に遷移する．緑色の光が吸収され，青色および赤色領域の光が透過する結果，$[Ti(H_2O)_6]^{3+}$ 水溶液は緑色の補色である赤紫色を呈する．電子がスピンの向きを保存した状態で基底状態から励起状態へ遷移する機構をスピン許容遷移とよぶ．遷移金属錯体において通常観測される d-d 遷移（配位子場遷移ともよぶ）はスピン許容遷移である．

3d電子が複数存在する場合，図 5.9 に示すように d-d 遷移による強い吸収スペクトル（スピン許容遷移）は 1～3 本観測される．

ここで，3d電子配置とスピン許容遷移の数の関係について，理解してみよう．例として $3d^2$ 電子系の場合を考えてみよう．この場合，基底状態の電子配置は (t_{2g}^2) である．ここで光を吸収して3d電子が t_{2g} 軌道から e_g 軌道に遷移すると，励起状態の電子配置は $(t_{2g}e_g)$ となる．ところで，同じ $(t_{2g}e_g)$ 電子配置でも，$(d_{xy})^1(d_{x^2-y^2})^1$ と $(d_{xy})^1(d_{z^2})^1$ では電子間クーロン反発の大きさが異なる．前者の電子配置では，電子は xy 平面上に密に分布しており電子間クーロン反発エネルギーが大きい．一方，後者の電子配置では，電子は電子間クーロン反発を避けるように xy 平面と z 軸方向に分布しているため，エネルギー的により安定である．図 5.10 は $(d_{xy})^1$ $(d_{x^2-y^2})^1$ および $(d_{xy})^1(d_{z^2})^1$ の軌道の重なりの様子を示したものである．実際，図 5.11 に示すように d電子が 2 個の $[V(H_2O)_6]^{3+}$ では 2 本の強い吸収スペクトルが可視領域に観測されるが，低エネルギー側の吸収帯は

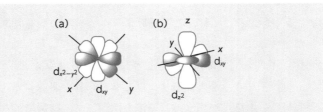

図 5.10　$(d_{xy})^1(d_{x^2-y^2})^1$ および $(d_{xy})^1(d_{z^2})^1$ における軌道の重なり．

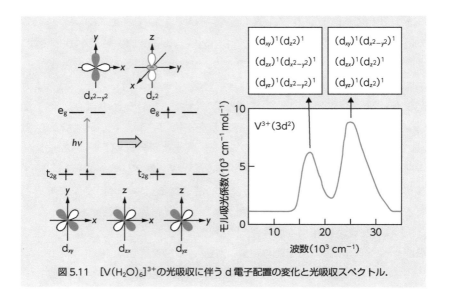

図 5.11　[V(H₂O)₆]³⁺の光吸収に伴う d 電子配置の変化と光吸収スペクトル.

$(d_{xy})^1(d_{z^2})^1$, $(d_{yz})^1(d_{x^2-y^2})^1$, $(d_{zx})^1(d_{x^2-y^2})^1$ の励起状態に対応し，高エネルギー側の吸収帯は $(d_{xy})^1(d_{x^2-y^2})^1$, $(d_{yz})^1(d_{z^2})^1$, $(d_{zx})^1(d_{z^2})^1$ の励起状態に対応している.

　d^5 電子系における高スピン状態では，基底状態の電子配置が $(t_{2g}^3 e_g^2)$ である.この場合，電子はスピンを平行に揃えた半閉殻電子構造となり，スピン角運動量を保存した状態での $t_{2g} \rightarrow e_g$ 遷移（スピン許容遷移）は存在せず，スピン反転を伴うひじょうに弱いスピン禁制遷移のみ観測される.3d 電子が 5 個の [Mn(H₂O)₆]²⁺の場合，他のアクア錯イオンに比べてモル吸光係数が 2 桁程度弱い複数の吸収帯が観測されるのはこのためである.

　このようにして，3d 電子が 1 個から 9 個まで占有されているアクア錯イオン [M(H₂O)₆]ⁿ⁺において可視吸収スペクトルの数を基本的に理解することができる.

　分光化学系列　図 5.9 に示したように，金属イオンが Cr³⁺の六配位錯体では，可視領域から紫外領域にかけて 2 つの強い吸収帯が現れる.これらの吸収帯の吸収強度が極大となる波長は配位子の種類に依存する.1938 年，槌田龍太郎は Cr³⁺および Co³⁺の六配位錯体における 2 つの強い吸収

帯を系統的に調べ，配位子を次の系列の上位にあるものに置換すると，吸収帯の極大が高波数側（短波長側）にシフトすることを発見した．この系列は分光化学系列（spectrochemical series）と名付けられ，配位子場分裂の大きさの順序を表している．なお，中心金属が異なっても，分光化学系列の順序は基本的に変動しない．

$$I^- < Br^- < Cl^- < F^- < H_2O < NCS^- < NH_3 < NO_2^- < CN^-, CO$$

ハロゲン　　　　　酸素　　　　　窒素　　　　　　炭素

　分光化学系列の下線の部分には配位する原子を示しているが，配位子場分裂の大きさは，ハロゲン原子＜酸素原子＜窒素原子＜炭素原子の順になっている．この順序は，配位結合に寄与する π 結合を考慮すれば理解できる．$t_{2g}(d_{xy}, d_{yz}, d_{zx})$ 軌道は σ 結合には寄与しないが，π 結合には寄与することができる．$t_{2g}(d_{xy}, d_{yz}, d_{zx})$ 軌道が寄与する π 結合には図5.12に示す2種類の型がある．1つは配位子の軌道（σ 結合と直交した非共有電子対の軌道）が充満し，そのエネルギーが金属イオンの $t_{2g}(d_{xy}, d_{yz}, d_{zx})$ 軌道よりも低い場合である．この場合，$t_{2g}(d_{xy}, d_{yz}, d_{zx})$ 軌道が配位子の非共有電子対の軌道と π 結合を形成することにより反結合性軌道 $t_{2g}{}^*$ が生じる．この $t_{2g}{}^*$ 軌道のエネルギーは $t_{2g}(d_{xy}, d_{yz}, d_{zx})$ よりも，配位子場分裂が小さくなる．金属イオンに配位する原子がハロゲンや酸素の場合，

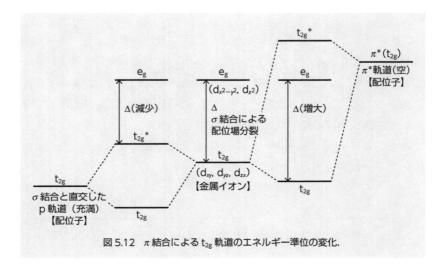

図 5.12　π 結合による t_{2g} 軌道のエネルギー準位の変化.

このような π 結合が生じ，配位子場分裂が減少する．NH_3 のような配位子では，非共有電子対は 1 対しかなく，この電子対は σ 結合に用いられ，π 結合は生じない．一方，CN^- や CO のように分子内に不飽和結合がある場合，空軌道である π^* 軌道が金属イオンの $t_{2g}(d_{xy}, d_{yz}, d_{zx})$ 軌道より高いエネルギー準位にある．この場合，$t_{2g}(d_{xy}, d_{yz}, d_{zx})$ 軌道が配位子の π^* 軌道と π 結合を形成することにより金属イオンの $t_{2g}(d_{xy}, d_{yz}, d_{zx})$ 軌道は結合性軌道となり，軌道エネルギーが下がる．このため，配位子場分裂は増大する．π 結合による t_{2g} 軌道のエネルギー準位の変化を図 5.12 に示す．

　ここで，分光化学系列に関する現象を 2 例紹介する．硫酸銅の水溶液にアンモニア水を滴下すると，淡青色から濃紺色に変化する．これは，硫酸銅水溶液中では，Cu^{2+} イオンはアクア錯イオン $[Cu(H_2O)_6]^{2+}$ を形成しているが，アンモニア水を滴下すると，配位子の H_2O が NH_3 に置換され，$[Cu(NH_3)_4(H_2O)_2]^{2+}$ に変化する．$[Cu(H_2O)_6]^{2+}$ の d-d 遷移の極大は赤外領域（〜800 nm）にあり，その吸収帯の裾野が赤色領域まで広がっているため，補色である淡青色を呈する．一方，$[Cu(NH_3)_4(H_2O)_2]^{2+}$ の d-d 遷移による吸収帯は 500〜800 nm にあり，400〜500 nm の光が強く透過するため濃紺色を呈する．分光化学系列を見ると，NH_3 は H_2O よりも上位にあるため，NH_3 が配位することで配位子場が強くなり，t_{2g} 軌道と e_g 軌道[*1]の間のエネルギー差が大きくなることを考えれば理解できる．

　2 番目の例として KCN や一酸化炭素 CO の毒性を紹介する．赤血球の酸素運搬酵素であるヘモグロビンは，ヘムと呼ばれる鉄錯体を取り込んだ金属タンパク質である．その鉄原子に酸素分子が配位すると，酸素分子を運搬することになる．ところが，配位能力が最も強い CN^- や CO が存在すると，鉄原子は CN^- や CO と強く結合し，酸素分子と結合することができなくなるため，ヘモグロビンは酸素運搬機能を失う．したがって，CN^- や CO は呼吸毒とよばれている．

---

*1　ここで考えている錯体は厳密には正八面体の対称性ではないが，擬正八面体として正八面体の対称性をそのまま使うこととする．

5.4.2 電荷移動遷移

遷移金属錯体の色の原因として，中心金属イオンにおける分裂した d 軌道間の電子遷移（配位子場遷移）以外に，金属−配位子間の電荷移動や金属イオン間の電荷移動によるものがあり，電荷移動遷移とよばれている．電荷移動遷移は 3 種類に分類することができる．

1) 配位子の軌道から金属イオンの d 軌道への電荷移動遷移：
   LMCT（<u>L</u>igand to <u>M</u>etal <u>C</u>harge <u>T</u>ransfer）

2) 金属イオンの d 軌道から配位子の軌道への電荷移動遷移：
   MLCT（<u>M</u>etal to <u>L</u>igand <u>C</u>harge <u>T</u>ransfer）

3) 低原子価状態の金属イオンから高原子価状態の金属イオンへの電荷移動遷移：IVCT（<u>I</u>nter-<u>V</u>alence <u>C</u>harge <u>T</u>ransfer）

これらの電荷移動遷移は配位子場遷移に比べ吸光度が $10^3 \sim 10^4$ 程度強い．LMCT としては過マンガン酸イオン $[MnO_4]^-$ の濃赤紫色が代表的な例である．正四面体錯体 $[MnO_4]^-$ における Mn イオンの価数は7+であり，3d 軌道は空軌道になっている．図 5.13 は $[MnO_4]^-$ における光吸収スペクトルと LMCT の遷移機構を示したものである．可視領域に現れる 2 本の強い吸収帯は，O^{2-} の 2p 軌道が主成分である結合性軌道から Mn^{7+} の 3d 軌道が主成分である励起状態への遷移に対応している．酸化還元滴定では，LMCT による強い光吸収をもつ $[MnO_4]^-$ が指示薬として用いられている．酸化還元滴定の終点では，すべての Mn イオンが還元されて $[Mn(H_2O)_6]^{2+}$ になっているが，Mn^{2+} の電子配置が $t_{2g}^3 e_g^2$ であるため d-d 遷

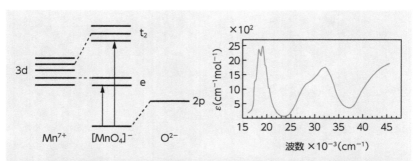

図 5.13　正四面体錯体 $[MnO_4]^-$ の水溶液における光吸収スペクトルと電荷移動遷移(LMCT).

移はスピン禁制遷移しか存在せず，ほとんど無色の溶液になる．このようにして，酸化剤である［MnO_4］$^-$の LMCT が酸化還元滴定に活用されている．

MLCT としては鉄イオンの比色分析に使われている［$Fe(phen)_3$］$^{2+}$（phen ＝ フェナントロリン）の赤色が代表的な例である．この錯体は低スピン Fe^{II} 錯体であり，Fe^{II} の t_{2g} 軌道から phen の π^* 軌道への MLCT が濃赤色の原因となっている．一般に，配位子に不飽和結合があると，金属イオンの d 軌道から配位子の π^* 軌道への MLCT に基づく強い吸収スペクトルが可視領域から紫外領域にかけて現れる．

IVCT としては，プルシアンブルー $Fe^{III}_4[Fe^{II}(CN)_6]_3 \cdot 15H_2O$ の濃青色などが代表的な例である．$Fe^{III}_4[Fe^{II}(CN)_6]_3 \cdot 15H_2O$ は，$K_4[Fe^{II}(CN)_6]$ の水溶液に Fe^{3+} イオンを加えることによって析出する濃青色の難溶性錯体であり，$-NC-Fe^{II}-CN-Fe^{III}-NC-$ のように CN を架橋として Fe^{II} と Fe^{III} が交互に結合した三次元ネットワークを形成している（図 5.14 (a)）．プルシアンブルーにおける IVCT の遷移機構を図 5.14 (b) に示す．基底状態の電子配置 $-NC-Fe^{II}-CN-Fe^{III}-NC-$ は，Fe^{II} から Fe^{III} に電子が移動した励起状態 $-NC-Fe^{III}-CN-Fe^{II}-NC-$ と混成することにより，安定化する．この混成が IVCT の原因となり，混成が強くなるほど IVCT の吸収強度は強くなる．プルシアンブルーでは，IVCT に基づく強い吸収スペクトルが 650 nm より長波長の赤色領域から近赤外領域にかけ

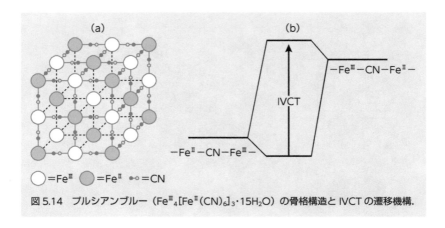

図 5.14　プルシアンブルー（$Fe^{III}_4[Fe^{II}(CN)_6]_3 \cdot 15H_2O$）の骨格構造と IVCT の遷移機構.

て現れるため，錯体は濃青色を呈する．

混合原子価状態　1つの化学式で表される物質において，同一元素が複数の原子価を有する状態を混合原子価状態（mixed-valence state）とよび，異なる原子価間の相互作用の大きさによってクラスI，クラスII，クラスIIIに分類される．いま，架橋配位子（X）で結合した混合原子価状態の金属イオン（$M_{i,j}$）の系 $M_i^Z-X-M_j^{Z+1}$ を考えてみよう．ここで i, j は金属イオン M のサイトを表し，$Z, Z+1$ は金属イオンの原子価を表す．したがって，この系における金属イオンの波動関数は $\varphi(M_i^Z)\varphi(M_j^{Z+1})$ で表すことができる．また，低原子価の M_i^Z から高原子価の M_j^{Z+1} に電子が移動した場合，系の波動関数は $\varphi(M_i^{Z+1})\varphi(M_j^Z)$ で表される．金属イオン間に電荷移動相互作用（charge transfer interaction）が存在する場合，この系の基底状態は次式で表される．

$$\Psi = (1-\alpha^2)^{1/2}|\varphi(M_i^Z)\varphi(M_j^{Z+1})| + \alpha|\varphi(M_i^{Z+1})\varphi(M_j^Z)| \quad (5.6)$$

ここで α は原子価非局在係数（valence delocalization coefficient）である．クラスIでは $\alpha^2 \approx 0$ であり，電荷移動相互作用は無視できる．クラスIIでは $0 < \alpha^2 \ll \frac{1}{2}$ であり，IVCT が可視領域で観測される．プルシアンブルーがその代表的な例である．クラスIIIでは $\alpha^2 \approx \frac{1}{2}$ であり，原子価状態は非局在化しており金属的挙動を示す．第7章で紹介する部分酸化白金混合原子価錯体 $K_2[Pt(CN)_4]Br_{0.3}\cdot 3H_2O$ がその代表的な例である．なお，クラスIIIの中には超伝導を示す物質もある．

コラム 5.1　クロロフィルの発光と新緑の若草色

　4月から5月にかけて，植物の若葉は目にまぶしいほど美しい若草色になる．よく知られているように，植物の葉緑体に含まれるクロロフィルは光合成に不可欠な物質である．クロロフィルは，図1（a）のような分子構造をもち，可視領域に2つの励起準位（赤色領域（～650 nm）と青色領域（～450 nm））をもっている．電子はこれらの準位のエネルギーに相当する光を吸収して励起準位に遷移する．緑色の光に相当するエネルギーの領域には電子準位がないので，緑色の光は透過する．植物の葉が緑色にみえるのは，クロロフィルに吸収されない波長領域の光を相対的に強く感じているため，緑色にみえるのである．

ところで，励起された電子が基底状態に戻る過程には，(1) 光を放出して基底状態に戻る過程（発光過程）と，(2) 分子や格子の振動モードにエネルギーを与えて基底状態に戻る過程（非放射過程）がある．多くの物質が光を吸収しても発光しないのは，励起された電子が非放射過程によって基底状態に戻るからである．しかし，発光する物質もある．その1つが，若葉に含まれるクロロフィルである（図2）．光を吸収したクロロフィルは，最低励起状態である赤色領域の電子準位から赤色の光を放出して基底状態に戻る．その結果, 私たちの目には，クロロフィルの光吸収の補色である緑色（500～600 nm）と発光の赤色（650 nm）が合わさり，黄緑色を帯びた美しい若草色にみえるのである．650 nm 付近の光のみを通すフィルターで新緑の野山を眺めると，植物の若葉が光り輝いてみえるはずである．

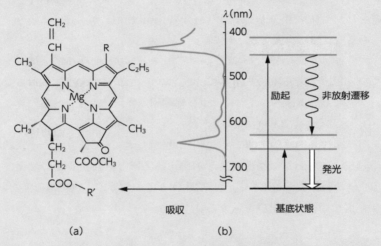

図1　(a) クロロフィルの分子構造，(b) クロロフィルの可視吸収スペクトルと電子準位．

図2 クロロフィルの発光. 若葉から抽出したクロロフィルのエタノール溶液は緑色であるが, 光を照射すると赤色（約650 nm）の強い蛍光を発する.

コラム 5.2 ルビーの発光とレーザー発振

物質に強度 I_0 の光を照射し, 透過した光の強さを I とすると, I と I_0 の間には関係式 $I = I_0 \exp(-\alpha l)$ が成り立つ. ここで α は吸収係数, l は物質の長さである. いま, E_1, E_2 のエネルギー（$E_1 < E_2$）をもつ2つの準位1, 2を考えると, この準位間の遷移に対応する吸収係数 α は $N_1 - N_2 \dfrac{g_1}{g_2}$ に比例する. ここで, N_1, N_2 は準位1, 2に分布する電子数であり, g_1, g_2 は準位1, 2の縮重度である. 熱平衡状態では,

$$\frac{N_2}{g_2} = \frac{N_1}{g_1} \exp\left(-\frac{E_2 - E_1}{k_B T}\right)$$

が成立するから, 一般に $\Delta N = N_1 - N_2 \dfrac{g_1}{g_2} > 0$ となり吸収係数は正になる. しかし, なんらかの方法により $\Delta N < 0$ にすると, 吸収係数 α は負になり, 光は物質中で $I = I_0 \exp(-\alpha l)$ のように増幅される. すなわち, 物質に入射した光より出てくる光のほうが強くなるという現象（誘導放射とよぶ）が起こる. $\Delta N < 0$, すなわち励起状態の電子数が基底状態の電子数より多くなる状態を負温度状態とよび, この状態が実現したときにレーザー発振（light amplification by stimulated emission of radiation；LASER, 誘導放射による光の増幅）が起こる. 図1はレーザー発振の原理を示したものである.

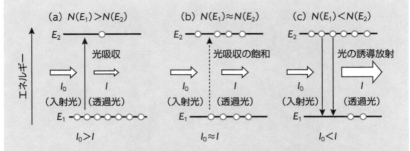

図1 レーザー発振の原理図．(a) 通常の光吸収，(b) 光吸収の飽和，(c) レーザー発振．

　レーザー発振は 1960 年にルビーを用いて初めて成功した．ルビー（ruby）は酸化アルミニウム Al_2O_3 に Cr^{3+} が不純物として 0.1 ％程度入ったもので，Cr^{3+} には 6 個の O^{2-} が配位し，八面体を形成している．可視領域には 4 種類の吸収スペクトルが現れるが ruby にちなんで，低エネルギー側から，それぞれ R 線，U 帯，B 線，Y 帯とよばれている．最低励起状態である R 線の準位はひじょうに寿命が長く（10 ms），また，この準位にたまった電子は赤い光を放出して基底状態に戻る（図2）．R 線より少しエネルギーの高いところには光を強く吸収する U 帯があり，U 帯に励起された電子はすぐに R 線まで落ちてくる．長寿命でしかも発光する励起状態が存在し，少しエネルギーの高いところに光を強く吸収する準位をもつルビーに着目したメイマン（T.H. Maiman，アメリカ）は 1960 年，ルビーに強力な Xe フラッシュランプの光を照射することにより，R 線からのレーザー発振に成功した．図3にルビーの吸収スペクトルとルビーによるレーザー発振の原理を示す．

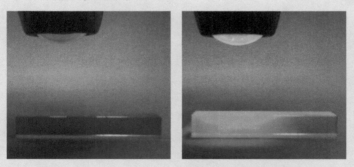

図2 ルビーの発光．宝石のルビーは光を照射すると波長 694 nm の強い蛍光を発する．この蛍光を利用し 1960 年，世界最初のレーザー光線が生まれた．

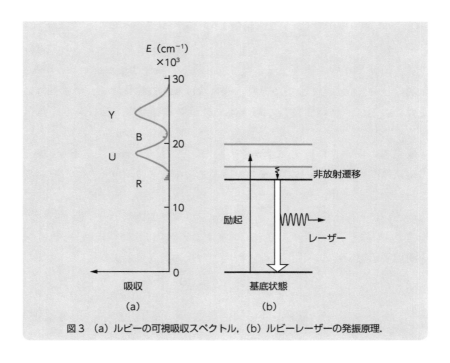

図3 （a）ルビーの可視吸収スペクトル，（b）ルビーレーザーの発振原理.

5.5 　金属錯体の磁性

5.5.1 　反磁性と常磁性

　磁性は英語で magnetism とよぶが，この語源は，ギリシャのマグネシア（Magnesia）地方で鉄を引きつける性質をもつ鉱物マグネタイト（Fe_3O_4）が産出されたことに由来している．物質が磁場中に置かれると，磁気的な分極（磁気モーメント）が生じるが，単位体積あたりの磁気モーメントを磁化とよぶ．弱い外部磁場のもとでは，磁化の値 M は外部磁場の大きさ H に比例しており，

$$M = \chi H \tag{5.7}$$

の関係がある．比例定数 χ を磁化率（magnetic susceptibility）とよび，χ が正の場合を常磁性，負の場合を反磁性という．

　いま，磁場が z 方向にかかっていて x 方向に向かって磁場勾配がある場合，x 方向の勾配 $\left(\dfrac{\mathrm{d}H_z}{\mathrm{d}x}\right)$ が正であるとすると，次式が物質の受ける力の大きさになる．

$$F_x = -\frac{\mathrm{d}E}{\mathrm{d}x} = \chi H_z \left(\frac{\mathrm{d}H_z}{\mathrm{d}x} \right) \tag{5.8}$$

ここで E は系のエネルギーを表す．常磁性の場合は χ が正であるから，磁場の強い方向へ力を受ける．言い換えれば常磁性物質は磁石から引力を受ける．逆に，反磁性物質の場合は χ が負であるから，磁石から斥力を受ける．

反磁性 反磁性は電磁気学から眺めると，ファラデー（M. Faraday）の電磁誘導によって生じる電子の軌道運動に由来する現象として理解することができる．電磁誘導から反磁性磁化率を導くため，原子の z 軸方向に磁場をかけ，原子核を中心にして磁場に垂直な平面内にある半径 r の軌道を考えてみる．その場合，電子に印加される誘導起電力の値 E と軌道内を横切る磁束密度の時間変化率との間には次の関係式がある．

$$2\pi r E = -\pi r^2 \frac{\mathrm{d}B}{\mathrm{d}t} \tag{5.9}$$

したがって，電子に働く加速度は，$\frac{\mathrm{d}v}{\mathrm{d}t} = -\frac{eE}{m} = \frac{er}{2m}\frac{\mathrm{d}B}{\mathrm{d}t}$ で表されるため，磁場 $\left(H = \frac{B}{\mu_0} \right)$ がゼロから増加して H に至ったときの角運動量の変化 $mr\Delta v$ は，

$$mr\Delta v = \frac{er^2}{2}B = \frac{er^2}{2}\mu_0 H \tag{5.10}$$

で与えられる．ここで，μ_0 は透磁率（magnetic permeability）である．したがって，磁場を印加したときの磁気モーメントの変化量 $\Delta\mu$ は次式で与えられる．

$$\begin{aligned} \Delta\mu = iS &= -\frac{e\Delta v}{2\pi r}\pi r^2 = -\frac{e^2 r^2}{4m}\mu_0 H \\ &= -\frac{e^2(x^2+y^2)}{4m}\mu_0 H \end{aligned} \tag{5.11}$$

ここで i は誘導起電力によって誘起される電流であり，S は軌道の面積（πr^2）である．ところで，電子軌道の方位は統計的に三次元空間に分布していることから，$\langle r^2 \rangle = \langle x^2 + y^2 \rangle = \frac{2\langle x^2+y^2+z^2 \rangle}{3} = \frac{2\langle R^2 \rangle}{3}$ の関係を用い，1 mol あたりの磁化の変化を次式で表すことができる．

$$\Delta M = -N\frac{e^2}{6m}\mu_0 \langle R^2 \rangle H \tag{5.12}$$

したがって，$\chi = \frac{\Delta M}{H}$ の関係から反磁性磁化率を次式のように導くことができる．

$$\chi = \frac{\Delta M}{H} = -N \frac{e^2}{6m} \mu_0 \langle R^2 \rangle \tag{5.13}$$

このように，閉殻電子の軌道運動は反磁性を与え，その大きさは温度によらず一定である．また，反磁性磁化率は軌道半径の2乗に比例するため，最外殻の軌道が最も大きく寄与する．また，芳香族のような環状分子では，π 電子が非局在化しているため，分子面に垂直に磁場がかかると非局在化した π 電子による環電流が生じ，著しく大きな反磁性磁化率が現れる．反磁性磁化率の大きな異方性は液晶や高分子にもみられるが，この異方性を利用して，液晶や高分子の配向制御に磁場が用いられている．

常磁性　常磁性は軌道角運動量に起因する磁気モーメント $\boldsymbol{\mu}_l = -\frac{e\hbar}{2m}\boldsymbol{l} = -\mu_B \boldsymbol{l}$ と電子スピンに起因する磁気モーメント $\boldsymbol{\mu}_s = -\frac{e\hbar}{m}\boldsymbol{s} = -2\mu_B \boldsymbol{s}$ が起源である．ここで，$\mu_B = \frac{e\hbar}{2m}$ $(e > 0, \hbar = \frac{h}{2\pi}$：$h$ はプランク定数$)$ はボーア磁子（Bohr magneton）とよばれ，磁気モーメントの単位である．この値は 1922 年にシュテルン（O. Stern）とゲルラッハ（W. Gerlach）が銀（$Z = 47$）の原子ビームを磁場の中を通過させると2本のビームに分かれることを発見したことによるものであるが，後に水素（$Z = 1$）やナトリウム（$Z = 11$）の原子ビームでも実験を行い，同じ値の磁気モーメントをもつことが確かめられた．常磁性金属錯体における全磁気モーメントは合成された軌道角運動量による項と合成されたスピン量子数による項を合わせて $\boldsymbol{\mu} = -\mu_B(\boldsymbol{L} + 2\boldsymbol{S})$ となる．磁性金属錯体が磁場 $\boldsymbol{H}$ の中におかれると，磁気モーメントと磁場の間には，$E = -\boldsymbol{\mu} \cdot \boldsymbol{H}$ の相互作用を受けることになる．ここでは，簡単のため，$L = 0, S = \frac{1}{2}$ の原子の場合を考えてみよう．z 軸方向に磁場をかけると，縮重していた $S_z = -\frac{1}{2}$ と $S_z = +\frac{1}{2}$ の準位は，それぞれ $E(S_z = -\frac{1}{2}) = -\mu_B H, E(S_z = +\frac{1}{2}) = \mu_B H$ に分裂するが，この分裂をゼーマン分裂（Zeeman splitting）とよぶ．ゼーマン分裂した $S_z = -\frac{1}{2}$ と $S_z = +\frac{1}{2}$ の準位に分布する確率はボルツマン分布に従うため，その確率 P_- および P_+ は次式で表され，

$$P_- = N\mu_\mathrm{B} \frac{\exp\left(\dfrac{\mu_\mathrm{B}H}{k_\mathrm{B}T}\right)}{\exp\left(\dfrac{\mu_\mathrm{B}H}{k_\mathrm{B}T}\right) + \exp\left(-\dfrac{\mu_\mathrm{B}H}{k_\mathrm{B}T}\right)},$$

$$P_+ = N\mu_\mathrm{B} \frac{\exp\left(-\dfrac{\mu_\mathrm{B}H}{k_\mathrm{B}T}\right)}{\exp\left(\dfrac{\mu_\mathrm{B}H}{k_\mathrm{B}T}\right) + \exp\left(-\dfrac{\mu_\mathrm{B}H}{k_\mathrm{B}T}\right)} \tag{5.14}$$

したがって，N個の原子の有限温度における磁化の値Mは次式で表される．

$$M = N\mu_\mathrm{B}(P_- - P_+)$$

$$= N\mu_\mathrm{B} \frac{\exp\left(\dfrac{\mu_\mathrm{B}H}{k_\mathrm{B}T}\right) - \exp\left(-\dfrac{\mu_\mathrm{B}H}{k_\mathrm{B}T}\right)}{\exp\left(\dfrac{\mu_\mathrm{B}H}{k_\mathrm{B}T}\right) + \exp\left(-\dfrac{\mu_\mathrm{B}H}{k_\mathrm{B}T}\right)}$$

$$= N\mu_\mathrm{B}\tanh\left(\frac{\mu_\mathrm{B}H}{k_\mathrm{B}T}\right) \tag{5.15}$$

磁場が十分弱い場合，すなわち$\dfrac{\mu_\mathrm{B}H}{k_\mathrm{B}T} \ll 1$の場合，$\tanh\left(\dfrac{\mu_\mathrm{B}H}{k_\mathrm{B}T}\right) \approx \dfrac{\mu_\mathrm{B}H}{k_\mathrm{B}T}$となるため，磁化率は近似的に次式で表される．

$$\chi = \frac{M}{H} = \frac{N\mu_\mathrm{B}{}^2}{k_\mathrm{B}T} = \frac{C}{T} \tag{5.16}$$

式（5.16）から明らかなように，常磁性体の磁化率は温度に反比例するが，これをキュリー則（Curie's law）とよび，Cをキュリー定数（Curie constant）とよぶ．キュリー則は合成された角運動量$J(= L + S)$に対して普遍的に成立する法則である．なお，キュリー定数は，LおよびSの値に依存することに注意する必要がある．また，スピン間にスピン整列を引き起こす磁気相互作用がある場合，常磁性の磁化率は次式で表される．

$$\chi = \frac{C}{T - \theta} \tag{5.17}$$

式（5.17）はキュリー–ワイス則（Curie-Weiss law）とよばれている．θはワイス定数（Weiss constant）とよばれ，スピン整列を引き起こす磁気相互作用の大きさの指標になっており，θが正の値の場合は強磁性を引き起こし，負の場合は反強磁性を引き起こす．

遷移金属錯体において n 個の不対電子があると，合成されたスピン量子数 S は $\frac{n}{2}$ となる．したがって，n 個の不対電子による磁気モーメント (μ) は，$\mu = 2\sqrt{S(S+1)}\mu_B = \sqrt{n(n+2)}\mu_B$ となる．たとえば，$3d^5$ 電子配置の Fe^{III} 錯体の磁気モーメントを考えてみよう．$[Fe^{III}(H_2O)_6]^{3+}$ は高スピン状態をとり，不対電子は 5 個である．したがって，この錯体の磁気モーメントは $\mu = 2\sqrt{S(S+1)}\mu_B = 2\sqrt{\frac{5}{2}\left(\frac{5}{2}+1\right)}\mu_B \approx 5.9\mu_B$ に近い値が期待される．また，$[Fe^{III}(CN)_6]^{3-}$ は低スピン状態をとり，不対電子は 1 個である．したがって，この錯体の磁気モーメントは $\mu = 2\sqrt{\frac{1}{2}\left(\frac{1}{2}+1\right)}\mu_B \approx 1.7\mu_B$ に近い値が期待される．

5.5.2 常磁性とスピン整列状態

　一般に金属錯体では，隣接する金属イオンにおける不対電子が占有する軌道同士に重なりがある場合，隣接する金属イオンのスピンを反平行に整列させる引力（反強磁性相互作用）が働く．これに対して，隣接する金属イオンの軌道同士に重なりがなく，互いに直交する場合には，隣接する金属イオンのスピンを平行に整列させる引力（強磁性相互作用）が働く．

　原子や分子が不対電子をもつ場合，一般に不対電子のスピン間には相互作用が働く．スピンの方向が無秩序である常磁性状態は温度を下げていくと，ついにはスピンが整列した状態になる．これはギブズエネルギー $G = H - TS$ を考えると理解できる．ここで H はエンタルピー項であり，TS はエントロピー項である．エンタルピー項にはスピン間に働く引力が含まれている．したがって，エンタルピー項はスピン整列状態のほうが低い値を示す．エントロピー S はスピンの方向が無秩序な常磁性状態のほうがスピン整列状態より大きな値をもつため $-TS$ の値は低くなり，高温ほど常磁性状態が安定になる．したがって，常磁性状態から温度を下げていくと常磁性状態とスピン整列状態のギブズエネルギーが交差し，スピン整列状態が安定な状態になる．この転移を磁気相転移といい，この相転移のところで磁化率や熱容量に異常が現れる．図 5.15 に常磁性状態およびスピン整列状態におけるギブズエネルギー $G = H - TS$ の温度変化を示す．

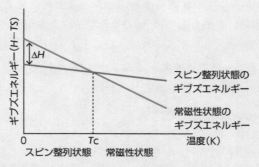

図 5.15　常磁性状態およびスピン整列状態におけるギブズエネルギー $G = H - TS$ の温度変化と磁気相転移．ΔH はスピン間に働く磁気相互作用を表す．

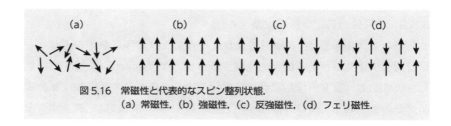

図 5.16　常磁性と代表的なスピン整列状態．
(a) 常磁性，(b) 強磁性，(c) 反強磁性，(d) フェリ磁性．

　代表的なスピン整列状態には，下記に示す強磁性，反強磁性，フェリ磁性があり，その整列状態を図 5.16 に示す．

　(1) **強磁性**：原子や分子がもつ不対電子のスピン間に強磁性相互作用が働いてそのスピンが同じ方向に向いたスピン整列状態の結晶は，磁場をかけなくても自発磁化をもっており，磁石として働く．このような結晶を強磁性体とよび，そのスピン整列状態を図 5.16 (b) に示す．強磁性を示す物質の例としては，Fe, Co, Ni のような遷移金属のほか，CrO_2, CoS_2, $CrBr_3$ などの化合物がある．

　(2) **反強磁性**：原子や分子がもつ不対電子のスピン間に反強磁性相互作用が働いてスピンが互いに反平行に向いたスピン整列状態の結晶を反強磁性体とよぶ．そのスピン整列状態を図 5.16 (c) に示す．反強磁性の場合，結晶全体としての磁気モーメントはゼロになる．常磁性体は温度を下げて

いくと，多くの場合反強磁性体になる．反強磁性を示す物質の例としては，Cr_2O_3, O_2, MnF_2 などがある．

（3）**フェリ磁性**：異なる原子や分子による集合体において，それらの原子・分子がもつ不対電子のスピン間に反強磁性相互作用が働いてスピンが互いに反平行に向いたスピン整列状態を示す場合，互いの磁気モーメントの大きさが異なるため結晶全体として自発磁化をもち磁石として働く．このような結晶をフェリ磁性体とよぶ．そのスピン整列状態を図 5.16 (d) に示す．フェリ磁性を示す物質の例としては，Fe_3O_4, $Y_3Fe_5O_{12}$ などがある．

5.5.3 スピンクロスオーバー錯体

スピンクロスオーバー錯体とは，基底状態が高スピン状態と低スピン状態の境界領域にあり，温度や圧力などの外部条件を変えることにより基底状態が低スピン状態になったり，高スピン状態になったりする金属錯体のことである．たとえば，d 電子数が 6 の正八面体型錯体を考える．配位子場分裂が小さくてフント則が成立していれば，図 5.17 (b) のように高スピン状態となり，常磁性を示す．一方，配位子場分裂が大きいと，フント則が破れて図 5.17 (c) に示す低スピン状態がエネルギー的に安定になり，錯体は反磁性となる．d^6 電子系の代表的なスピンクロスオーバー錯体として，$[Fe^{II}(ptz)_6](BF_4)_2$（ptz = 1-propyltetrazole）がある．$[Fe^{II}(ptz)_6]$ $(BF_4)_2$ は，6 個の ptz 分子が Fe^{II} に配位した正八面体型錯体である．120 K より低温では Fe^{II} は低スピン状態（$S = 0$）で反磁性であるが，

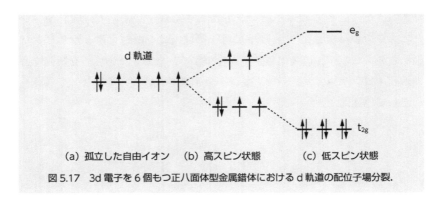

図 5.17　3d 電子を 6 個もつ正八面体型金属錯体における d 軌道の配位子場分裂.

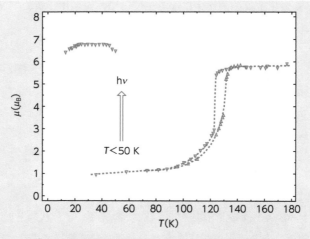

図 5.18 [Fe^{II}(ptz)$_6$](BF$_4$)$_2$ における磁気モーメント μ の温度変化.
△昇温過程, ▽降温過程. $h\nu$ は $T < 50$ K での光照射を表す.
[S. Decurtins, P. Gütlich, et al., *Inorg. Chem.*, **24**, 2174 (1985)]

120 K より高温になると高スピン状態となり常磁性を示す. 低スピン状態から高スピン状態（S = 2）に転移するとき, 錯体の色は赤紫色から無色に変化する.

$$\text{ptz} = \begin{array}{c} N \stackrel{5}{=\!=\!=} CH \\ {}^4 \diagdown \qquad \diagdown \\ N^3 \qquad {}^1 N - C_3H_7 \\ \diagdown\!\!=\!\!\diagup {}_2 \\ N \end{array}$$

図 5.18 は [Fe^{II}(ptz)$_6$](BF$_4$)$_2$ の低スピン–高スピン転移を示したものである. 約 120 K で磁気モーメントが大きく変化している. 興味深いことに, この錯体では, 50 K 以下で可視領域の光を照射すると低スピン状態から高スピン状態に変化し長時間持続する. 光でスピン状態を制御する光誘起スピンクロスオーバー現象は, 分子デバイスへの応用として興味をもたれている.

コラム 5.3　酸化鉄の磁性と地磁気の逆転

　外から磁場をかけなくても物質が磁化をもつ場合，その物質は磁石としてふるまう．磁石の用途はさまざまであるが，ここでは鉄の酸化物が磁石になることを利用して，今から数十万年前に地磁気の極が逆転していたことを発見した日本の科学者のことを紹介する．

　水中に溶けている鉄イオンは一部，酸化鉄の小さな粒子となって底に堆積していく．Fe_3O_4 や Fe_2O_3 などの酸化鉄は，磁場がなくても室温で鉄イオンのスピンどうしが互いに整列し，小さな磁石としてふるまうため，酸化鉄を含む溶岩が固まるとき，あるいは酸化鉄が湖底や海底に沈殿として堆積するときには地磁気の方向を向いて沈殿し，やがて堆積岩として固定される．したがって，湖底や海底に堆積した酸化鉄を含む地層には，古い時代の地磁気の方向が記録されていることになる．

　1929 年，日本の地球物理学者の松山基範博士（1884～1958 年）は，溶岩が固まってできた火成岩に含まれる磁石（酸化鉄）の向きを調べ，約 70 万年以前の地球の磁場の向きが逆転していることを発見した．発見当時，地磁気が逆転するなどと考えるのはあまりにも奇想天外と思われ，実験そのものに疑いをもたれた．

　しかし，寺田寅彦がその現象に関心を持ち，寺田の推薦により 1929 年，日本学士院の紀要に地磁気の逆転に関する論文が掲載され，世界の地質学者の知るところとなった．

　いまや，世界各地で古い時代に地磁気が逆転していたことが確認されている．69 万年前から 243 万年前までの時期は，主として地磁気が逆転していた時期で「松山逆転期」とよばれ，日本人の名前が地質年代の区分に採用されている．図に地磁気の逆転した時期を示す．なお，地球の N 極と S 極が最後に逆転した痕跡が千葉県市原市の地層に現れているが，77 万年前～12 万 6 千年前（中期更新世）を代表する地層として国際地質科学連合によって正式に認定され，ラテン語で千葉時代を意味する“チバニアン（Chibanian）”と命名された．

図　現在から 500 万年前までの地磁気の極性．赤い領域は地磁気の方向が現在と同じ時代．白い領域は地磁気の方向が現在と逆の時代．

練 習 問 題

問1 正八面体型コバルト(Ⅲ)錯体について次の問いに答えよ. ただし, 中性の Co 原子の電子配置は $1s^2 2s^2 2p^6 3s^2 3p^6 3d^7 4s^2$ である.

① $Co^Ⅲ$ の電子配置を中性の Co 原子の電子配置の例にならって記せ.

② 正八面体型コバルト(Ⅲ)錯体において, $[Co(NH_3)_6]^{3+}$ は反磁性であるのに対し, $[CoF_6]^{3-}$ は常磁性である. この理由を説明せよ.

問2 物質の反磁性および常磁性の起源について説明せよ. また, それぞれの具体例を物質名で記せ.

問3 酸・塩基の定義は時代とともに拡大されてきた. アレニウス (Arrhenius), ブレンステッド (Brønsted), ルイス (Lewis) の酸・塩基の定義およびその具体例を記せ.

問4 一般に, 遷移金属錯体は, d 電子軌道が不完全殻であるがゆえに有色である. 有色の原因となる光学遷移は大きく分けて2種類に分類することができる. 次の2種類の物質の色の原因について説明せよ.

① 水溶液中の Cu^{2+} イオンの青色の起源. ただし, Cu^{2+} の d 電子数は9である.

② $KMnO_4$ の濃赤紫色の起源. ただし, Mn の酸化数は7+で d 電子数は0である.

問5 正八面体型六配位錯体で行った時と同じ方法で, 平面四角形型の ML_4 錯体の d 軌道の分裂についても, 結晶場理論と分子軌道の二通りで考えることができる. それぞれの方法により, d 軌道の分裂がどのように起こるか示せ.

問6 問 5 で扱った平面四角形型錯体の d 軌道の分裂を，正八面体型六配位錯体から考えることもできる．このとき，正八面体型六配位錯体の z 軸上にある 2 つの配位子を無限遠まで引き離すことで，d 軌道の分裂がどのように変化するか考えれば良い．これについても，結晶場理論と分子軌道の二通りでどのような結果が得られるか説明せよ．

問7 酸，塩基の硬さや柔らかさの起源を説明し，周期表上のどのような元素が硬いもしくは柔らかい特性をもつ傾向があるか説明せよ．

問8 分光化学系列に関する以下の問に答えよ．
① CO や CN⁻ が分光化学系列で上位に来る理由を説明せよ．
②ハロゲン化物イオンが分光化学系列で下位にくる理由を説明せよ．
③ハロゲン化物イオンの中でヨウ化物イオンが最下位になる理由を説明せよ．

分子の異性体

6.1 異性と異性体

　私たちにとって最も身近な物質の 1 つであるエタノールは CH_3CH_2OH の構造式をもつ液体であり，その沸点は $78℃$である．ところが，ジメチルエーテルとよばれる CH_3OCH_3 の構造式をもつ化合物は，エタノールと同じ種類と数の原子から構成されているにもかかわらず，沸点 $-24℃$ の気体の物質であり，化学的性質もエタノールとはかなり異なっている．エタノールとジメチルエーテルのように，同じ分子式をもち構造が異なる化合物を異性体という．異性体は構造が異なるため，それぞれ異なった物理的，および化学的性質を示す．また，化合物が異性体を生じる現象を異性とよぶ．

　炭素原子は互いに結合して，鎖状構造や環状構造を形成するのみならず，さまざまな種類の原子と結合することができる．このため，一般に有機化合物は異性体をもち，さらにその数は，化合物に含まれる炭素原子の数に伴って著しく増加する．このように，異性は，有機化合物がきわめて多様であることの 1 つの要因になっている．有機化合物のみならず，金属錯体においても，中心金属に配位する配位子の配位様式の違いによって異性体が生じる．

6.1.1 異性体の分類

　異性体にはさまざまな種類があるが，大きく 2 つに分類されている．1 つは，化合物を構成する原子の連結順序と結合の種類，すなわち化学構造の違いにより生じる異性体であり，構造異性体とよばれる．上記のエタノールとジメチルエーテルも構造異性体の例であり，「エタノールとジメチル

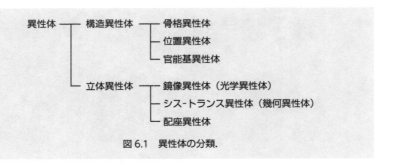

図 6.1　異性体の分類.

エーテルは構造異性の関係にある」，あるいは「ジメチルエーテルはエタ
ノールの構造異性体である」などと表現される．もう 1 つの異性体は，化
学構造は同じであるが，分子の立体構造が異なるものである．このような
異性体を立体異性体という．さらに構造異性体，および立体異性体は，図
6.1 のようにそれぞれ細分されている.以下に，それぞれの異性体について，
代表的な例をあげ，構造の特徴と異性体の性質の違いについて述べる．

6.2　構造異性体

6.2.1　骨格異性体

　有機化合物では，炭素原子が互いに結合することによって骨格が形成さ
れる．炭素原子が形成する骨格が異なる構造異性体を，骨格異性体という．
最も簡単な有機化合物である脂肪族炭化水素（アルカン）について，骨格
異性体を考えてみよう．メタン CH_4，エタン C_2H_6，プロパン C_3H_8 には
構造異性体はないが，ブタン C_4H_{10} では炭素原子のつながり方が 2 種類
あり，したがって 2 種類の骨格異性体があることがわかる（図 6.2）．表 6.1
に示すように，それぞれの異性体では，物理的性質が明確に異なっている．
一般に，イソブタンのような枝分かれのある構造をもつ異性体のほうが，
n-ブタンのような直鎖構造の異性体よりも沸点が低い．

　アルカンの骨格異性体の数は，炭素数の増加に伴って急激に増加する．
すなわち，ペンタン C_5H_{12} では 3，ヘキサン C_6H_{14} では 5 個であるが，ヘ
プタン C_7H_{16} では 9，デカン $C_{10}H_{22}$ では 75 個となり，炭素数 20 のイコ
サン $C_{20}H_{42}$ では実に 366,319 個の骨格異性体が可能であるとされている．

CH₃－CH₂－CH₂－CH₃

CH₃
|
CH₃－CH－CH₃

ブタン
（*n*-ブタン）

メチルプロパン
（イソブタン）

図 6.2　ブタンの骨格異性体の構造式と空間充填モデル.
（括弧内はそれぞれの慣用名, *n*-はノルマルと読む）.

表 6.1　ブタンの骨格異性体の物理的性質

	n-ブタン	イソブタン
沸点℃	−0.50	−11.7
融点℃	−138.3	−159.6
比重（−20℃）	0.622	0.604
屈折率 n_D^{-15} *	1.3562	1.3518

*ナトリウム D 線（589 nm）に対する−15℃における屈折率.

6.2.2　位置異性体と官能基異性体

　炭化水素以外の有機化合物では，炭素原子で形成される骨格に対して，水素以外の原子，または水素以外の元素を含む原子団が結合している．それらは官能基とよばれ，その化合物に特徴的な物理的，および化学的性質を与える．炭素原子が形成する骨格は同じでも，官能基が結合する位置が異なると異性体が生じる．このような構造異性体を，位置異性体という．1-プロパノールと 2-プロパノールは，代表的な位置異性体の例である．

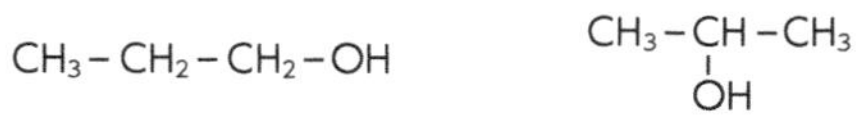

CH₃－CH₂－CH₂－OH

CH₃－CH－CH₃
|
OH

1-プロパノール
（*n*-プロピルアルコール）
沸点：　97.15℃
融点：−126.5℃

2-プロパノール
（イソプロピルアルコール）
沸点：　82.4℃
融点：−89.5℃

　これらのアルコールは物理的性質が異なるのみならず，化学的性質も異

なっている．たとえば，酸化クロム(VI) CrO_3 により酸化すると，1-プロパノールからはカルボン酸が得られるのに対して，2-プロパノールはケトンを与える．また，酸性の塩化亜鉛 $ZnCl_2$ 溶液に対して，2-プロパノールは比較的速やかに反応して塩化物の沈殿を与えるが，1-プロパノールは明確な反応性を示さない．

ベンゼン C_6H_6 を骨格とする芳香族化合物においても，位置異性体が存在する．たとえば，ベンゼンの6個の水素原子のうち，2個をそれぞれメチル基 CH_3 とヒドロキシ基 OH で置き換えたクレゾール $C_6H_4(CH_3)(OH)$ には3種類の位置異性体があり，それぞれ性質が異なっている．

o-クレゾール　　　　　m-クレゾール　　　　　p-クレゾール
融点：31℃　　　　　融点：11.9℃　　　　　融点：34.7℃

(o-, m-, p-はそれぞれ，オルト，メタ，パラと読む)

本章の最初にとりあげた異性体であるエタノール CH_3CH_2OH とジメチルエーテル CH_3OCH_3 では，原子の配列が異なることによって，それぞれの化合物に含まれる官能基の種類が異なっている．すなわち，エタノールでは官能基としてヒドロキシ基 OH をもつのに対して，ジメチルエーテルではエーテル結合 −O− が官能基である．このように，異なった官能基をもつ構造異性体を，官能基異性体とよぶ．官能基異性体では，それぞれの異性体の性質を特徴づける官能基が異なっているため，物理的，および化学的性質に著しい差がみられる．

6.2.3　互変異性と原子価異性

これまで述べてきた構造上の違いによる構造異性体の分類とは異なり，2種類の構造異性体がある化学反応によって互いに関係づけられるとき，それらの異性体に特別な名称が与えられることがある．一般に，2種類の構造異性体が結合の開裂と生成を伴って相互に変換し，それらが平衡状態にある場合，この現象を互変異性という．互変異性の関係にあるそれぞれ

の異性体は，互変異性体とよばれる．

　代表的な互変異性は，ある分子からプロトン H^+ が脱離し，ふたたび H^+ が付加する際に，脱離した位置とは別の位置に H^+ が結合することによるものである．このような互変異性はプロトン互変異性とよばれるが，一般に互変異性という場合には，プロトン互変異性を指す．その最も重要な例は，ケト-エノール互変異性である．

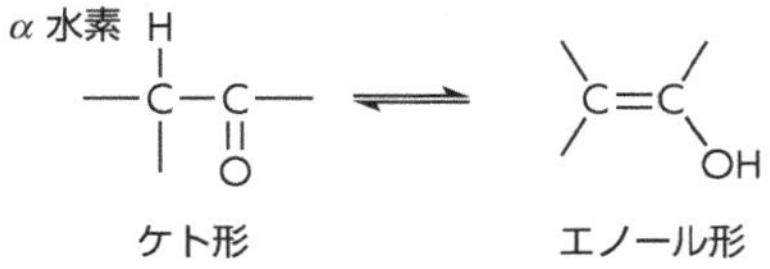

ケト形　　　　　　　　エノール形

　カルボニル基に隣接する炭素原子上に水素原子（α 水素という）をもつカルボニル化合物は，α 水素が酸素原子上に移動したビニルアルコール誘導体と相互に変換しあい，平衡混合物として存在することが知られている．前者をケト形，後者をエノール形とよぶ．ケト形とエノール形の変換は中性条件では遅いが，酸，または塩基が存在すると著しく加速する．

　平衡状態におけるケト形とエノール形の存在比は，それらの熱力学的な安定性と温度によって決定され，化合物の構造や溶媒に影響を受ける．一般的なケトンでは，エノール形よりもケト形の方が圧倒的に安定であり，たとえば，アセトン CH_3COCH_3 では，室温において 99.9998 ％はケト形である．これに対して，アセチルアセトン $CH_3COCH_2COCH_3$ では，エノール形が分子内水素結合によって安定化を受けるため，おもにエノール形で存在する（図 6.3）．

　他のプロトン互変異性には，イミン-エナミン互変異性や，ニトロソ-オキシム互変異性がある．

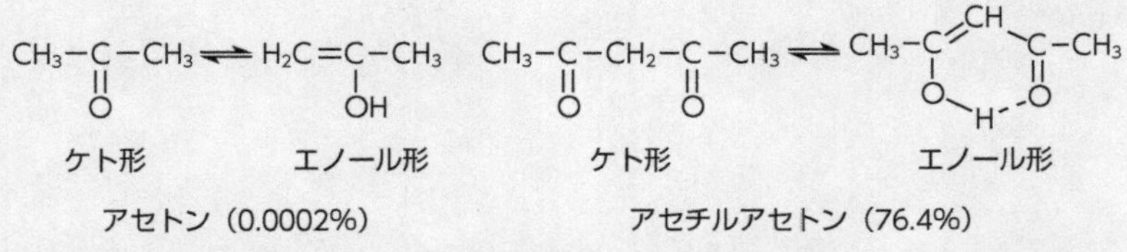

ケト形　　　　エノール形　　　　ケト形　　　　　　エノール形

アセトン（0.0002％）　　　　　アセチルアセトン（76.4％）

図 6.3　ケト-エノール互変異性．括弧内は平衡状態におけるエノール存在比．

$$\begin{array}{c}\underset{|}{-}\underset{|}{\overset{H}{C}}-\underset{\underset{N}{\parallel}}{\overset{|}{C}}- \end{array} \;\rightleftharpoons\; \begin{array}{c}\overset{}{>}C=C\underset{NH-}{<}\end{array}$$

イミン形　　　　エナミン形　　　　　ニトロソ形　　　　オキシム形

$$\begin{array}{c}-\underset{|}{\overset{H}{C}}-\underset{\parallel}{N}\underset{O}{}\end{array} \;\rightleftharpoons\; \begin{array}{c}>C=N\underset{OH}{}\end{array}$$

一方，原子の移動を伴わない互変異性を，原子価互変異性，あるいは簡単に原子価異性とよぶ．原子価異性では，ある分子における結合の開裂と新たな結合の形成により，原子核の位置の相対的な変化が起こる．代表的な原子価異性は，ベンゼンとその誘導体の原子価異性である．ベンゼンC_6H_6に紫外線を照射すると，微量ながら，ベンズバレン，デュワーベンゼン，プリズマンとよばれるベンゼンの構造異性体が得られる（図6.4）．いずれの化合物も，室温に放置するか，あるいは加熱するとベンゼンに変化する．これらの分子は，ベンゼンを構成するπ結合が開裂して，新たなσ結合が形成されることによって生成した化合物であり，ベンゼンの原子価異性体である．

　いずれの原子価異性体も，図6.4に示すようにベンゼンに比べて著しく高いエネルギーをもつが，室温で取り扱うことのできる程度の安定性をもっている．たとえば，25℃においてデュワーベンゼンがベンゼンに変化する反応の半減期は，2日程度と報告されている．これは，ベンゼンの原子価異性体がベンゼンに変化する反応の活性化エネルギーが，比較的大きいためである．すなわち，これらの原子価異性体は，ベンゼンに比べて

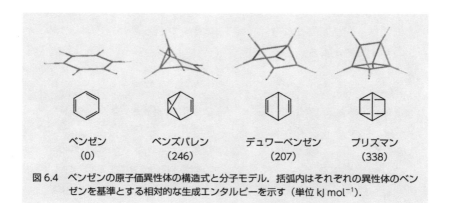

ベンゼン　　　ベンズバレン　　デュワーベンゼン　　プリズマン
(0)　　　　　(246)　　　　　(207)　　　　　(338)

図6.4　ベンゼンの原子価異性体の構造式と分子モデル．括弧内はそれぞれの異性体のベンゼンを基準とする相対的な生成エンタルピーを示す（単位 kJ mol^{-1}）．

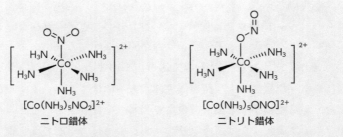

図 6.5　金属錯体における結合異性体の例．ニトロ化合物に紫外線を照射すると，ニトリト錯体に変化する．一方，ニトリト錯体を室温で放置するとしだいにニトロ錯体に変化する．

熱力学的には著しく不安定であるが，ある程度の速度論的安定性をもっている，ということができる．

6.2.4　金属錯体の構造異性体

　金属錯体の構造異性体は，錯イオンの組成が異なることに基づく異性体と，錯イオン内の結合様式が異なることに基づく異性体に分類される．前者に属するものとして，金属原子に配位する陰イオンが異なるために，溶液中で異なったイオンを生じるものがある．このような異性体を，イオン化異性体とよぶ．イオン化異性体の例として，$[Co(NH_3)_5SO_4]^+Cl^-$ と $[Co(NH_3)_5Cl]^{2+}SO_4^{2-}$ がある．一方，後者の異性体は，配位子が 2 通りの配位様式をとることができる場合にみられ，結合異性体，あるいは連結異性体とよばれる．結合異性体の代表的な例を図 6.5 に示す．

6.3　立体異性体

6.3.1　鏡像異性体

　sp^3 混成炭素原子は正四面体構造をとり，4 個の原子，または原子団と結合している．これら 4 個の原子，または原子団がすべて異なる場合，この炭素原子を，不斉炭素原子とよぶ．たとえば，私たちが急激な運動をした際に筋肉に蓄積する乳酸 $CH_3CH(OH)CO_2H$ や，発酵によって生じる物質の 1 つである 2-メチル-1-ブタノール $C_2H_5CH(CH_3)CH_2OH$ は，いずれも不斉炭素原子をもっている．これらの分子を鏡に映した構造（鏡像

という）を調べると，もとの分子と重なり合わない，すなわち互いに異性体であることがわかる（図 6.6）．この異性体は，4 個の異なる原子，または原子団の，不斉炭素原子のまわりの空間的な配列の違いによって生じたものであり，立体異性体の 1 つである．このように，ある分子と鏡像の関係にある立体異性体を，鏡像異性体，あるいはエナンチオマーという．

また，ある物体がその鏡像と重なり合わない性質をもつとき，その物体はキラルである，または，キラリティーをもっているという．鏡像と重なり合う場合には，アキラルであるという．私たちの身のまわりをみると，私たち自身の手や足を含めて，ねじくぎ，はさみ，らせん階段などキラルなものが数多くあることに気づく．同様に，乳酸分子や 2-メチル-1-ブタノール分子もキラルである．キラルな分子には必ず鏡像異性体が存在する．また，分子がアキラルであれば，その分子には鏡像異性体は存在しない．

立体配置の表示法 sp^3 混成炭素原子に結合した 4 個の原子，あるいは原子団の空間的な配列に対して，立体配置という言葉が用いられる．鏡像異性体は，立体配置の違いによる立体異性体ということができる．立体配置を表示する方法が国際純正・応用化学連合（IUPAC）によって定められており，*R/S* 表示法とよばれている．不斉炭素原子をもつ鏡像異性体では，不斉炭素原子に結合している 4 個の異なる原子，あるいは原子団に，

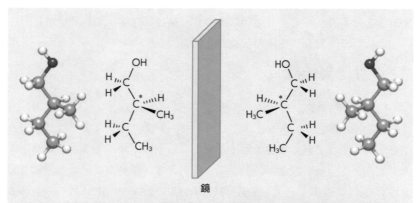

図 6.6　2-メチル-1-ブタノールの鏡像異性体の構造式と分子モデル．2 つの異性体は重ね合わせることができない．＊をつけた炭素原子は不斉炭素原子．

以下に示す「順位則」に従って優先順位をつける. さらに, 図6.7に記した方法によって, 不斉炭素原子の立体配置が R 配置, あるいは S 配置と決定される. R, S はそれぞれ, ラテン語の rectus（右）, sinister（左）に由来している.

［順位則］

1) 不斉炭素原子に結合している原子が4個とも異なる場合は, 原子番号の大きいものを優先する.

2) 不斉炭素原子に結合している原子が同じ場合は, その原子に結合している原子の原子番号の大きいものを優先する.

3) 二重結合や三重結合は, それぞれ同じ原子が2個, あるいは3個結合しているものとみなす.

鏡像異性体の性質　キラルな分子とアキラルな分子の最も顕著な性質の違いは, 偏光に対する挙動に現れる. 光は電場と磁場が互いに直交する方向に振動しながら空間を伝わる現象であるが, 振動がただ1つの面内に限られている光を平面偏光とよぶ. キラルな分子の結晶, あるいは溶液中を平面偏光が通過すると, その振動面が回転する. この現象を旋光とよび, 旋光を示す物質を光学活性物質という. また, 光学活性物質が平面偏光の振動面を光源に向かった観測者から見て右（時計回り）に回転させる場合には, その物質は右旋性であるといい,（＋）で表す. たとえば, 私たち

段階1：順位則に従って, 4個の原子, あるいは原子団に優先順位をつける.
段階2：優先順位が最も低い原子, あるいは原子団を紙面の裏側に向け, 残った3個の原子, あるいは原子団を眺める.
段階3：3個の原子, あるいは原子団を優先順に追ったとき, 時計回りであれば R 配置, 反時計回りならば S 配置とする.

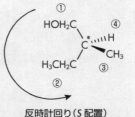

反時計回り（S 配置）

　たとえば, 右図の2-メチル-1-ブタノールでは, 不斉炭素原子に結合した原子, または原子団の優先順位は, $CH_2OH > CH_2CH_3 > CH_3 > H$ であり, 最も優先順位の低い H を紙面裏側に向けて眺めると, $CH_2OH \rightarrow CH_2CH_3 \rightarrow CH_3$ は反時計回りになる. したがって, この2-メチル-1-ブタノールは S 配置をもつ.

図6.7　立体配置の表記法.

の筋肉に蓄積される乳酸は右旋性を示すので，（＋）-乳酸と表記される．左に回転させる場合には左旋性といい，（−）で表す．アキラルな物質は旋光を示さない，すなわち光学不活性である．

旋光の大きさは，平面偏光の回転角（旋光度という）によって表記される．とくに，ある一定の温度 t，用いる光の波長 λ，溶媒に対して，長さ 10 cm の試料管に入れた 1 mL あたり 1 g の光学活性物質を含む溶液が示す旋光度 α を比旋光度と定義し，$[\alpha]_\lambda^t$ で表す．比旋光度は，その光学活性物質に特有の物性値となる．

2-メチル-1-ブタノールの2種類の鏡像異性体について，いくつかの物理的性質を表 6.2 に示した．表から明らかなように，これらの物理的性質は，ただ1つ平面偏光の回転方向のみが異なるだけで，他はすべて同一である．一般に，一方の鏡像異性体が右旋性を示せば，もう一方の鏡像異性体は必ず左旋性を示す．しかし，その点を除けば，鏡像異性体は，比旋光度の絶対値を含めて，沸点，融点，屈折率などまったく同じ物理的性質をもっている．なお，このような性質から，鏡像異性体は光学異性体ともよばれる．

また，鏡像異性体は一般の試剤に対して，まったく同一の化学的性質を示す．たとえば，2-メチル-1-ブタノールは，ナトリウム Na と反応して水素を発生し，酸化クロム(VI) で酸化するとカルボン酸を与え，また酸の存在下で酢酸と処理するとエステルに変換される．これらの反応は，R 配置をもつ2-メチル-1-ブタノールでも，S 配置をもつ2-メチル-1-ブタノールでもまったく同様に進行する．ところが，光学活性な試剤，すなわちキラルな分子からなる試剤に対しては，鏡像異性体は異なる化学的性質を示す場合がある．このことは，私たちの身のまわりの事象に置き換え

表6.2　2-メチル-1-ブタノールの鏡像異性体の物理的性質

	(R)-2-メチル-1-ブタノール	(S)-2-メチル-1-ブタノール
比旋光度 $[\alpha]_D^{23}$	+5.8°	−5.8°
沸点℃	128	128
比重（25℃）	0.811	0.811
屈折率 n_D^{20}	1.411	1.411

て考えるとわかりやすい．たとえば，右手と左手は鏡像の関係にあるが，軍手など左右の区別のない手袋（一般の試剤）は，どちらの手も同じようにはめることができる．しかし，右手用の手袋（光学活性な試剤）に対しては，右手と左手を同じようにはめることはできない．このようなことが分子のレベルでも起こり，光学活性な試剤に対して，一方の鏡像異性体は容易に反応するが，もう一方の鏡像異性体では反応が起こらない，といった差が観測されることになる．

複数の不斉炭素原子をもつ化合物　2個の不斉炭素原子をもつ化合物では，それぞれの不斉炭素原子に R 配置と S 配置があるから，全部で $2^2 =$ 4個の立体配置の異なる立体異性体が存在する．たとえば，2,3-ジクロロペンタン $CH_3CHClCHClCH_2CH_3$ も2個の不斉炭素原子をもつ化合物であり，図6.8に示すように4種類の立体異性体がある．このうち，(2S, 3S) 異性体と (2R, 3R) 異性体，および (2S, 3R) 異性体と (2R, 3R) 異性体はそれぞれ鏡像の関係にあり，互いに鏡像異性体である．ところが，たとえば，(2S, 3S) 異性体と (2S, 3R) 異性体は互いに立体異性体ではあるが，鏡像の関係にはない．このように，互いに鏡像の関係にない立体異性体を，ジアステレオマーとよぶ．(2S, 3S) 異性体と (2R, 3R) 異性体は鏡像異性体であるから，上述したように，平面偏光を回転させる方向を除けば，それらの物理的性質はまったく同じである．一方，ジアステレオマーの関係にある立体異性体，たとえば，(2S, 3S) 異性体と (2S, 3R) 異性体の物理的性質は，明確に異なっている．また，ジアステレオマーの

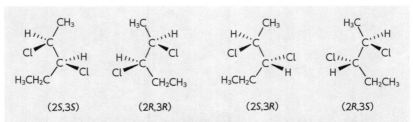

図6.8　2,3-ジクロロペンタンの4種類の立体異性体．2および3は炭素原子の番号を表し，図の上方にある不斉炭素原子が2位炭素，下方の不斉炭素原子が3位炭素である．(2S,3S)は，2および3位炭素原子がいずれもS配置である立体異性体を表している．

化学的性質は，同じ官能基をもっている点で類似してはいるが，けっして同一ではない．

　複数の不斉炭素原子をもつ化合物において，分子が対称構造をもつ場合がある．その分子は不斉炭素原子をもつにもかかわらず，鏡像と重なり合うためアキラルとなる．このような化合物をメソ化合物といい，光学不活性である．メソ化合物をもつ代表的な物質が，ブドウの果実に含まれる酒石酸 $HO_2CCH(OH)CH(OH)CO_2H$ である．酒石酸は2個の不斉炭素原子をもつが，その立体異性体は3種類しかない（図6.9）．

　不斉炭素原子をもたない鏡像異性体　炭素原子にかかわらず正四面体構造をもつ原子が4個の異なる原子，あるいは原子団と結合している場合，この原子を不斉中心，あるいはキラル中心という．不斉中心をもつ分子には，鏡像異性体がある．しかし，分子が不斉中心をもつことは，その分子が鏡像異性体をもつための必須の条件ではない．実際，図6.10に示すように，不斉中心が存在しないにもかかわらず，鏡像がそれ自身と一致しない，すなわちキラルな分子が知られている．これらの分子には鏡像異性体が存在し，それぞれの鏡像異性体は光学活性である．アレン誘導体やビフェニル誘導体は，分子軸のまわりの原子，あるいは原子団の配置によりキラリティーが生じたものであり，これらは軸性キラリティーとよばれる．

　一方，パラシクロファン誘導体におけるキラリティーは，ベンゼン環の面の表裏の原子団の配列が異なることによって発生したものである．この

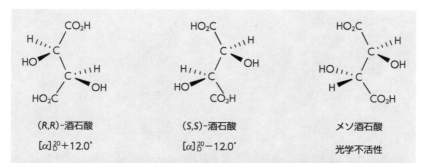

(R,R)-酒石酸　　　　　(S,S)-酒石酸　　　　　　メソ酒石酸

$[\alpha]_D^{20}+12.0°$　　　　$[\alpha]_D^{20}-12.0°$　　　　　光学不活性

図6.9　酒石酸の立体異性体．(R,R)-酒石酸と (S,S)-酒石酸は鏡像異性体である．それらとジアステレオマーの関係にあるメソ酒石酸は，鏡像がそれ自身と重なり合う，すなわち同一の構造となるためアキラルであり，光学不活性となる．

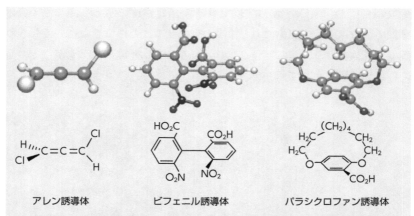

アレン誘導体　　　　ビフェニル誘導体　　　パラシクロファン誘導体

図 6.10　不斉中心をもたないキラルな分子の構造式と分子モデル．アレン誘導体とビフェ
　　　　ニル誘導体は軸性キラリティー，パラシクロファン誘導体は面性キラリティーに
　　　　分類される．ビフェニル誘導体では2個のベンゼン環を結ぶ単結合の回転が，また，
　　　　パラシクロファン誘導体ではメチレン鎖－$(CH_2)_8$－が縄跳びのようにベンゼン環
　　　　を飛び越える運動が束縛されていることにより，それぞれキラルな分子となる．

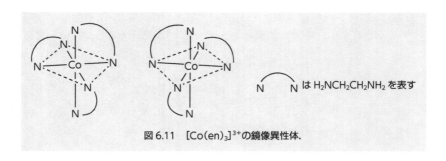

図 6.11　[Co(en)$_3$]$^{3+}$の鏡像異性体．

　ようなキラリティーを面性キラリティーという．軸性，および面性キラリ
ティーに対して，これまで述べてきたような不斉中心をもつことによるキ
ラリティーは，中心性キラリティーとよばれる．

　金属錯体の鏡像異性体　金属錯体も配位子の種類と配位様式によって分
子構造がキラルになる場合があり，その場合には鏡像異性体が存在する．
代表的なものとして，配位できる原子を2個もつ配位子（二座配位子と
いう）が3分子，金属に配位した正八面体型錯体がある．図6.11に二座
配位子としてエチレンジアミン $HN_2CH_2CH_2NH_2$（en と略記する）をも

つコバルト錯体 $[\mathrm{Co(en)}_3]^{3+}$ における鏡像異性体を示す．図に示した2種類の構造は鏡像の関係にあり，重ね合わせることができない．これらの鏡像異性体も，一方は右旋性を示し，もう一方は左旋性を示すが，その他の物理的性質はすべて同一である．

コラム 6.1　サリドマイドと異性体

　サリドマイドは1957年にドイツのグリュネンタール社が開発した催眠・鎮痛剤で，「安全無害な」睡眠薬として世界で販売された．しかし1961年に，妊娠初期にサリドマイドを用いた妊婦から四肢の全部あるいは一部が短いなどの新生児が生まれることが報告され，催奇性をもつことが判明した．日本においては，諸外国が回収を開始した後も販売が続けられ，販売停止が約半年遅れた間に300人を超える被害児のうちの半数が出生したと推定されている．対照的に米国では，安全性に疑問がもたれ認可されなかったため，治験段階で少数の被害者が出ただけであった．図にサリドマイドの鏡像異性体を示す．1979年には，サリドマイドの (R) 体が催眠・鎮痛作用だけを示すのに対し，(S) 体が深刻な催奇性を引き起こすことが報告された．しかしその後のマウスを用いた研究では，生体内で比較的速やかに，(R) 体から (S) 体に変換することがわかっている．

サリドマイドの鏡像異性体

(S)体（催奇性）　　　　　　　(R)体（催眠・鎮痛作用）

図　サリドマイドの分子構造と鏡像異性体

6.3.2　シス-トランス異性体

　炭素-炭素二重結合は，sp^2 混成炭素原子間の結合によって形成され，2個の炭素原子とそれに結合した原子は同一平面上にある．二重結合の回転は π 結合の切断を伴うため，ひじょうに大きなエネルギーが必要であり，一般に室温では進行しない．したがって，XYC＝CXY（XとYは異なる原子，あるいは原子団）のように，二重結合を構成する炭素原子が異なる

2種類の置換基をもつ場合には，それらの配列が異なる異性体が生じることになる．このように，二重結合の周りの回転が束縛されていることにより生じる立体異性体を，シス-トランス異性体，あるいは幾何異性体という．シス-トランス異性体は，炭素-炭素二重結合に限らず $C=N$ や $N=N$ をもつ化合物にもみられる．シス-トランス異性体の例として，ジクロロエチレン $ClCH=CHCl$ の異性体の構造式を以下に示す．2個の塩素原子が二重結合に対して同じ側にある異性体をシス（*cis*）異性体，反対側にある異性体をトランス（*trans*）異性体とよぶ．

cis-ジクロロエチレン　　　　　*trans*-ジクロロエチレン

　一般に，シス異性体とトランス異性体では置換基の相対的な配置の違いにより，物理的性質がかなり異なる場合がある．表6.3にジクロロエチレンのシス-トランス異性体の物理的性質を示した．炭素-塩素結合は，結合を形成する原子の電気陰性度の違いにより，炭素原子を正，塩素原子を負とする極性をもつ．ところが，トランス異性体では，2個の炭素-塩素結合が完全に反対の方向を向いているので結合の極性が相殺され，分子は双極子モーメントをもたない．一方，シス異性体では，結合の極性が相殺されないので分子には正味の双極子モーメントが生じる．これにより，シス異性体とトランス異性体ではそれぞれの分子間に働く相互作用の大きさに差が生じ，これは異性体の沸点の違いに反映されている．

表6.3　ジクロロエチレンのシス-トランス異性体の物理的性質

	cis-ジクロロエチレン	*trans*-ジクロロエチレン
沸点℃	60.3	47.5
融点℃	−80.5	−50.0
屈折率 n_D^{20}	1.4486	1.4454
双極子モーメントD*	1.89	0

*デバイと読む．双極子モーメントの単位で，1 D＝3.33564×10^{-30} C m.

シス-トランス異性の表記法　すでに述べたように，$XYC=CXY$（X と Y は異なる置換基）の構造をもつシス-トランス異性体は，二重結合に対する置換基 X，あるいは Y の相対的な位置によって，シス異性体，トランス異性体と表記される．この表記法は便利ではあるが，たとえば，$XYC=CX'Y'$（X, X', Y, Y' はすべて異なる置換基）の構造をもつ化合物のシス-トランス異性体を表記することはできない．このため，より一般的な表記法として *E, Z* 命名法が用いられている．この命名法によると $XYC=CX'Y'$ のシス-トランス異性体は，次のように表記される．

段階1：先に述べた「順位則」に従って，それぞれの炭素原子に結合した 2種類の置換基 X と Y，および X' と Y' の優先順位をつける．

段階2：それぞれの炭素原子に結合した優先順位の高い置換基が，二重結合の反対側に位置するものを *E*-異性体，同じ側に位置するものを *Z*-異性体と表記する．なお，*E, Z* はそれぞれ，ドイツ語の entgegen（反対の），zusammen（一緒に）に由来している．

たとえば，1-ブロモ-1-クロロプロペン $ClBrC=CHCH_3$ では，それぞれの炭素原子に結合した置換基のうち，優先順位の高いものは Br と CH_3 であるから，そのシス-トランス異性体は次のように表記される．

E-異性体　　　　　　　　　　*Z*-異性体

シス-トランス異性化反応　すでに述べたように炭素-炭素二重結合の回転には大きなエネルギーを必要とするので，一般に，室温ではシス-トランス異性化，すなわちシス異性体とトランス異性体の間の相互変換は起こらない．しかし，二重結合をもつ化合物に光を吸収させて励起状態にすると，シス-トランス異性化は容易に進行する．これは，炭素-炭素二重結合をもつ分子が光を吸収すると，π 結合を形成していた電子が反結合性の π^* 軌道に励起され，π 結合が開裂するためである．結合が開裂した励起状態では，それぞれの炭素原子が形成する平面が互いに 90° ねじれた構造が安定であり，エネルギーを放出してもとの平面構造に戻るときに，異性化反応が進行することになる（図 6.12）．

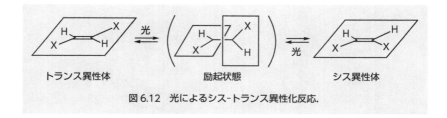

図 6.12　光によるシス-トランス異性化反応.

　たとえば，室温において，スチルベン $(C_6H_5)CH=CH(C_6H_5)$ のトランス異性体に，この分子が吸収する 313 nm の光を照射すると，シス異性体への異性化反応が進行する．異性化の進行に伴ってシス異性体が増加すると，シス異性体も光を吸収し，シス異性体からトランス異性体への異性化も起こるようになる．このため，両方向の異性化反応の速度が等しくなったところで，シス異性体とトランス異性体の比率は変化しなくなる．このような状態を，光定常状態とよんでいる．

　シス-トランス異性化反応によって分子の構造が大きく変化する場合には，それに伴って物理的性質もかなり変化する．したがって，光によりシス-トランス異性化反応が進行することは，光を情報として，分子の構造や物理的性質を可逆的に制御できることを意味している．実は，私たちの視覚をはじめ，生物が光を感知するしくみも，生物がもっている物質の光によるシス-トランス異性化反応が利用されている．

　脂環式化合物のシス-トランス異性体　炭素原子が環状に結合した構造をもつ環式化合物のうち，芳香族化合物を除くものを脂環式化合物という．脂環式化合物の環を構成する 2 個の sp^3 炭素原子に，異なる 2 種類の置換基が結合している場合，環に対するそれらの相対的な配列が異なる立体異性体が生じる．このような立体異性体もシス-トランス異性体といい，注目している置換基が，環に対して同じ側にある異性体をシス異性体，反対側にある異性体をトランス異性体とよんでいる．

　脂環式化合物のシス-トランス異性体の例として，1,2-シクロペンタンジオールの構造式を以下に示す（シクロペンタン環は CH_2 を省略して五角形で表記してある）．

cis-1,2-シクロペンタンジオール
沸点：88℃（2 mmHg）
融点：30℃

trans-1,2-シクロペンタンジオール
沸点：93℃（2 mmHg）
融点：50℃

　実際には，シクロペンタン環は平面構造ではないが，環がどのように構造変化しても，シス異性体とトランス異性体が相互に変換することはないので，2 個のヒドロキシ基 OH の環に対する相対的な位置関係を議論する際には，環を平面構造と考えて差し支えない．なお，1,2-シクロペンタンジオールは 2 個の不斉炭素原子をもつが，シス異性体では，分子内に対称面が生じてメソ化合物となるため，鏡像異性体は存在しない．一方，トランス異性体はキラルな化合物であり，2 種類の鏡像異性体が存在する．

　金属錯体のシス‒トランス異性体　金属錯体におけるシス‒トランス異性体の代表的なものとして，M X$_2$ Y$_2$ 型の正方平面形錯体，および M X$_2$ Y$_4$ 型の八面体型錯体などがある（M は金属原子，X と Y は異なる配位子）．それぞれの例として，図 6.13 に Pt Cl$_2$ (NH$_3$)$_2$ と ［CoCl$_2$ (NH$_3$)$_4$］$^+$ の構造を示す．

　なお，cis-［Pt Cl$_2$ (NH$_3$)$_2$］はシスプラチンとよばれ，抗がん剤として用いられている．シスプラチンは，2 個の塩素原子が，DNA の核酸塩基に含まれる窒素原子と置換反応を起こすことにより DNA と結合する．これによって，DNA に架橋が形成され，DNA の複製が阻害されるため，がん細胞の増殖が抑制される．興味深いことに，トランス異性体は抗がん

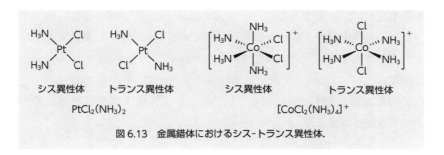

図 6.13　金属錯体におけるシス‒トランス異性体．

作用を示さない.

6.3.3　配座異性体

　前節で述べたように,炭素-炭素二重結合の回転には π 結合の開裂が伴い,大きなエネルギーが必要である.したがって,一般に,室温において二重結合の回転は束縛されている.これに対して,sp^3 炭素原子間に形成される単結合は σ 結合であり,結合軸の周りに円筒形の対称性をもっている.このため,単結合の回転には,二重結合のような大きなエネルギーを必要としない.

　エタン CH_3-CH_3 を例として,単結合の回転に伴う分子構造とエネルギーの変化を考えてみよう.エタンの $C-C$ 結合の回転に伴って,2 個のメチル基 CH_3 の水素原子の相対的な位置関係が変化する.このような単結合の回転によって生じる原子,あるいは原子団の異なった空間的配列を,立体配座,あるいはコンホメーションという.さまざまな立体配座のうちで,最も安定な立体配座は水素原子が互いに最も離れた構造であり,ねじれ形配座とよばれる.一方,水素原子が互いに最も接近した構造が最も不安定と考えられており,この立体配座を重なり形配座という.図 6.14 に示すように,エタンの単結合の回転に伴って,重なり形配座とねじれ形配座が交互に現れることがわかる.したがって,単結合の回転に必要なエネルギーは,ねじれ形配座と重なり形配座のエネルギー差となり,これは約 $12\ kJ\ mol^{-1}$ であることが知られている.このエネルギーは室温における分子の衝突によって十分に供給されるエネルギーであり,「室温においてエタンの単結合は,自由回転している」と表現される.

　エタン以外の分子においても sp^3 炭素原子間に形成される単結合ではねじれ形配座が安定であり,その配座が,単結合の回転のエネルギー極小値を与える構造となる.さて,エタンの炭素原子のそれぞれに結合した 3 個の水素原子のうち,1 個を水素以外の原子,または原子団 X と置き換えた分子 CH_2X-CH_2X を考えよう.この分子では,構造の異なる 3 種類のねじれ形配座が存在する.例として,以下に,ブタン（X$=CH_3$）の 3 種類のねじれ形配座をニューマン投影図で示す.

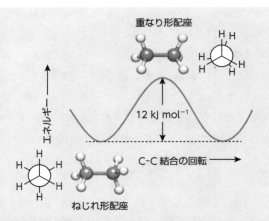

図 6.14　エタンの炭素-炭素単結合の回転に伴うエネルギーの変化と，ねじれ形配座，および重なり形配座の分子モデル．分子モデルに隣接した図は，炭素原子に結合している水素原子を結合軸に沿って投影した図でニューマン投影図とよばれる．結合の向こう側にある炭素原子を円で，手前側の炭素原子を円の中心の点で表す．

　　　Ⅰ　　　　　　　　　Ⅱ　　　　　　　　　Ⅲ

　これらは，単結合の回転に基づく置換基の空間的配置の違い，すなわち立体配座の違いによる立体異性体である．このような立体異性体を，配座異性体という．とくに，ブタンの場合のように，1つの結合軸の周りの回転に由来する配座異性体は，回転異性体ともよばれる．また，上記のブタンのⅠおよびⅢの構造のように，ニューマン投影図において注目する置換基（ブタンの場合はメチル基）のなす角が 60° となるねじれ形配座をゴーシュ配座，Ⅱの構造のように 180° となるねじれ形配座をアンチ配座，あるいはトランス配座とよぶ．

　ブタンの単結合の回転に必要なエネルギーもエタンの場合と同程度である．したがって，室温においてブタンは，これら 3 種類の配座異性体の

間を速やかに相互変換する平衡混合物として存在している．なお，2種類のゴーシュ配座 I と III は鏡像の関係にあり，互いに重なり合わないことから鏡像異性体でもある．

脂環式化合物の配座異性体　脂環式化合物の環を構成する炭素–炭素単結合は，環構造に縛られているために，それぞれの単結合が自由に回転することはできない．しかし，いくつかの単結合が共同して回転することによって，さまざまな立体配座をとることができる．

6個の sp^3 混成炭素原子が環状に配列したシクロヘキサン C_6H_{12} では，図 6.15 に示したいす形配座とよばれる立体配座が，他の立体配座と比較して著しく安定であることが知られている．これは，この構造では，すべての炭素原子が sp^3 炭素原子において最も安定な正四面体構造をとり，また，すべての炭素–炭素単結合がねじれ形配座をとっているためである．この構造では 12 個の水素原子は，ほぼ炭素骨格が形成する面内にあるエクアトリアル水素と，その面の上下に位置するアキシアル水素の 2 種類に分類される．さて，いす形配座のシクロヘキサンでは，6 個の炭素–炭素単結合の回転が協同して起こることによって，舟形配座などのエネルギーの高い配座を経由して，もう 1 つのいす形配座への変換が起こる．このような環式化合物における立体配座の変換を，環の反転という．環の反

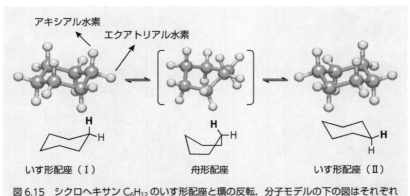

図 6.15　シクロヘキサン C_6H_{12} のいす形配座と環の反転．分子モデルの下の図はそれぞれの簡略化した構造式．反転によって，いす形配座（I）は，エネルギー極大に位置する舟形配座を経由して，もう 1 つのいす形配座（II）に変換される．その際，I のアキシアル水素（太字で示してある）は，II ではエクアトリアル水素になる．

転に必要なエネルギーは $45\,\text{kJ}\,\text{mol}^{-1}$ 程度であり，エタンの C−C 結合の回転と比較してかなり大きいものの，室温で十分に供給されるエネルギーである．図 6.15 に示すように，環の反転により，アキシアル水素とエクアトリアル水素が相互に変換される．

シクロヘキサンの水素原子の 1 個を水素以外の原子，あるいは原子団 X で置き換えたシクロヘキサン誘導体 $C_6H_{11}X$ では，置換基 X がアキシアル位置にあるものと，エクアトリアル位置にあるものの 2 種類の立体異性体が存在することになる．これらは，環の反転，すなわち炭素−炭素単結合の回転によって相互に変換されるため，配座異性体の一種である．環の反転に由来する配座異性体を，とくに，反転異性体とよぶ．例として，図 6.16 にメチルシクロヘキサン（X＝CH_3）の 2 種類の配座異性体を示す．メチル基がエクアトリアル位置にある立体配座 (I) をエクアトリアル配座，アキシアル位置にある立体配座 (II) をアキシアル配座という．これらの相互変換，すなわち環の反転に必要なエネルギーはシクロヘキサンと同程度である．したがって，室温では，それぞれの配座異性体を安定な化合物として単離することはできず，メチルシクロヘキサンは，速やかに相互変換する 2 種類の配座異性体 I と II の平衡混合物として存在している．平衡における配座異性体の存在比は，互変異性の場合と同様，異性体の熱力学的安定性，より正確には，異性化に伴うギブズエネルギー変化の値と温度によって決定される．メチルシクロヘキサンでは，エクアトリアル配座 I の方がアキシアル配座 II よりも $7.1\,\text{kJ}\,\text{mol}^{-1}$ 安定であり，室温における I と II の存在比は 95：5 程度となる．I と II の安定性の差は，II のアキシアル位置にあるメチル基と水素原子が近接しているために立体的な反発相互

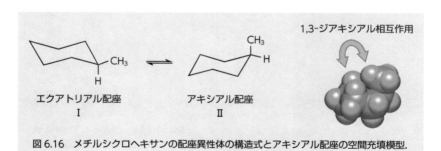

図6.16　メチルシクロヘキサンの配座異性体の構造式とアキシアル配座の空間充填模型.

作用が生じ，Ⅱが不安定になることに由来している．この立体的な反発相互作用を，1,3-ジアキシアル相互作用という（図6.16）．

6.4　生命科学と異性体

　生命現象は神秘的である．そこには精緻で巧妙な仕組みがある．しかしこのような生命現象を，システム化された，ごく自然な物理現象あるいは化学反応として捉える自然科学の潮流は日増しに勢いを増しており，生命現象が自然科学の視点から完全に理解される日もくるかもしれない．物性化学の守備範囲にも生命現象は入りつつあるが，ここでは多彩な生命現象の中から視覚の科学を取り上げ，物性化学との接点を説明する．

6.4.1　レチナールのシス-トランス光異性化

　人間の目が検知できる光である可視光は，約400〜700 nmの波長をもつ．いま，実際に人が光を感じる状況を考えてみよう．この場合，ある特定の波長の光のみを含む単色光がわれわれの目に飛び込んでくることはまれで，太陽や蛍光灯を光源とする白色光が物質に当たり，特定の波長の光がその物質によって吸収され，その結果として減色された光が目に飛び込むことのほうがむしろ日常であろう．このような場合，われわれは吸収された光の補色を感じる．可視領域における物質の光吸収は，その内部の電子状態変化に由来することがほとんどで，その多くの場合，分子軌道でいうとHOMOからLUMOへの電子遷移に起因する．人間の目は地上に存在するさまざまな物質のHOMO-LUMOギャップを，色の違いとして識別できるように進化してきたといえるかもしれない．

　目が光を感じる機構はどのようなものであろうか．瞳孔から進入した光は水晶体とガラス体を透過し，光の受光部である網膜に到達する．網膜中には光を感知する視細胞が含まれているが，脊椎動物の視細胞には桿体と錐体の2種類がある．桿体は明暗の識別をつかさどり，中心部を除いた網膜全体に分布している．錐体には赤，緑，青に感応する3種類があり，網膜の中心部に多く集まっている．これらの細胞中で，光に直接応答するのが視物質で，11-*cis*-レチナール（図6.17）とオプシンタンパク質がプロトン化シッフ塩基（シッフ塩基 RCH＝NR の N 上に H⁺が結合したもの）

191

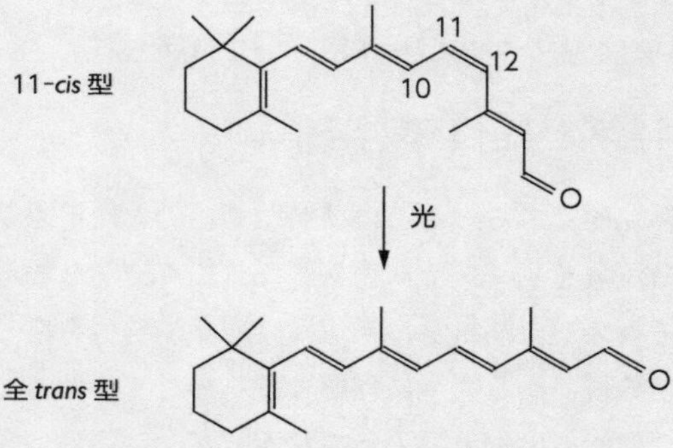

図 6.17　レチナールの 11-*cis*-全 *trans* 光異性化.

結合したものである．オプシンは，桿体と 3 つの錐体によって異なり，4
種類あるが，レチナールは共通である．桿体の視物質はとくにロドプシン
とよばれている．レチナールは，ビタミン A が酸化された構造の π 共役
ポリエンである（図 6.17）．二重結合の周りのシス−トランス異性により，
理論的には 16 個の幾何異性体が考えられるが，光照射前は 11 位のみが
cis 配座をとり，曲がった構造をしている．視物質に強い光が当たると，
光吸収とともにレチナールの *cis* 配座部位がシス−トランス光異性化を起
こし，全 *trans* 配座の分子形状となる（図 6.17）．これが，後に続く視覚
情報伝達系を駆動する．視細胞が光を認識して最初にその情報を受け渡す
相手は，G タンパク質とよばれている．このタンパク質は，この情報を
10 万倍にも増幅しながら，Na$^+$ イオンのイオンチャンネルの開閉，つま
り興奮（電位発生）という形で視神経線維へと情報を伝える．そしてこれ
が最終的には脳で処理される．また，全 *trans* レチナールは酵素の働きに
よってもとの 11-*cis* 型に戻り，次の光刺激に備える．

　レチナールでみられた二重結合周りのシス−トランス光異性化は，スチ
ルベンなどの π 共役分子に特徴的な反応である．基底状態では結合性軌
道である HOMO に 2 電子収容されるため，π 結合の結合次数は 1 である．
σ 結合と合わせて二重結合が形成され，基底状態で分子がねじ曲がること
はない．ところが光吸収によって励起状態に上がると，反結合的な
LUMO に 1 電子移るため，π 結合の結合次数は 0 となる．このとき σ 結

　　　　　　　　　　第 6 章　分子の異性体

合は維持されるが，結合の軸の周りには回転できる．このため，励起状態ではπ電子が互いに避けあうように曲がった構造が安定となり，基底状態に緩和するとき，シス-トランス異性化が生じる．

　二重結合周りのシス-トランス異性化のみを理解するのであれば，現在の物性化学でも十分可能である．しかし，実際に視物質中で生じているレチナールの挙動の理解は，そうたやすいものではない．表6.4は，ロドプシンと11-cis-レチナール・シッフ塩基の光学特性を示している．つまり，レチナール・シッフ塩基が単独で溶液に溶けている場合と，オプシンと結合して生体内に存在する場合の光学特性を比較したものである．ロドプシンの吸収極大波長はシッフ塩基のものに比べて可視部の中心に近く，また吸収の強さを表す分子吸光係数は2倍近い．レチナールはオプシンと結合することによって，可視光を幅広く，また強く吸収することができる．また，表中の量子収率とは，1光子あたりの異性化反応が生じる確率を表すものだが，ロドプシンの値は遊離分子の100倍にも達している．さらに，レチナール・シッフ塩基の溶液中での異性化速度は，たかだかマイクロ秒程度とされているのに対して，ロドプシンの速度はピコ秒以内で，実に10万倍も速い．そればかりか，ロドプシンはひじょうに高い熱安定性をもっている．11-cis-レチナール単体は室温で不安定で，容易に全trans体などへの異性化を起こしてしまう．もし熱的な異性化が生体内で起これば，これは光情報と誤認されてしまい著しく不都合である．ところが，ロドプシンにおける11-cis体はひじょうに安定で，3000年に1回の割合でしか熱的に異性化しないという報告もある．このように，ロドプシン中のレチナールは，オプシンタンパク質の助けを借りてひじょうに高い光感受性，超高速の反応速度，さらに超低レベルの熱雑音をもっている．レチ

表6.4　ロドプシンとプロトン化レチナール・シッフ塩基の光学特性

	ロドプシン	プロトン化レチナール・シッフ塩基
吸収極大波長（nm）	500	440
分子吸光係数 ε（$mol^{-1}\,cm^{-1}$）	4.1×10^3	2.6×10^3
量子収率	0.67	0.001
異性化速度（s）	$<10^{-12}$	10^{-6}

ナールの機能性を最大限に引きだすオプシン，これは生命の神秘といってしまえば簡単であるが，この協奏効果の理解が今世紀の生命物性化学の重要な課題であろう．

コラム 6.2　生体物質における異性体の存在比の偏りと生命の起源

　生物におけるタンパク質は 20 種類のアミノ酸を要素として構成されている．生物の起源を考えるにあたっては，アミノ酸の種類のみならず，鏡像異性体にも注目する必要がある．グリシン以外のアミノ酸には L-体と D-体の鏡像異性体が存在する．L-体と D-体の一般的な化学的性質は同じであるが，生物の体内で重合したり，互いに相互作用する場合には異なる挙動を示す．自然に生成したアミノ酸は L-体と D-体の等量混合物であるが，不思議なことに，地球上の動植物のタンパク質はほとんど L-体のアミノ酸のみから構成されている．このことは，生物が誕生するときにアミノ酸が 20 種に，しかも L-体のアミノ酸に絞り込まれたことを意味している．ところで，香りや味覚の受容タンパク質も L-体のアミノ酸で構成されているため，L-体と D-体の分子では，まったく異なる香りや味覚を与えることがある．図にアミノ酸の一種であるグルタミン酸の鏡像異性体を示す．L-グルタミン酸は昆布のうま味成分であるが，D-グルタミン酸は苦い味である．

図　グルタミン酸の分子構造と鏡像異性体

練 習 問 題

問 1　次の記述に該当するすべての異性体の構造式を記せ．

　　　①分子式 C_2H_4O をもつ構造異性体

　　　②フェネチルアルコール $C_6H_5CH_2CH_2OH$ の芳香環をもつ官能基

異性体

③$[CrCl_2(en)_2]^+$の正八面体構造をもつ幾何異性体（ただし，en $=H_2NCH_2CH_2NH_2$）

問2 天然に存在するアミノ酸の一種である（＋）-アラニン（**1**）は不斉炭素原子をもつので，鏡像異性体が存在する．以下の問に答えよ．

1

　① （＋）が表すこの化合物の物理的性質を説明せよ．

　② **1**の立体配座を *R/S* 表示法で表せ．

　③純粋な **1** の比旋光度 $[\alpha]_D^{25}$ は＋8.5°であった．ある化石から単離されたアラニンの比旋光度を測定したところ，＋1.7°であった．この化石中のアラニンに含まれる **1** の比率は何％か．

問3 1,3-ジメチルシクロヘキサン（**2**）には2種類の幾何異性体（*cis* 体，および *trans* 体）が存在する．以下の問に答えよ．

　①一方の幾何異性体は2種類の鏡像異性体の混合物であることがわかった．どちらの幾何異性体か．理由とともに答えよ．

　②それぞれの幾何異性体はいす形配座をもち，そのシクロヘキサン環は室温では速やかに反転している．一方の幾何異性体では反転で生じる配座異性体の平衡比が著しく一方に偏り，ほとんど単一の配座異性体として存在することがわかった．どちらの幾何異性体か．理由とともに答えよ．

第7章 化学結合と結晶構造

原子や分子が集合して固体をつくる場合，原子や分子が規則的に整列した結晶とガラスのような非晶質とがある．結晶の4つの重要な形式は，分子間力で凝集した分子結晶，金属結合で凝集した金属結合結晶，共有結合で凝集した共有結合結晶，イオン間の静電引力で凝集したイオン結晶である．ここでは，分子結晶以外の結晶の構造とその結合性について学ぶ．

7.1 単位格子と晶系

結晶では，原子や分子は三次元的に規則性をもって配列している．その配列が無限に拡がっていると考えると，その配列中では空間的に等価な点が存在する．そのような点を格子点といい，格子点どうしを結んだものを格子という．結晶を記述するためには，格子点どうしを結ぶ3つのベクトルの組を考えればよい．一般には，その3つのベクトルによってできる平行六面体の体積が最小になるようなベクトル a, b, c の組が選ばれる．この平行六面体は結晶の周期の最小単位であり，単位胞（unit cell）または単位格子（unit lattice）とよぶ．ベクトル a，b，c を基本並進ベクト

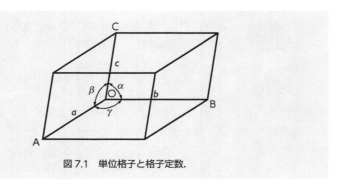

図 7.1　単位格子と格子定数.

表7.1 単位格子の分類

結晶系	各軸の長さ	角の大きさ
立方晶系（cubic）	$a=b=c$	$\alpha=\beta=\gamma=90°$
正方晶系（tetragonal）	$a=b\neq c$	$\alpha=\beta=\gamma=90°$
斜方晶系（orthorhombic）	$a\neq b\neq c$	$\alpha=\beta=\gamma=90°$
六方晶系（hexagonal）	$a=b\neq c$	$\alpha=\beta=90°$，$\gamma=120°$
三方晶系（trigonal）	$a=b=c$	$\alpha=\beta=\gamma\neq90°$（＜120°）
単斜晶系（monoclinic）	$a\neq b\neq c$	$\alpha=\gamma=90°$，$\beta\neq90°$
三斜晶系（triclinic）	$a\neq b\neq c$	$\alpha\neq\beta\neq\gamma\neq90°$

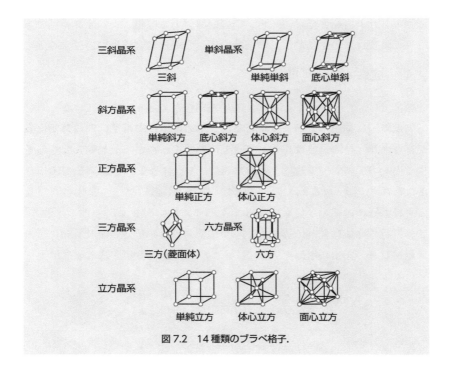

図7.2 14種類のブラベ格子.

ルといい，次式で表されるベクトルの平行移動（並進操作とよぶ）によって結晶のすべての格子点を表すことができる.

$$r = n_1 \boldsymbol{a} + n_2 \boldsymbol{b} + n_3 \boldsymbol{c} \quad (n_1, n_2, n_3 \text{ は整数}) \quad (7.1)$$

　図7.1に示したように，単位格子の平行六面体は，3つのベクトルの長

さ a, b, c とそれらのなす角 α, β, γ によって決まる．これら a, b, c, α, β, γ を格子定数 (lattice constant) とよぶ．単位格子は，表 7.1 に示すように 7 つの晶系に分類される．

　単位格子の形は，その格子点の配列の対称性から，14 種類に限られるが，これを発見者にちなんでブラベ (Bravais) 格子という (図 7.2)．ブラベ格子は，三次元空間を無限に埋め尽くすことができる繰り返し構造の単位として，ブラベ (A. Bravais) が数学的に導いた (1848 年)．空間格子ともよばれる．それから約 40 年後，この空間格子を使って三次元空間を埋め尽くすことのできる繰り返しパターン (空間群) が 230 種類であることが，フェドロフ (E.S. Fedorov, 1890 年)，シェーンフリース (A.M. Schoenflies, 1891 年)，バーロー (W. Barlow, 1894 年) によって数学的に証明された．ブラベ格子と空間群は，結晶構造の決定に不可欠の概念である．

7.2　金属結合結晶

　金属は，多くの原子による非局在化した電子 (自由電子) の共有で特徴づけられる．自由電子は，特定の原子に束縛された価電子とは異なり，多くの原子にまたがって共有されるために，金属イオンの格子間を自由に動きまわれるところからこのようによばれている．

　一般に，金属結晶は結合性軌道の数に比べて電子の数が足りない元素でつくられている．金属結晶の結合エネルギーは，原子対の間に局在化した電子対によってではなく，多くの原子が自由電子を共有することによって得られる．ここではリチウム (Li) 金属を例にとり，金属結合の特徴を分子軌道論の立場から理解してみよう．

7.2.1　金属結合

　Li 原子は $1s^2 2s^1$ の電子配置をとるが，1s 軌道にある 2 個の電子は原子核に強く引きつけられている．したがって，Li 原子は，$1s^2$ の閉殻電子配置をもつ Li^+ イオンと，原子核から強く束縛されていない 2s 軌道にある 1 個の価電子との組み合わせとみなすことができ，Li 原子の集合体であるリチウム金属では 2s 軌道の電子が金属結合の原因になっている．ここで

は，分子軌道の立場から金属結合を理解するため，Li 原子を環状に並べ，2s 軌道の電子を媒介とした結合エネルギーについて考えてみよう．

　図 7.3 は，Li 原子を環状に並べ，2s 軌道でつくられる分子軌道の変化を示したものである．Li_2 分子において，2s 軌道でつくられる分子軌道は，第 3 章の等核 2 原子分子の化学結合のところで学んだように，結合性軌道と反結合性軌道の 2 つの軌道であり，そのエネルギーはそれぞれ $\alpha + \beta$ および $\alpha - \beta$ である．ここで α および β は，それぞれクーロン積分および共鳴積分である（第 3，4 章参照）．したがって，結合性軌道と反結合性軌道のエネルギー間隔は $2|\beta|$ である．

　Li 原子を環状に並べた場合，2s 軌道でつくられる分子軌道のエネルギー準位の様子は，環状ポリエンの π 軌道のエネルギー準位と同じである（第 4 章参照）．図 7.3 に示すように，偶数個の Li 原子からなる環状の集合体において，最低準位の結合性軌道および最高準位の反結合性軌道のエネルギーは，それぞれ $\alpha + 2\beta$ および $\alpha - 2\beta$ であり，そのエネルギー差は $4|\beta|$ である．残りの $n - 2$ 個の分子軌道は $4|\beta|$ のエネルギー間隔の間に詰まっている．奇数個の Li 原子からなる環状の集合体においては，最低準位（$\alpha + 2\beta$）の結合性軌道以外は，二重に縮重しており，最高準位の

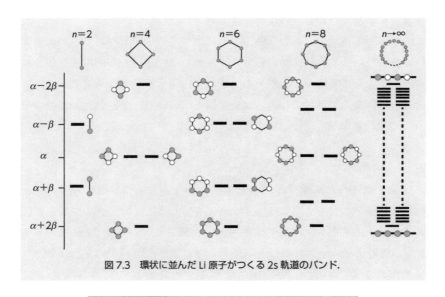

図7.3　環状に並んだ Li 原子がつくる 2s 軌道のバンド．

反結合性軌道のエネルギーは $\alpha - 2\beta$ より低いが，n の増大とともに $\alpha - 2\beta$ に近づく．n がアボガドロ定数に達する程度になると，結合性軌道と反結合性軌道の間にはほぼ連続した準位が詰まっており，この連続したエネルギー準位の集合をエネルギーバンドとよぶ．電子は1個の軌道にスピンを反平行にして2個入ることから，Li 原子の 2s 軌道でつくられたバンドの下半分に相当する結合性軌道がすべて電子対で占有され，上半分の反結合性軌道は空軌道となる．このようにして，環状の Li 集合体の全原子が安定に結合することになる．

　ところで，Li 原子を二次元的に配列した場合や三次元的に配列した場合，2s 軌道でつくられるエネルギーバンドはどうなっているか考えてみよう．原子の集合体において，最近接原子数（配位数）を Z とするとエネルギーバンド幅は $2Z|\beta|$ となる．表 7.2 に金属結晶の次元性とエネルギーバンド幅の関係を示す．電子により占有されたバンド内の最高エネルギー準位をフェルミ準位，そのエネルギーをフェルミエネルギーとよぶ．

表 7.2　金属結合の次元性とバンド幅

結晶の次元性	一次元	二次元 （正方格子）	三次元 （単純立方格子）
最近接原子数 Z	2	4	6
バンド幅	$4|\beta|$	$8|\beta|$	$12|\beta|$

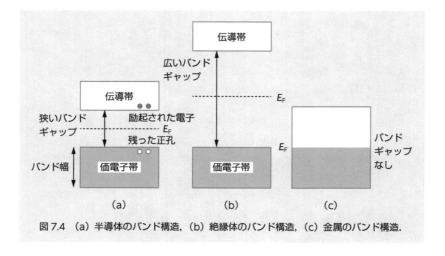

図 7.4　(a) 半導体のバンド構造，(b) 絶縁体のバンド構造，(c) 金属のバンド構造．

図 7.4 に示すように，物質の電気的性質は，エネルギーバンドの構造と
電子の詰まり方によって理解することができる．エネルギーバンドは，電
子が完全に詰まったエネルギーの低いバンド（価電子帯）と，エネルギー
が高く電子が完全には詰まっていないバンド（伝導帯）からなっている．
これらのバンドの間は電子の準位が存在しない領域で，禁制帯とよばれ，
そのエネルギー幅をバンドギャップとよぶ．金属のように，伝導帯の一部
に電子が存在する場合，空いたエネルギー準位がすぐ上に連続的に存在す
るので，電子（伝導電子）は容易に電場方向に加速され，高い電気伝導性
が現れる．

　価電子帯に電子が完全に詰まり，伝導帯に電子が存在しない場合を考え
てみる．バンドギャップ E_g が熱エネルギー k_BT よりはるかに大きい場合
（図 7.4（b）），伝導帯には電子がまったく存在しないため，電場によって
電流が流れることはなく，絶縁体となる．しかし，バンドギャップが小さ
くて，価電子帯の電子が熱エネルギーによって伝導帯に励起される場合（図
7.4（a））には，熱励起によって伝導帯に上げられた電子が伝導電子とな
り電気伝導性が現れる．また，価電子帯の上部には空き（正孔）ができ，
これも電気伝導性に寄与する．このようなバンド構造をもつ物質を半導体
とよぶ．

コラム 7.1　金属錯体の水溶液から金属結合結晶をつくる

　白金錯体 $K_2[Pt(CN)_4]\cdot 3H_2O$ は無色透明の絶縁体である．この結晶を水に溶
かし臭素を徐々に加えた後，氷冷すると赤銅色をした針状結晶が析出する．こ
の金属光沢をした針状結晶は電気をよく通し，金属としてふるまう．この結晶
は $K_2[Pt(CN)_4]Br_{0.3}\cdot 3H_2O$ で，白金の価数は 2＋から 2.3＋に変化している．結
晶構造は図に示すように，平面 4 配位錯体 $[Pt(CN)_4]$ が積み重なって一次元
鎖を形成しており，Pt イオン間距離が最密充てん構造の単体 Pt の原子間距離
（0.277 nm）に匹敵するほど短くなっている．$K_2[Pt(CN)_4]\cdot 3H_2O$ では Pt の価
数は 2＋であり，8 個の 5d 電子が 5d 軌道に詰まっている．この場合，最もエ
ネルギーの高い充満帯は $5d_{z^2}$ 軌道によるバンドであり，完全に詰まっているの
で絶縁体である．ところが，$K_2[Pt(CN)_4]Br_{0.3}\cdot 3H_2O$ では，Pt の価数は 2.3＋
であり，$5d_{z^2}$ 軌道によるバンドの上部に空きができている．したがって，$5d_{z^2}$
軌道によるバンドは上部に空きのある伝導帯となり，$K_2[Pt(CN)_4]Br_{0.3}\cdot 3H_2O$

は金属としてふるまうようになる．ところで，$5d_{z^2}$ 軌道によるバンドの上部は反結合性軌道の特徴があり，この部分から電子が抜けると金属結合が強くなり，Pt 原子間距離が短くなるのである．実際，$K_2[Pt(CN)_4]\cdot3H_2O$ における Pt 原子間距離は 0.335 nm であるが，$K_2[Pt(CN)_4]Br_{0.3}\cdot3H_2O$ における Pt 原子間距離は 0.288 nm に減少している．

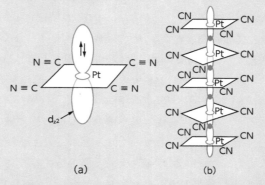

(a)   (b)

図 1 （a）$[Pt^{II}(CN)_4]^{2-}$ の $5d_{z^2}$ 軌道，（b）$K_2[Pt(CN)_4]Br_{0.3}\cdot3H_2O$ における Pt 鎖状構造と $5d_{z^2}$ 軌道．

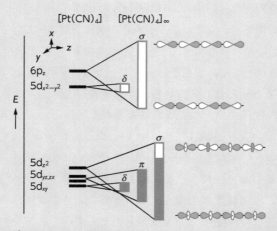

図 2 $[Pt(CN)_4]^{2-}$ のエネルギー準位および $K_2Pt(CN)_4Br_{0.3}\cdot3H_2O$ が形成する 5d 軌道および 6p 軌道のバンド．

7.2.2　金属結合結晶の構造

　一般に，金属結晶は結合性軌道の数よりも電子の数が少ない元素でつくられている．この場合，金属結合に最も寄与する電子はs軌道の電子である．s軌道の電子は球対称であるため，金属結合結晶はできるだけ密に充てんされて対称性の高い構造をとる．ここでは，最密充てん構造およびそれに近い構造について述べる．

　結晶中の結合に方向性をもたない金属結合結晶では，原子を最も密に充てんする最密充てん構造あるいはそれに近い構造をとる．最密充てん構造について調べてみよう．まず，同じ大きさの球を最も密に平面上に並べ（A層），さらにその上に同種の球を最も密に並べる（B層）と図7.5に示す構造が得られる．第3層へ同種の球を積み重ねる方法には2とおりの場合が出てくる．第3層が積み重なるくぼみとして，A層およびB層のいずれとも重ならない位置（図の●）と，A層の球の真上にある位置（図の○）がある．前者の場合は3層が1周期となり，ABCABC…のように積み重なっていき，この構造を立方最密充てん構造とよぶ．後者の場合は2層が1周期となり，ABAB…のように積み重なっていき，この構造を六方最密充てん構造とよんでいる．これらの名称は，単位格子がそれぞれ立方晶系と六方晶系に属していることからきている．

　図7.6に最密充てんの周期と結晶構造との関係を示す．図7.6 (a) は2層の積層が1周期となる六方最密充てん構造であり，六方晶系であることがわかる．図7.6 (b) は，3層の積層が1周期となる立方最密充てん構造であり，面心立方構造に対応していることがわかる．面心立方構造の体対角線方向から眺めてみると，A層，B層，C層，A層の順に積み重なっている様子がわかる．最密充てん構造は最近接原子数（配位数）が12，充てん率が74%の構造で，金属結合結晶の構造に頻繁に現れる．たとえば，銅，銀，金，白金の結晶構造は立方最密充てん構造であり，マグネシウム，亜鉛，カドミウムの結晶構造は六方最密充てん構造である．金属結合結晶で立方最密充てん構造や六方最密充てん構造をとる単体は，多くの場合，最外殻の電子配置がns^1またはns^2であり，この球対称の電子配置が最密充てん構造をとる原因になっている．最密充てん構造における第2近接原子数は，立方最密充てん構造では6，六方最密充てん構造では8である．

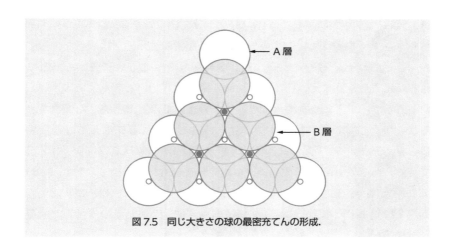

図 7.5 同じ大きさの球の最密充てんの形成.

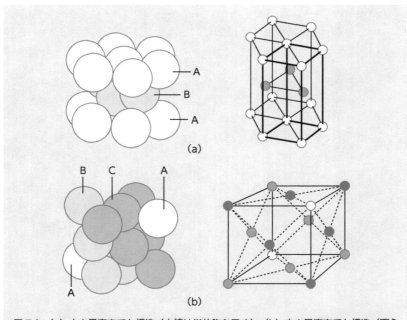

(a)

(b)

図 7.6 （a）六方最密充てん構造（太線は単位胞を示す）, （b）立方最密充てん構造（面心立方構造）.

第2近接原子数の違いは，方向性のある p 軌道や d 軌道の凝集エネルギーへの寄与に反映されている．最外殻の電子配置が ns^1 または ns^2 であっても，部分的な p 軌道や d 軌道のバンドの寄与が，立方最密充てん構造になるか六方最密充てん構造になるかの要因になっている．

　ところで，ナトリウムやカリウムなどの金属では，最密充てん構造をとらないで，図 7.7 (a) に示す体心立方構造とよばれる充てん率の悪い構造をとる．体心立方構造は，最近接原子数が 8，充てん率が 68％の構造である．図 7.7 (b) に示す単純立方構造は，最近接原子数 6，充てん率が52％の構造で，最も単純な立方構造である．ビスマスや水銀は単純立方構造をゆがませた構造になっている．表 7.3 に，金属結晶の代表的な構造における配位数および充てん率をまとめて示す．

　以上，金属結合結晶の構造を眺めてきたが，ナトリウムやカリウムなど1族元素の最外殻電子は ns^1 であり，原子は球対称のはずである．それにもかかわらず，なぜ最密充てん構造にならないで，充てん率の低い体心立

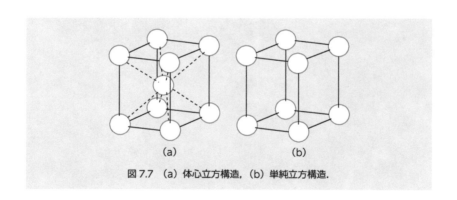

図 7.7　(a) 体心立方構造，(b) 単純立方構造.

表 7.3　球の充てん構造と空間充てん率

構　　造	配位数	空間充てん率
単純立方構造	6	0.5236
体心立方構造	8	0.6802
面心立方構造（立方最密充てん）	12	0.7405
六方最密充てん構造	12	0.7405

方構造をとるのであろうか．金属原子が集合して結晶を形成すると，価電子の軌道はバンドを形成する．図 7.8 はナトリウムのエネルギーバンドとナトリウム原子間距離の関係を示したものである．アルカリ金属の結晶の場合，ns 軌道のバンドの上部と np 軌道のバンドの底が重なるため，np 軌道のバンドの底にある電子もわずかであるが金属結合に寄与することになる．np 軌道は方向性のある軌道であるため，体心立方構造をとることにより np 軌道のバンド幅を広げ，結合エネルギーを増大させているのである．

　マグネシウムやカルシウムなどアルカリ土類の元素の場合，最外殻の ns 軌道には 2 個の電子がある．したがって，アルカリ土類原子の集合体では，ns 軌道のバンドは完全に詰まり，絶縁体または半導体になるはずであるが，実際はよく電気を通す金属である．これは，ns 軌道のバンドの上部と np 軌道のバンドの下部が重なるため，ns 軌道のバンドおよび np 軌道のバンドがともに伝導帯となり，金属的性質を示すようになるからである．

　ビスマスの場合，価電子は $6s^2 6p^3$ である．この場合，単純立方構造をとることにより，直交する 3 つの 6p 軌道のバンド幅が最も広くなり，金

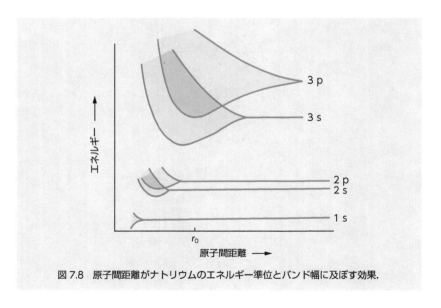

図 7.8　原子間距離がナトリウムのエネルギー準位とバンド幅に及ぼす効果．

属結合エネルギーを最大にすることができる．一方，6s軌道のバンドに
よる金属結合エネルギーは，最密充てん構造で最大となる．したがって，
実際のビスマスの結晶は，ゆがんだ単純立方構造になっている．

　以上，本節では分子軌道から導いたバンド理論の立場に立って金属結合
と結晶構造の関係について学んできた．金属結合に寄与する軌道が球対称
のns軌道である場合，金属結晶は最密充てん構造をとり，著しい展性や
延性を示す．最密充てん構造の金がその典型的な例である．金属結合に方
向性のあるp軌道やd軌道が寄与するようになると，それらの軌道によ
る寄与を合わせた結合エネルギーが最大になるように体心立方構造など充
てん率の悪い構造をとる．このような金属結晶は，展性や延性の乏しい硬
い結晶になる．ビスマスや遷移金属がその典型的な例である．元素の集合
体である単体の結合エネルギーは融点に反映される．遷移元素の単体の融
点がひじょうに高いのは，d軌道のバンドが金属結合に寄与していること
を表している．6族の単体の融点が極大を示すのは，nd軌道および（n
＋1)s軌道のバンドが半充満となり，最大の結合エネルギーをもつため
である．7族以上になると，反結合性をもつ上部バンドに電子が収容され
るため，族番号の増大とともに，結合エネルギーおよび融点が減少してい
く．バンド幅は3d＜4d＜5dの順で大きくなるため，6族のタングステ

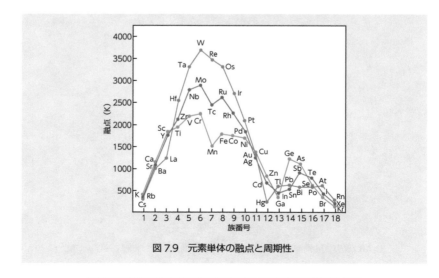

図7.9　元素単体の融点と周期性.

ンが最高の結合エネルギーおよび融点を示すことになる．図 7.9 は単体の融点とその周期性を示したものである．なお，7 族のマンガンおよびテクネチウムで融点が極小を示すのは，特殊な結晶構造に起因している．

7.3 共有結合結晶

共有結合結晶とは，共有結合が結晶全体に広がった構造をさし，炭素やケイ素など 14 族の単体の結晶が代表的な例である．炭素の単体からつくられる共有結合結晶には，図 7.10 に示すダイヤモンドとグラファイト（黒鉛）がある．図 7.10（a）のダイヤモンドでは，炭素の sp^3 混成軌道が空間的に等価な 4 つの σ 結合をつくっており，最近接の原子の数（配位数）は 4 である．σ 結合の電子は局在しており，絶縁体である．単位胞には 8 個の炭素原子を含んでいる．炭素と同族のケイ素，ゲルマニウム，スズの低温相（灰色スズ）もダイヤモンド型構造をとり，いずれも結晶自体が 1 つの巨大分子とみなせる．グラファイトでは，炭素の sp^2 混成軌道が二次元面に等価な 3 つの σ 結合をつくり，図 7.10（b）のような二次元層を形成している．また，炭素原子上にある $2p_z$ 軌道の不対電子どうしで π 結合をつくっている．この π 電子は非局在化しており，グラファイトは電気をよく通す．グラファイトの二次元層の間の結合はファンデルワールス力によるものであり，層方向にずれやすい性質をもっている．グラファイト型構造をもつ共有結合結晶として窒化ホウ素 BN がある．ホウ素および窒

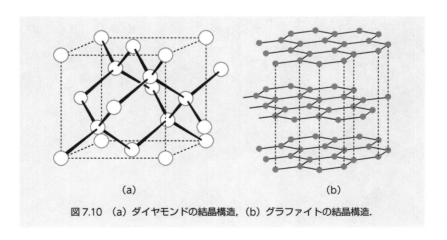

(a)   (b)

図7.10 （a）ダイヤモンドの結晶構造，（b）グラファイトの結晶構造.

素の原子上の sp^2 混成軌道は二次元面に等価な 3 つの σ 結合をつくり，グラファイトと同じように平面六角形の網目構造を形成している．ホウ素の $2p_z$ 軌道は空軌道であり，電子受容体として働く．一方，窒素の $2p_z$ 軌道には非共有電子対があり，ホウ素と窒素の間に π 結合ができる．

7.4　非金属元素の同素体

　周期表の 13 族のホウ素 B から右下へ，Si，As，Te を通る線の領域が，金属と非金属の境界領域に相当する．この領域では，温度や圧力などの条件によって単体における原子間の結合様式が変化するため，複数の同素体が存在する．1 種類の同じ元素からできていながら性質の異なる単体を，互いに同素体であるという．図 7.11 に 14 族，15 族および 16 族の代表的な同素体の構造，図 7.12 に金属・非金属境界領域にある元素の同素体の特徴を示す．

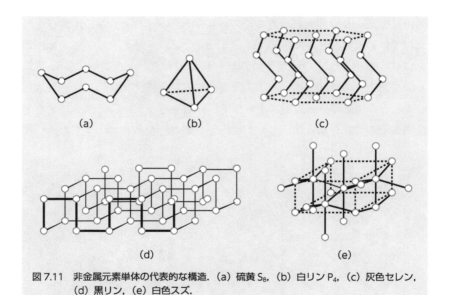

図 7.11　非金属元素単体の代表的な構造．(a) 硫黄 S_8，(b) 白リン P_4，(c) 灰色セレン，(d) 黒リン，(e) 白色スズ．

族	単体の構造				近接原子数
14	C	Si	Ge	Sn	
	C_x ($x=60, 70, \cdots$)				3
	黒鉛(金)				3
	ダイヤモンド(絶)	ダイヤモンド型(半)	ダイヤモンド型(半)	灰色スズ(ダイヤモンド型)(絶)	4
		白色スズ型(金)	白色スズ型(金)	白色スズ(金)	6
15	N	P	As	Sb	
	N_2(気)				
		白リンP_4(絶)	黄色ヒ素As_4(絶)	黄色アンチモンSb_4(絶)	3
		黒リン(金)	黒リン型(金)	黒リン型(金)	3
16	O	S	Se	Te	
	O_2(気), O_3(気)	単斜硫黄S_8(絶)			
		斜方硫黄S_8(絶)	分子性結晶Se_8(絶)		2
			らせん型(半)	らせん型(半)	2
			ポロニウム型(金)	ポロニウム型(金)	6

□ 常温・常圧で不安定な構造　　□ 常温・常圧で安定な構造　　□ 高圧下で安定な構造

(気):気体　(絶):絶縁体　(半):半導体　(金):金属

図 7.12　14，15，16 族における代表的な同素体.

7.4.1　14 族の同素体

14 族元素の中で，炭素にはひじょうに多くの同素体がある．炭素原子の最外殻電子は $2s^2 2p^2$ であり，単体における化学結合の様式には sp^3 混成軌道による結合と sp^2 混成軌道による結合がある．sp^3 混成軌道による化学結合によって形成された炭素の単体がダイヤモンドであり，sp^2 混成軌道による化学結合によって形成された炭素の単体として代表的なものがグラファイトである．常温・常圧下では，グラファイトのほうが安定型であるが，高温・高圧下ではダイヤモンドが安定型となる．1955 年，バンディー（F.P. Bundy）らは，3000 K で 10 GPa（10 万気圧）の圧力に耐

える高温・高圧発生装置を開発し，ニッケルなどを触媒としてグラファイトからダイヤモンドを合成することに成功した．高温・高圧下で現れたダイヤモンドは，常温・常圧に戻してもグラファイトに変化することはない．これは，常温・常圧でより安定なグラファイトに変わるには，炭素間の結合様式を sp^3 混成から sp^2 混成に変化させるとともに炭素原子の位置も大きく変えなければならない．このため，転移するには大きなポテンシャル障壁を越えなければならない．室温では，この障壁を越えることができないため，ダイヤモンドは室温で安定に存在することができる．この状態を準安定状態とよぶ．sp^2 混成軌道による化学結合によって形成された炭素の同素体には，グラファイト以外にフラーレン（C_{60}，C_{70}，…）やカーボンナノチューブなどのように，六員環と五員環を組み合わせた多種多様なものが存在する．

　ケイ素とゲルマニウムでは，常温・常圧における安定な構造はダイヤモンドと同じ構造である．ところが，圧力を加えていくと，ダイヤモンド型構造から白色スズ型構造に変化し，金属としてふるまうようになる．白色スズ型構造では，近接原子数は 6 となる．スズは常温・常圧で金属であり，その構造を白色スズとよぶ．白色スズは低温になると不安定になり，ダイヤモンド型構造の灰色スズに変化し，半導体となる．

7.4.2　15 族の同素体

　リン（P）原子の最外殻電子は $3s^2 3p^3$ である．したがって，3 個の近接原子と共有結合を形成すれば P 原子の最外殻電子数が 8 となり，安定な閉殻電子構造となる．P には種々の同素体があるが，最近接原子数は基本的に 3 である．白リンは正四面体の P_4 分子を単位とする分子性結晶で絶縁体である．表面に薄い赤リンの皮膜ができたものは，淡黄色を呈するので黄リンとよばれている．白リンを 1.2 GPa（12,000 気圧）で 200℃ に熱すると黒リンとよばれる層状構造の巨大分子を生じる．黒リンは常温・常圧下では半導体であるが，高圧下で金属伝導を示すようになり，低温・高圧下では超伝導体となる．白リンを不活性ガス中で 250℃ に加熱すると無定型の赤リンに変化する．ヒ素（As）およびアンチモン（Sb）には白リンと同じ構造をもつ黄色ヒ素（As_4），黄色アンチモン（Sb_4）も存在す

るが，常温では不安定で，安定型の黒リン型構造になる．なお，窒素（N_2）も 2000 K 以上 110 GPa 以上で，N-N 単結合ですべての窒素原子が結合した立方晶系の結晶に変化することが 2004 年に見つかっている．

7.4.3　16 族の同素体

硫黄（S）原子の最外殻電子は $3s^2 3p^4$ である．したがって，2 個の近接原子と共有結合を形成すれば，S 原子の最外殻電子数が 8 となり安定な閉殻電子構造となる．S には種々の同素体があるが，最近接原子数は基本的に 2 である．常温で安定な同素体は環状の S_8 分子を単位とする分子性結晶の絶縁体であり，その結晶構造は斜方晶系（斜方硫黄）で，96℃以上では単斜晶系（単斜硫黄）となる．200℃以上に加熱して融解させた S を急冷すると，8 個の S 原子を周期とするらせん構造のゴム状硫黄になる．

セレン（Se）の安定型はらせん状に結合した無限に長い鎖が束になった六方晶系の結晶（灰色セレン）であり，半導体である．高圧下では，同族のポロニウム（Po）と同じ構造をとり，金属伝導性を示すようになる．Po の構造は単純立方構造であり，近接原子数は 6 である．このほか，S と同様の Se_8 の環状分子を単位とする絶縁性の分子性結晶があるが，不安定で 75℃以上に加熱すると安定な灰色セレンになる．テルル（Te）の安定型はらせん状に結合した無限に長い鎖が束になった六方晶系の結晶であり，半導体である．高圧下では，同族の Po と同じゆがんだ単純立方構造をとり金属伝導性を示すようになる．

以上のように，周期表で非金属領域の同族元素を上から下に眺めてみると，単体の構造は最近接原子の数を増やしながら分子性結晶から金属伝導性を示す構造へ変化していくことがわかる．これは，重元素になるほど最外殻電子の電子雲が広がることにより，分子間の化学結合が弱い分子間力から共有結合性をもちはじめ，最近接原子数が増えるためである．同様に，圧力は分子間の距離を縮め，分子間力を増大させる．したがって，軽元素の単体に圧力を加えていくと，圧力の増加に伴って近接原子数が増え，同族の重元素の安定型と同じ構造の相が出現する．

コラム 7.2　ヨウ素の圧力誘起分子解離と金属化

　周期表で，非金属領域の同族元素を上から下に眺めてみると，単体の構造は，最近接原子の数を増やしながら分子性結晶から金属伝導性を示す構造へと変化する．しかし，常圧下における元素間の比較だけでは分子性結晶から金属伝導性を示す構造への変化を詳しく知ることはできない．その点，高圧力という極端条件は軽元素の単体の構造を分子性結晶から金属伝導性を示す結晶構造まで連続的に追跡できる．

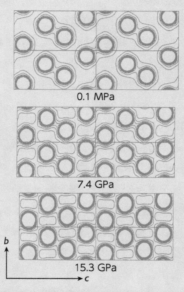

0.1 MPa

7.4 GPa

b

15.3 GPa

c

図　ヨウ素単体における電子雲の分布の圧力変化.
[藤久祐司ほか, 高圧力の科学と技術, 5 (3), 160 (1996)]

　図に，分子性結晶であるヨウ素が圧力の増加とともに金属伝導性を示す結晶構造に変化していく様子を示す．X線の波長は，結晶の原子間距離と同程度であるため，X線回折実験によって結晶構造を決めることができる．また，X線の回折は電子によって起こるため，精密なX線回折実験によって電子雲の分布を知ることができる．図は，ヨウ素の結晶に圧力をかけて，ヨウ素の周りの電子雲が変化していく様子を示したものである．球状の部分はヨウ素原子を表し，等高線は電子密度を表している．1気圧（0.1 MPa）では，最外殻電子の5p電子は共有電子対として分子内に局在している．圧力を加えていくと，分子内の共有結合に関与している価電子が分子間にしみだし，電子雲の重なりによる化

学結合が分子間にも形成されていく様子がわかる．さらに圧力を加えていくと，21 GPa（21 万気圧）で分子内の結合と分子間の結合が等しくなる．このような現象を圧力誘起分子解離とよんでいる．圧力誘起分子解離を起こしたヨウ素は金属伝導性を示し，温度を下げていくと約 1 K で超伝導体になる．超高圧力の下では，ヨウ素のみならず臭素，酸素，硫黄なども分子解離を起こして金属となり，極低温で超伝導体になることがわかっている．

このように，われわれが眺めている日常の物質の性質は，常温・常圧という 1 点における性質にすぎない．圧力や温度などが常温・常圧と大きくかけ離れた極端条件下では，物質は化学的性質や物理的性質を大きく変容させる可能性を豊かに内包している．

7.5　イオン結晶

多くの固体無機化合物は，陽イオンと陰イオンからなるイオン結晶である．イオン結晶は，周期表の左側（1 族，2 族など）の元素の陽イオンと，右側（16 族，17 族）の元素の陰イオンとで形成される場合が多い．イオン結晶の典型的な例は NaCl のようなハロゲン化アルカリである．アルカリ金属原子は最外殻の s 電子 1 個を失い，またハロゲン原子は 1 個の電子を受け取り，それぞれの原子の電子配置が貴ガス型の安定な閉殻電子構造をとる傾向がある．これらの原子が出会うとそれぞれ陽イオンと陰イオンとなるが，陽イオンと陰イオンの間の静電的引力が最大に，同種イオン間の静電的反発力が最小になるようなイオン結晶の構造となる．一般に，陽イオンは陰イオンに比べて小さいので，陽イオンと陰イオンが最も安定に配列する様式は，陰イオンが最も密に充てんし，そのすきまに陽イオンが入り陰イオンと接触するように配列している．ここでは，代表的なイオン結晶として陽イオンと陰イオンの電荷の絶対値が等しい AX で表される 2 元化合物を取り上げる．

7.5.1　イオン結晶の構造

塩化セシウム型構造　塩化セシウム結晶の単位胞を図 7.13 (a) に示す．Cs^+ イオンは立方体の中心にあり，立方体の 8 個の隅に位置する Cl^- イオンに取り囲まれている．一方，Cl^- イオンを立方体の中心に置くと Cs^+ イ

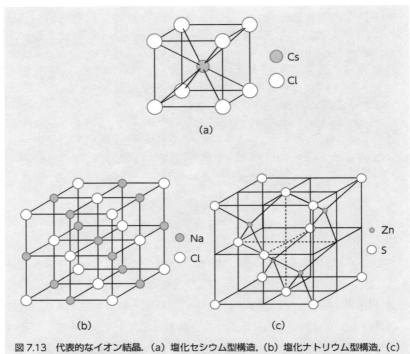

図 7.13　代表的なイオン結晶.（a）塩化セシウム型構造,（b）塩化ナトリウム型構造,（c）閃亜鉛鉱型構造.

オンが立方体の 8 個の隅に位置する構造になる．Cs^+ イオンおよび Cl^- イオンはそれぞれ 8 個の等価な Cl^- イオンおよび Cs^+ イオンに取り囲まれており，配位数はともに 8 である．立方体の隅に位置する原子は 8 個の単位胞で共有されているため，1 つの単位胞に含まれるのは 1/8 原子である．したがって，CsCl 結晶の単位胞は 1 個の CsCl を含む立方体である．また，同種イオンの周期性から眺めてみると，CsCl の構造は単純立方構造となる．

　塩化ナトリウム型構造　塩化ナトリウム結晶の単位胞を図 7.13（b）に示す．Cl^- イオンの周期性から眺めてみると，NaCl の構造は面心立方構造となる．立方体の隅にある原子は 1/8，稜にある原子は 1/4，面にある原子は 1/2 が単位胞に含まれることから，NaCl 結晶の単位胞には 4 個の NaCl が含まれる．Na^+ イオンおよび Cl^- イオンはそれぞれ 6 個の等価な

Cl^-イオンおよびNa^+イオンに正八面体型に囲まれており，配位数はともに6である.

閃亜鉛鉱（ZnS）型構造　閃亜鉛鉱（ZnS）結晶の単位胞を図7.13（c）に示す．この構造の名前は，天然に産出する硫化亜鉛（ZnS）の鉱物名にちなむ．Zn^{2+}イオンおよびS^{2-}イオンは，それぞれ4個の等価なS^{2-}イオンおよびZn^{2+}イオンに正四面体型に囲まれており，配位数はともに4である．もし，陽イオンと陰イオンがともに同じ場合，ダイヤモンドと同じ構造となる．また，同種イオンの周期性から眺めてみると，ZnSの構造は面心立方構造となる．

7.5.2　結晶構造の名称と分類

前節では，代表的なイオン結晶の構造とその名称を学んだが、多種多様な物質の構造を代表的な化合物や鉱物名を用いて分類するには統一的な名称と分類が必要となる。その分類方法の1つに組成式による分類法がある．たとえば，単体はA型，組成比が1:1の化合物の構造はB型，組成比が1:2の化合物はC型などの名称とし，その原型を代表的な物質名で表す方法である．その一部を表7.4に示す．

表7.4　物質の組成比による結晶構造の分類と原型となる物質

組成比	結晶構造の名称	原型となる物質	結晶系
単体	A1型	Cu	立方晶系
	A2型	W	立方晶系
	A3型	Mg	六方晶系
1:1	B1型	NaCl	立方晶系
	B2型	CsCl	立方晶系
	B3型	ZnS	立方晶系
1:2	C1型	CaF_2	立方晶系
	C2型	FeS_2	立方晶系
	C3型	Cu_2O	立方晶系

7.5.3　ボルン–ハーバーサイクルと格子エネルギー

陽イオンと陰イオンが凝集してイオン結晶が形成されるとき，そのエネルギーを決める要素は，イオン間の静電エネルギーに基づく引力と斥力，

および電子雲の重なりによって生じる反発力である。前者はイオン間の距離の2乗に反比例する長距離相互作用であるのに対し、後者はイオンどうしがきわめて接近したときに生じる短距離相互作用である。イオン結晶において、これらの相互作用によるポテンシャルエネルギーを陽イオンと陰イオンの核間距離の関数として表したのが図7.14である。格子エネルギー U とは、結晶中の各イオンを無限に引き離すのに要するエネルギーである。

　イオン結晶の格子エネルギー U は実験的には直接求めることはできないが、ボルン–ハーバーサイクルにより熱力学的データから間接的に求めることができる。図7.15は、塩化ナトリウム結晶のボルン–ハーバーサイクルを示したものである。図の各過程のエンタルピー変化を用いて、次式のように格子エネルギーを求めることができる。

$$U = -\Delta_f H + \Delta_A H_{Na} + \Delta_A H_{Cl} + E_{iNa} - E_{eaCl} \qquad (7.2)$$

ここで、$\Delta_f H$ は NaCl(s) の生成熱（$-411\,\mathrm{kJ\,mol^{-1}}$）、$\Delta_A H_{Na}$ は Na(s) の原子化熱（$+108\,\mathrm{kJ\,mol^{-1}}$）、$\Delta_A H_{Cl}$ は $\frac{1}{2}\,Cl_2(g)$ の原子化熱（$+121\,\mathrm{kJ\,mol^{-1}}$）、$E_{iNa}$ は Na のイオン化エネルギー（$+502\,\mathrm{kJ\,mol^{-1}}$）、

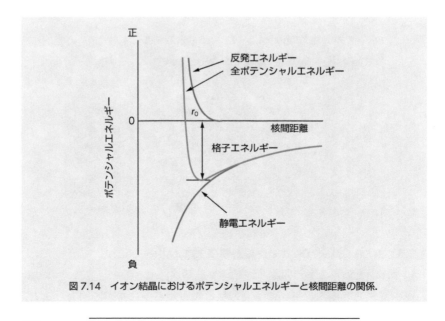

図7.14　イオン結晶におけるポテンシャルエネルギーと核間距離の関係。

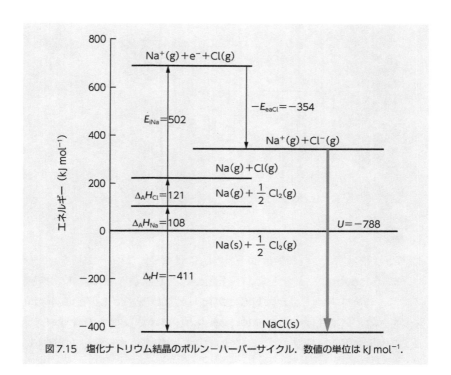

図7.15 塩化ナトリウム結晶のボルン−ハーバーサイクル. 数値の単位は kJ mol^{-1}.

E_{eaCl} は Cl(g) の電子親和力（$+354 \, \text{kJ mol}^{-1}$）である. こうして求めた格子エネルギーの実験値（$-788 \, \text{kJ mol}^{-1}$）は, 塩化ナトリウムの結晶が Na$^+$ イオンと Cl$^-$ イオンで構成されていると仮定して理論的に求めた格子エネルギーの計算値（$-755 \, \text{kJ mol}^{-1}$）とよく一致しており, 塩化ナトリウムがイオン結晶であることの証明の1つになっている.

　ここで, 塩化ナトリウム型構造を例にとり, 格子エネルギーを求めてみよう. まず, NaCl 結晶の Na$^+$ イオンの位置に $+e$, Cl$^-$ イオンの位置に $-e$ の点電荷を考え, NaCl 結晶の静電エネルギーを計算してみよう. 図 7.16 に示すように, ある Na$^+$ イオンから r だけ離れた位置には 6 個の負電荷, $\sqrt{2}\, r$ だけ離れた位置に 12 個の正電荷, $\sqrt{3}\, r$ だけ離れた位置に 8 個の負電荷などが存在するので, 静電エネルギー E_e は次式で与えられる.

$$E_e = -\frac{e^2}{4\pi\varepsilon_0 r}\left(\frac{6}{\sqrt{1}} - \frac{12}{\sqrt{2}} + \frac{8}{\sqrt{3}} - \frac{6}{\sqrt{4}} + \frac{24}{\sqrt{5}} - \cdots\right) = -\frac{e^2}{4\pi\varepsilon_0 r} M \quad (7.3)$$

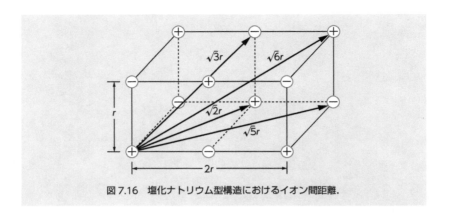

図7.16 塩化ナトリウム型構造におけるイオン間距離.

式 (7.3) の (　) 内の級数は一定の値に収束し, この定数 M をマーデルング (Madelung) 定数とよぶ. 上記の級数を左から順に計算すると, 収束がきわめて遅い. これに対して, 陽イオンの周りに 1 辺が $2nr$ の立方体をとり (n は任意の正の整数), そのなかのイオンのみの寄与を考えるようにすると収束が速い. ここで, 立方体の面上のイオンは $\frac{1}{2}$, 稜上のイオンは $\frac{1}{4}$, 頂点上のイオンは $\frac{1}{8}$ の寄与をすると考えると,

$n = 1$ のとき,

$$M_1 = \left(\frac{1}{\sqrt{1}} \times \frac{1}{2} \times 6 - \frac{1}{\sqrt{2}} \times \frac{1}{4} \times 12 + \frac{1}{\sqrt{3}} \times \frac{1}{8} \times 8 \right) = 1.456 \quad (7.4)$$

$n = 2$ のとき,

$$M_2 = \left(\frac{6}{\sqrt{1}} - \frac{12}{\sqrt{2}} + \frac{8}{\sqrt{3}} \right) +$$
$$\left(-\frac{1}{\sqrt{4}} \times \frac{1}{2} \times 6 + \frac{1}{\sqrt{5}} \times \frac{1}{2} \times 24 - \frac{1}{\sqrt{8}} \times \frac{1}{4} \times 12 \right.$$
$$\left. -\frac{1}{\sqrt{6}} \times \frac{1}{2} \times 24 + \frac{1}{\sqrt{9}} \times \frac{1}{4} \times 24 - \frac{1}{\sqrt{12}} \times \frac{1}{8} \times 8 \right) = 1.752 \quad (7.5)$$

同様にして $n = 3$ のとき $M_3 = 1.747$ となり, $n = 3$ で小数点以下 3 桁まで一致する.

　マーデルング定数の値はイオン結晶の構造によって決まる値であり, その値を表7.5に示す. 表から明らかなように, 配位数の大きい結晶ほどマーデルング定数は大きくなり, 格子の静電的安定性が増加する.

表7.5 結晶構造とマーデルング定数の値

結晶構造の型	配位数	マーデルング定数
塩化セシウム（CsCl）型	8 : 8	1.76267
塩化ナトリウム（NaCl）型	6 : 6	1.74756
閃亜鉛鉱（ZnS）型	4 : 4	1.63806

　次に電子雲の重なりによって生じる反発力を考えてみよう．この反発力は，パウリの排他律に基づくものであり，2つのイオンが互いに接近してきてその最外殻の電子が相手の電子軌道に入ろうとするのを拒むことによって生じる．この反発によるポテンシャルエネルギーは次式で表される．

$$E_r = \frac{Be^2}{r^n} \tag{7.6}$$

式（7.6）で表されるポテンシャルエネルギーは，結晶構造の種類には依存せず，最近接のイオン間で有効に働くものである．n の値は9〜10程度の値であり，きわめて短距離の相互作用である．

　以上をまとめると，AX型のイオン結晶における格子エネルギー U は次式で表すことができる．

$$U = -\frac{MN_A Z_A Z_X e^2}{4\pi\varepsilon_0 r} + \frac{Be^2}{r^n} \tag{7.7}$$

この関数は，図7.14の実線で示した格子エネルギーに相当する．ここで，M はマーデルング定数，N_A はアボガドロ定数，Z_A および Z_X はそれぞれ陽イオンAおよび陰イオンXの電荷の絶対値，r は最近接イオン間距離を表している．U が最小になる条件として，r が NaCl イオン間距離のときに $\frac{dU}{dr} = 0$ とすることにより，U の理論値を求めることができる．

7.5.4　格子エネルギーと水和エネルギー

　イオン結晶を水に溶解させると，物質によっては発熱する場合もあれば，吸熱する場合もある．イオン結晶は水に溶解すると，陽イオンと陰イオンはそれぞれ分極した水分子に囲まれ，安定化する．この安定化エネルギーを水和エネルギーとよぶ．この現象を，NaCl を例にとって考えてみよう．イオン化した Na^+ および Cl^- の気体は水に溶解すると，分極した水分子

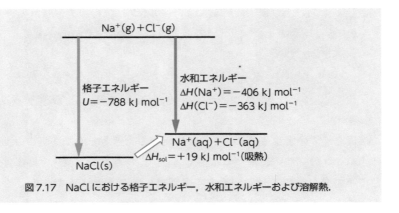

図7.17 NaClにおける格子エネルギー，水和エネルギーおよび溶解熱.

表7.6 ハロゲン化物の格子エネルギー，構成イオンの水和エネルギーおよび溶解熱

イオン結晶	格子エネルギー ($kJ\,mol^{-1}$)	水和エネルギー ($kJ\,mol^{-1}$)	溶解熱 $\Delta_{sol}H$ ($kJ\,mol^{-1}$)
LiCl	−853	−883	−30
NaCl	−788	−769	+19
KCl	−715	−685	+30
LiBr	−807	−856	−49
NaBr	−747	−742	+5
KBr	−682	−658	+24
CaCl$_2$	−2,222	−2,303	−81

に囲まれることにより，水和エネルギーを放出して安定化する．図7.17
はNaClの格子エネルギーと水和エネルギーを示したものである．この場
合，格子エネルギー（$U = -788\,kJ\,mol^{-1}$）に対して，$Na^+(g)$ および
$Cl^-(g)$ の水和エネルギーの和は$-769\,kJ\,mol^{-1}$となる．したがって，
NaCl結晶を水に溶かすと，溶解熱が$+19\,kJ\,mol^{-1}$で吸熱反応となり，
水溶液が冷却される．氷に食塩を混ぜると約$-10℃$に冷却されるのはこ
のためである．表7.6に様々なハロゲン化物の格子エネルギー，構成イオ
ンの水和エネルギーおよび溶解熱を示す．溶解熱の符号が負の場合は発熱
反応，正の場合は吸熱反応である．なお，道路の凍結を防ぐために道路に

$CaCl_2$ をまくのは，$CaCl_2$ が負の大きな溶解熱（発熱）をもつためである．

7.5.5　イオン半径比と結晶構造

　ここでは，イオン結晶として陽イオンと陰イオンの電荷の絶対値が等しい AX で表される 2 元化合物を例にとり，イオン半径比と結晶構造の関係について述べる．7.5.3 項ですでに学んだように，格子エネルギーは式 (7.7) で表すことができる．AX で表されるイオン結晶において，陽イオンと陰イオンの半径比 $\frac{r^+}{r^-}$ の関数として格子エネルギーの静電エネルギー成分（式 (7.7) の第 1 項）を表したものが図 7.18 である．3 種類のイオン結晶のうち，CsCl 型構造は最も大きなマーデルング定数を有し，静電エネルギーが最も低く安定な構造である．一般に，陽イオンの半径が小さくなると，陰イオンと陰イオンの接触が起こるまでイオン間距離に反比例して静電エネルギーが低くなる．やがて，陰イオン間で電子雲の接触が起こるようになると，格子はそれ以上縮むことはできない．したがって，陽イオンの半径がさらに小さくなっても，格子が縮まない以上陽イオンと陰イオンの距離は変化しないので，静電エネルギーはイオン半径比の変化に依存しなくなる．CsCl 型結晶，NaCl 型結晶，ZnS 型結晶の場合，その閾値（しきいち）はそれぞれ $\frac{r^+}{r^-} = 0.732$，$\frac{r^+}{r^-} = 0.414$，$\frac{r^+}{r^-} = 0.225$ である．図 7.18 より，$\frac{r^+}{r^-} > 0.65$ の領域では CsCl 型構造が安定であり，$0.65 > \frac{r^+}{r^-} > 0.30$ の領域では

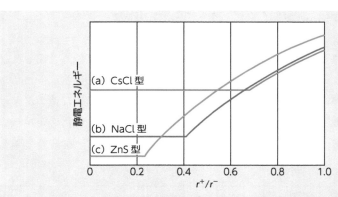

図 7.18　イオン結晶（塩化セシウム型，塩化ナトリウム型，閃亜鉛鉱型）における格子エネルギーの静電エネルギー成分とイオン半径比との関係．

NaCl 型構造が安定であり，$\frac{r^+}{r^-} < 0.30$ の領域では ZnS 型構造が安定な構造である．

練 習 問 題

問 1 単純立方構造，体心立方構造，面心立方構造，六方最密構造について下記の表の空欄を埋めよ．ここで，充てん率とは各格子点に剛体球を詰めたとき，その剛体球が単位格子に占める割合である．

	単純立方構造	体心立方構造	面心立方構造	六方最密構造
単位格子の体積	a^3	a^3	a^3	
単位格子あたりの原子数				2
配位数（最近接原子数）				
原子半径				r
充てん率				

問 2 オスミウム金属は単体のうちで最大の密度 $(22500\ \mathrm{kg\,m^{-3}})$ を示す．オスミウムの原子量を 190.2，立方最密充てん構造であるとして，原子半径（金属結合半径）を求めよ．

問 3 アルカリ土類金属では，最外殻の s 軌道に電子が 2 つ入り閉殻となる．

したがって，パウリの排他律により，これ以上 s 軌道に電子が入らないため電子は隣の原子に移ることができない．それにもかかわらず，Mg や Ca のようにアルカリ土類元素の単体は金属としてふるまう．この理由を述べよ．

問 4 塩化ナトリウムのデータからアボガドロ定数を計算せよ．
NaCl のイオン間距離：0.2814 nm，密度：2170 $\mathrm{kg\,m^{-3}}$，1 mol の

質量：5.844×10^{-2} kg.

問5 イオン結晶において，結晶の静電エネルギー E_e は最近接の陽イオンと陰イオンの原子間距離を r とすると次式で表される．

$$E_e = \frac{M N_A Z^+ Z^- e^2}{4 \pi \varepsilon_0 r}$$

ここで，N_A はアボガドロ定数，Z^+ および Z^- はそれぞれ陽イオンおよび陰イオンの電荷であり，M はマーデルング定数で，結晶構造に依存する値である．イオン結晶においては，陽イオンと陰イオンの半径比 $\frac{r^+}{r^-}$ と結晶構造の間には密接な関係がある．図 7.13 は陽イオンと陰イオンの組成比が $1:1$ のイオン結晶の代表例であり，図 7.18 はそれらの結晶構造における静電エネルギーとイオン半径比 $\frac{r^+}{r^-}$ との関係を示したものである．次の問いに答えよ．

① NaCl 型構造において，最近接の異種イオンどうしが接触し，かつ最近接の陰イオンどうしが接触するときのイオン半径比 $\frac{r^+}{r^-}$ を有効数字 2 桁で求めよ．

② 図 7.18 に示すように，いずれの構造においても，あるイオン半径比以下で静電エネルギーが一定になっている．この理由を述べよ．

③ K^+ および I^- のイオン半径はそれぞれ 1.33, 2.16 である．図 7.18 を参考にして KI の結晶構造を推定せよ．

問6 Na^+ と Cl^- イオンが直線上に交互に並んだ一次元結晶のマーデルング定数を計算せよ．

第8章

分子集合体とその物性化学

分子は共有結合や配位結合という強い結合により形成される．分子間力は，このような独立した分子の間に作用する，近距離でしかも弱い相互作用である．強くしかも長距離に作用するイオン間のクーロン相互作用とは，好対照をなしている．分子間力によって凝集した構造体を分子集合体とよぶが，このなかで最も緻密なものは間違いなく"生体"であろう．生命現象の特異性は，個々の分子がそれぞれ固有の形をもつこと，分子間力に選択性や方向性があること，そして多くのタンパク質が室温よりやや上の温度で変性する事実から容易に推察されるように，分子間力が室温の熱エネルギーと拮抗していることに負うことが多い．個々の分子の性質の理解はもちろん，分子間力の起源とその強さ，そしてそれがつくりだす構造を理解することは，近年注目を集めている分子集合体のさまざまな機能性や生体分子の役割を解明するための重要な基礎となる．

8.1 ファンデルワールス相互作用とその役割

正イオンと負イオン間にクーロン引力が作用することは容易に経験できる．しかし，電気的には中性な分子間にも，弱いながら一般に引力が作用する．このことは簡単な実験でも体験することができる．テフロンなどの絶縁体の棒を乾いた布に擦りつけることによって負に帯電させ，これを小さな紙片に近づけると，紙片がテフロン棒に引き寄せられる．この場合，テフロン棒は負に帯電しているが，紙片は電気的には中性であるから，負電荷と中性物質間には引力が作用することを意味している．次に説明するように，分子間力は一般に引力であり，しかもそれは系のエネルギーの安定化のために生じる．

8.1.1 ファンデルワールス相互作用

点電荷-双極子相互作用 図 8.1 (a) のように，点電荷 q_1 から r だけ離れた位置に電気双極子 $M_2 = q_2 l$ があるとき，その静電エネルギーは各電荷間の静電的相互作用を数えあげることにより，

$$U(r) = \frac{q_1 q_2}{4\pi\varepsilon_0} \left\{ -\frac{1}{r - \left(\dfrac{l}{2}\right)} + \frac{1}{r + \left(\dfrac{l}{2}\right)} \right\} \tag{8.1}$$

となる．いま，$l \ll 2r$ なる条件のもとでは，この式は，

$$U(r) = -\frac{q_1 M_2}{4\pi\varepsilon_0 r^2} \tag{8.2}$$

と書き下ろすことができる．通常のクーロン力が r に反比例するのに対して，この相互作用は r^2 に反比例し，r の増加とともに急激に減衰することを意味している．これは，点電荷 q_1 が双極子 M_2 から十分離れた場合，$+q_2$ と $-q_2$ の相殺によって q_1 が感じる電場が急減することに起因している．

双極子-双極子相互作用 分子全体として電気的には中性であるが，電気双極子をもつ極性分子を考えよう．双極子-双極子相互作用は，このような極性分子間に作用する力である．いま，ある電気双極子モーメント

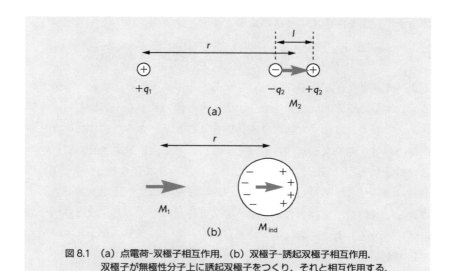

図 8.1 (a) 点電荷-双極子相互作用，(b) 双極子-誘起双極子相互作用．
双極子が無極性分子上に誘起双極子をつくり，それと相互作用する．

M_1 から r だけ離れた地点に双極子 M_2 を置く。2 つの双極子は同一平面上にあり、しかも平行であると仮定しよう。r と M_1 あるいは M_2 のなす角度を θ とすると、この系のエネルギーは、

$$U(r) = -\frac{M_1 M_2}{4\pi\varepsilon_0 r^3}(3\cos^2\theta - 1) \tag{8.3}$$

という式で表される。これは $\theta = 0$ のときが最小、$\theta = \frac{\pi}{2}$ のとき最大となる。したがって、平行を保つ 2 つの双極子のエネルギーは、図 8.2 (a) のような配向のとき最小となり、反対に (b) のような向きが最も不安定となる。式 (8.3) は、2 つの双極子が同一平面上にあり、しかも平行であることを仮定したが、一般の場合、双極子相互作用のポテンシャルエネルギーは、

$$U(r) = -\frac{2}{3k_{\mathrm{B}}T}\left(\frac{M_1 M_2}{4\pi\varepsilon_0}\right)^2 \frac{1}{r^6} \tag{8.4}$$

で表される。ここで k_{B} はボルツマン（Boltzmann）定数である。式 (8.4) では式 (8.3) にはなかった $k_{\mathrm{B}}T$ が登場し、奇異に感じるかもしれないが、これは 2 つの双極子間の角度を変化させたときに生じるさまざまなエネルギー準位に、ボルツマン分布を考えて系全体のエネルギーを計算したためである。r^6 に反比例することが特徴的で、マクロからミクロサイズの議論まで、幅広く適用できる。

双極子–誘起双極子相互作用　貴ガス原子や N_2 や O_2、そしてナフタレンなど、無極性分子にも分子間力は作用する。双極子モーメント M_1 をも

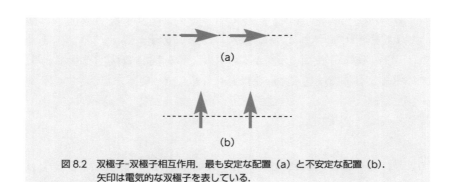

図 8.2　双極子–双極子相互作用。最も安定な配置 (a) と不安定な配置 (b)。矢印は電気的な双極子を表している。

つ極性分子の極性軸方向に，中心から r だけ離して無極性分子をおく（図 8.1（b））．双極子は無極性分子上に $E = \dfrac{2M_1}{4\pi\varepsilon_0 r^3}$ の電場をつくるとともに，この分子に $M_{\text{ind}} = \alpha_2 E$ の双極子を分極させる．ただし，ここで α_2 は無極性分子の分極率である．この結果，M_1 と M_{ind} の相互作用エネルギーは，

$$U(r) = -\frac{4M_1{}^2\alpha_2}{(4\pi\varepsilon_0)^2}\frac{1}{r^6} \tag{8.5}$$

と書かれる．これが双極子–誘起双極子相互作用である．冒頭の実験からも類推されるように，これも引力となる．

誘起双極子–誘起双極子相互作用（ロンドンの分散力） 無極性分子どうしの間にも凝集力は作用する．無極性分子でも，電子分布の瞬間的なゆらぎによって双極子が生じる．ゆらぎによって生じた双極子が，隣接無極性分子に双極子を誘起し，これによって引力，つまり系の安定化エネルギーを得ている．この考えを定式化したのがロンドン（F. London）で，この相互作用のエネルギーは次のように書かれる．

$$U(r) = -\frac{3}{2}\frac{\alpha_1\alpha_2}{(4\pi\varepsilon_0)^2}\frac{E_{\text{i}(1)}E_{\text{i}(2)}}{E_{\text{i}(1)}+E_{\text{i}(2)}}\frac{1}{r^6} \tag{8.6}$$

ここで $E_{\text{i}(1)}$ と $E_{\text{i}(2)}$ は 2 つの分子のイオン化エネルギーであり，α_1 と α_2 はそれぞれの分極率である．一般に，イオン化エネルギーが小さいほど，また分子のサイズが大きいほど，分散力は強くなる．イオン化エネルギーに関しては式（8.6）とは矛盾するようだが，これはイオン化エネルギーが小さな分子ほど分極率が大きくなるためである．

全エネルギー 双極子–双極子相互作用，双極子–誘起双極子相互作用そして分散力は，しばしばファンデルワールス（van der Waals）相互作用として総称される．いずれの場合も引力だが，分子どうしが押しつけられれば，電子間や原子核間の反発がこの引力に勝ることは容易に想像できる．このような分子間反発まで考慮に入れると，分子間ポテンシャルエネルギーは一般に，

$$U(r) = \frac{C_m}{r^m} - \frac{C_n}{r^n} \tag{8.7}$$

のように書かれるだろう．ただし m, n は $m > n$ なる整数，C_m と C_n は定数で，第 1 項は斥力を，第 2 項は引力を表している．ファンデルワー

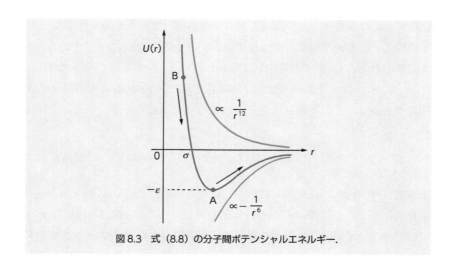

図8.3 式（8.8）の分子間ポテンシャルエネルギー.

ルス相互作用は距離に対して $-r^{-6}$ の依存性をもつことから，分子間ポテンシャルエネルギーとして

$$U(r) = 4\varepsilon \left\{ \left(\frac{\sigma}{r}\right)^{12} - \left(\frac{\sigma}{r}\right)^6 \right\} \tag{8.8}$$

なる式がしばしば用いられる．定数 ε と σ は，それぞれ井戸の深さと $U=0$ となる距離を表している（図8.3）．このポテンシャルはレナード-ジョーンズ（Lennard-Jones）ポテンシャルとよばれるもので，分子間力を取り扱うさまざまな分野で広く採用されている．

8.1.2 気体の不完全性

ファンデルワールス相互作用は，分子集合体を生み出す重要な力であるばかりでなく，広い空間を自由に飛び交う気体分子の間にも作用している．そしてこの効果は，理想気体からのずれとして認識される．実在気体の方程式として，ファンデルワールス状態方程式

$$\left(P + a\frac{n^2}{V^2} \right)(V - nb) = nRT \tag{8.9}$$

が広く採用されている．ここで R は気体定数，n は物質量（モル数）である．理想気体の状態方程式と比べると，実在気体の体積 V は見かけ上，

1 mol あたり b だけ小さくなっている．これは，2 分子がある程度の値まで近づくと斥力が作用し，それ以上接近できないことを表している．分子を剛体球とすると，2 分子間に作用するポテンシャル $U(r)$ は，$r \leq d$ で $U(r)$ $= \infty$ となる．つまり $r = d$ 以下には接近できず，$\frac{4}{3}\pi d^3$ の体積中に分子は存在できない．この体積は 2 分子の接触の際に生じるものだから，2 で割ることによって，

$$b = \frac{4}{3}\pi d^3 \frac{N_A}{2} \tag{8.10}$$

となる．N_A はアボガドロ定数で，b は排除体積とよばれている．一方，実在気体において実際に測定される圧力 P は，$\frac{a}{V^2}$ なる補正を受けている．この項は，分子が壁に衝突する際，分子間力の存在のために圧力が減少することを補っている．この圧力低下は，壁に衝突しつつある分子数とそのすぐ内側にあって分子間力を及ぼす分子の数に比例するはずで，両者とも密度に比例，つまり体積に逆比例するはずだから，けっきょく圧力の減少は $\frac{1}{V^2}$ に比例することが予想される．そしてその比例定数 a は，分子間ポテンシャルエネルギーを用いて，

$$a = -\frac{N_A}{2}\int_d^\infty U(r)4\pi r^2 \, dr \tag{8.11}$$

で与えられる．このように，ファンデルワールス状態方程式中の定数 a，b は，分子間ポテンシャル $U(r)$ と直接結びついていることがわかる．実際，気相における実験によって，$U(r)$ の形状，具体的にはレナード-ジョーンズポテンシャルのパラメータである ε と σ を定めることができる．He を除く貴ガス分子の値を表 8.1 に示す．

　気体における分子間ポテンシャルエネルギーの顕在化の一例は，ジュール-トムソン（Joule-Thomson）効果である．気体の温度，体積，圧力を調整して，各分子が図 8.3 のポテンシャルエネルギーの底 A の状態にあるとしよう．ここで，気体を断熱的に膨張させ，r を図の矢印のように急増させたとする．この過程はポテンシャルエネルギーの増加を伴う．ところが，この変化は断熱過程であるから，系全体のエネルギーは不変である．つまり，ポテンシャルエネルギーの増加は運動エネルギーの減少をもたらし，これは気体の温度の低下に帰着する．断熱膨張による温度低下を

表8.1　貴ガス結晶の性質

| | 融点 (K) | 最近接原子間 距離 R_0 (実測) (nm) | 凝集エネルギー (10^3 J mol^{-1}) | レナード-ジョーンズポテンシャル | | R_0/σ | 2.15 (4$N\varepsilon$) (10^3 J mol^{-1}) |
				ε (10^{-23} J)	σ (nm)		
Ne	24	0.313	1.88	50	0.274	1.14	2.59
Ar	84	0.376	7.74	167	0.340	1.11	8.65
Kr	117	0.401	11.2	225	0.365	1.10	13.3
Xe	161	0.435	16.0	320	0.398	1.09	18.8

繰り返すと，気体はついに液化する．空気の工業的な液化は，まさにジュール-トムソン効果が利用されている．空気液化の歴史は19世紀後半に遡るが，気体の中で最も液化が困難であったのが，沸点4.2 Kのヘリウムだった．これに初めて成功したのがライデン大学のカマリング・オネス（H. Kamerlingh Onnes）で，1908年のことである．これについてはコラム8.1を参照されたい．ジュール-トムソン効果はかならずしも気体の温度低下をもたらすとはかぎらない．もしある状態で，気体が図8.3のB点にあるとすると，B点からの矢印のような膨張はポテンシャルエネルギーの低下を引き起こす．これは断熱膨張によって昇温することを意味している．いずれにせよ，理想気体を断熱膨張させても温度は変わらない．分子間力の存在のため，ジュール-トムソン効果が生じる．

コラム8.1　ジュール-トムソン効果とヘリウムの液化

　ジュール-トムソン効果の利用によって，多くの気体の液化が実現された．気体液化の歴史は，絶対零度へ向けた競争でもあった．1877年に，沸点がそれぞれ90.1 Kと77.3 Kの酸素と窒素が相次いで液化された．1898年には，沸点20.3 Kの水素が液化され，いよいよ残るはヘリウムだけとなった．ヘリウムは原子番号2番の最も軽い貴ガス元素で，ギリシャ神話の太陽神（Helios，ヘリオス）を意味するこの名称は，1868年にヘリウムが太陽光のスペクトル線中に初めて発見されたことに由来している．そして1895年にようやく地上でその存在が確認された．当時は液化はもとより純粋なヘリウムを確保すること自体が

きわめて困難であった. このような状況に打ち勝ち, ヘリウムの液化に成功したのがオランダ, ライデン大学のカマリング・オネスである. カマリング・オネスは, 360 L ほどのヘリウムガスを蓄える一方, 大型の空気液化機, ついで水素液化機を建設し, ヘリウム液化の準備に 10 年という歳月を費やしている. 液体水素を減圧冷却することによって得られる 15 K を利用してこの温度のヘリウムガスをつくり, ジュール-トムソン弁から自由膨張させることによってその温度を下げ, 1908 年 7 月 10 日, ついにヘリウムの液化に成功した. この日, 水素の液化を始めたのが午前 5 時 45 分, 十分な量の液体水素が得られたのが午後 1 時 30 分, ヘリウムの液化を試みはじめたのが午後 4 時 20 分. 温度計の読みはゆっくりと下がりはじめ, 午後 7 時 45 分以降, 温度が 5 K 弱まで落ちた時点でぴたりと動かなくなった. これが液体ヘリウム生成の一瞬である. しかし実際は, 液体ヘリウムの屈折率が 1 に近く, 液面を識別しにくいという理由でカマリング・オネス自身もヘリウムの液化にすぐには気づかなかった. 「温度が一定なのは液化が始まっているからでは」という 1 人の実験見学者の指摘により, 容器の下から光を当てることによってようやく液面を見いだし, ヘリウムの液化に気づいた. カマリング・オネスは引き続いてヘリウムの蒸気圧を下げ, 固体ヘリウムの発見をもくろんだが, これは成功しなかった. 午後 9 時 40 分, 近代の物性研究の幕開けといっても過言ではない 1 日の実験が終了した.

8.1.3 ファンデルワールス半径と貴ガス結晶

ファンデルワールス相互作用で分子が集積して結晶ができるとき, 分子はできるだけ密に充てんする. 実際, 貴ガス元素のうち, Ne, Ar, Kr, Xe は面心立方構造 (fcc) を形成する. 原子を剛体球とみなし, また各原子が接触していることを仮定すれば, 格子定数 a から原子半径を $\frac{a}{2\sqrt{2}}$ と見積もることができる. このように, X 線結晶構造解析により得られた, 結合していない原子間の距離に関する膨大なデータをもとに, 剛体球と原子接触を仮定することによって原子固有の半径としてファンデルワールス半径が求められた (表 8.2). このファンデルワールス半径は, 共有結合半径に比べて 0.07 から 0.1 nm 程度長い.

近年関心を集めている分子集合体において, その分子間相互作用を考えるうえで, ファンデルワールス半径はひじょうによい指標となっている. ある 2 分子間に原子 A と B を介した接触があったとしよう. もし実際の距離 r_{AB} が原子 A と B のファンデルワールス半径の和 $r_A + r_B$ より短いと

表8.2 代表的な元素のファンデルワールス半径（nm）

H	0.120	As	0.200
N	0.150	Se	0.200
O	0.140	Br	0.195
F	0.135	Kr	0.202
Ne	0.154	Sb	0.220
P	0.190	Te	0.220
S	0.185	I	0.215
Cl	0.180	Xe	0.216
Ar	0.188		

すると，ここに強い分子間相互作用を予見することができる．

貴ガス結晶の凝集エネルギーは，貴ガス原子の運動エネルギーを無視すれば，レナード-ジョーンズポテンシャルの総和として求めることができる．つまり，全エネルギーは

$$U_{\text{total}} = \frac{N}{2}(4\varepsilon)\left[\sum_{ij}{}'\left(\frac{\sigma}{p_{ij}R}\right)^{12} - \sum_{ij}{}'\left(\frac{\sigma}{p_{ij}R}\right)^{6}\right] \qquad (8.12)$$

で，N は結晶内の原子数，R は最近接原子間距離（fcc 構造では格子定数 a と $R = \frac{a}{\sqrt{2}}$ なる関係），$p_{ij}R$ は基準となる i 番目の原子と j 番目の原子の間の距離を表している．$\sum{}'$ は $i = j$ を除いて和をとることを意味し，因子 $\frac{1}{2}$ は各原子対間のエネルギーを 2 度数えたことを補正するためである．fcc の場合，式 (8.12) の級数は比較的早くに収束し，$\sum{}' p_{ij}{}^{-12} = 12.13188$，$\sum{}' p_{ij}{}^{-6} = 14.45392$ となる．U_{total} は平衡距離 R_0 で極小となることから，$\frac{\partial U_{\text{total}}}{\partial R} = 0$ より fcc 構造の物質について $\frac{R_0}{\sigma} = 1.09$ となる．表 8.1 に Ne などにおける実測値を載せたが，ひじょうによい一致をみせている．また $R = R_0$ では，$U_{\text{total}} = -2.15\,(4N\varepsilon)$ となり，こちらについても実測値と比較した．かなりよい一致をみせるものの，実測値よりも大きな値を与えてしまい，この傾向は軽い元素ほど強い．これは，実際の格子点は運動しており，量子力学的な補正が必要となるためである．

8.2 電荷移動錯体の性質

　電荷移動相互作用は，分子間に作用する力の中で最も強い相互作用である．この相互作用は，分子間での電子移動に由来しており，さまざまな局面で登場する電子移動反応や，近年注目を集めている有機伝導体の理解に不可欠である．

8.2.1 電子供与体と受容体

　分子は通常，電子供与体（ドナー：D）か受容体（アクセプター：A）かに大別される．ただし，これは絶対的なものではなく，2つの分子間の相対的な性質である．つまり，相手しだいでDにもAにもなる，両性的な分子も存在する．ヒドロキノン（図8.4）は代表的な電子供与体の1つである．OH基という電子供与基をもつことから，分子全体として電子を出しやすく，小さなイオン化エネルギー E_i をもつ．分子軌道のエネルギー準位はいわゆる真空準位から測られるが，E_i が小さい特性はHOMOのレ

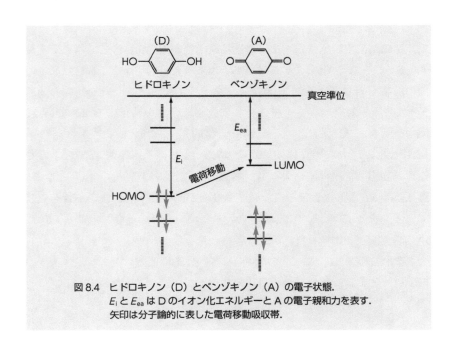

図8.4　ヒドロキノン（D）とベンゾキノン（A）の電子状態．
E_i と E_{ea} はDのイオン化エネルギーとAの電子親和力を表す．
矢印は分子論的に表した電荷移動吸収帯．

ベルがエネルギー的に浅いことと同等である．一方，ベンゾキノン（図8.4）は電子受容体の好例である．C=O 基という電子吸引基をもつことから，分子が電子を受け取りやすい性質が生じる．電子受容体は，電子親和力 E_{ea} が大きいという特性をもち，分子軌道レベルでは LUMO の準位が深いことに由来する．

ヒドロキノンとベンゾキノンはそれぞれ無色と黄色の物質であるが，これらのアルコール溶液を混ぜると，ただちに赤褐色に変色する．そしてしばらくすると，黒緑色のキンヒドロンとよばれる物質が沈殿する．キンヒドロンは，次に説明する電荷移動相互作用によって形成された，ヒドロキノンとベンゾキノンの1:1分子間化合物である．電荷移動相互作用によって形成された錯体を電荷移動錯体とよぶ．電荷移動錯体は，親物質がもつ電子遷移より長波長側に現れる電荷移動吸収帯とよばれる吸収をもつ特徴がある．図8.5にキンヒドロン（α型）の結晶構造を示した．a 軸方向に平面状のヒドロキノンとベンゾキノンが交互に積層し，カラムを形成している．電荷移動相互作用がこの方向に作用する一方，カラム間には水素結

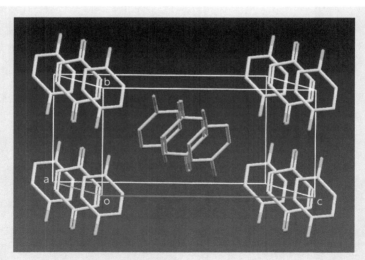

図8.5　キンヒドロン（α型）の結晶構造．ヒドロキノンとベンゾキノンが a 軸方向に交互に積層し，そのカラム間を水素結合が結ぶ．a 軸方向にヒドロキノンとベンゾキノンとが交互に積み重なっている．[T. Sakurai, *Acta Cryst., B*, **24**, 403（1968）]

合がみられ，カラムとカラムを結びつける役割を果たしている．

8.2.2 マリケンの電荷移動相互作用

　電子供与体と受容体を結びつける電荷移動相互作用は，マリケン（R.S. Mulliken）によって理論的に解明された．DとAが相互作用をもたずに隣接した状態を（DA）とし，DからAに1電子移動した電荷移動状態を（D^+A^-）とする．この2つの状態の間に量子力学的な共鳴，つまり（DA）↔（D^+A^-）を考え，これによる安定化が電荷移動錯体を形成する力であると考えた．この場合，真の姿は2つの状態の中間となる．キンヒドロンの場合，真の基底状態はa(DA) + b(D^+A^-)（ただし$a \gg b$）で，非結合状態にイオン化した状態が若干含まれることにより安定化がもたらされる（図8.6）．この安定化が電荷移動錯体を形成する推進力となっており，電荷移動力とよばれている．一方，励起状態は，（D^+A^-）の電荷移動構造に（DA）の非結合構造が若干混じった状態（$-b^*$(DA) + a^*(D^+A^-)（ただし$a^* \gg b^*$）となり，基底状態とは正反対の性格をもっている．一般に，電荷移動相互作用の強さを決める要素は2つある．1つは，DのHOMOとAのLUMOのエネルギー差で，小さければ小さいほど強い相互作用が得られる．もう1つの要素は，実際に電子移動が生じる，DのHOMOとAのLUMOの間の重なり積分である．空間的な重なりが大きければ大きいほど，強い相互作用に帰結する．

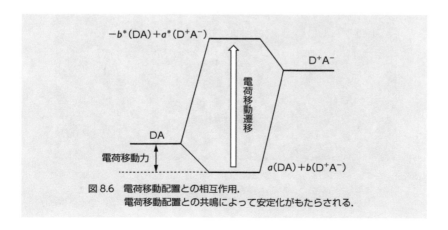

図8.6　電荷移動配置との相互作用．
電荷移動配置との共鳴によって安定化がもたらされる．

キンヒドロンにみられた深い色彩は，基底状態から励起状態への電子遷移に由来している．通常 $a \gg b$ であるので，極言すれば，この吸収は D の HOMO から A の LUMO への電子移動ということができる（図8.4）．そのため，この光吸収は電荷移動遷移とよばれている．図8.4からもわかるように，電荷移動吸収帯は D や A の HOMO‐LUMO 遷移より低エネルギー側，つまり長波長側に現れ，可視部や近赤外部に現れることが多い．電荷移動錯体の形成とともに深い色が呈されるのもこのためである．また，この吸収帯のもう1つの特徴は，実際に電子移動が起こる D の HOMO と A の LUMO の方向に強い偏光依存性をもつことで，キンヒドロンの場合，ヒドロキノンとベンゾキノンがスタックした a 軸方向の偏光には強い電荷移動吸収が生じるものの，それと垂直な方向に偏光した光に対して吸収はほとんど生じない．

8.2.3 さまざまな電荷移動相互作用と物性発現

電荷移動相互作用には，前項で説明した電子供与体と受容体間の単純なもののほか，さまざまな形態がある．たとえば，小さな E_i をもつ強い電子供与体と，大きな E_{ea} をもつ強い電子受容体を組み合わせて電荷移動錯体を組み合わせた場合，(DA) と (D^+A^-) のエネルギー関係が逆転し，基底状態が $a(DA) + b(D^+A^-)$（ただし $a \ll b$）と記述できる電荷移動錯体が登場する．キンヒドロンのような基底状態をもつ錯体を中性電荷移動錯体とよぶのに対して，このような錯体をイオン性電荷移動錯体とよぶ．つまり，イオン性電荷移動錯体の基底状態では，ほぼ1電子が D から A に移動しており，D^+ も A^- も不対電子をもつことになる．また電荷移動相互作用は，同種の分子，とくに不対電子をもつラジカル間にも作用する．この場合，2つのラジカル分子が相互作用なく隣接した状態 (R R) は，(R R) $\leftrightarrow$ $(R^+R^- + R^-R^+)$ のように，電荷移動して不均化した状態と共鳴する．さらに，R がイオンラジカルの場合でも (R^+R^+) $\leftrightarrow$ $(R R^{2+} + R^{2+}R)$ のような共鳴を起こし，電荷移動相互作用は発現する．

さて，DA 型の電荷移動錯体に話を戻そう．電荷移動相互作用を特徴づける指標として，電荷移動量 ρ があげられる．これは，

$$\rho = \frac{b^2}{a^2 + b^2} \qquad (8.13)$$

のように定義されるもので，中性の電荷移動錯体の場合 ρ は 0 に近く，イオン性錯体の場合は 1 に近い．そして $0.2 < \rho < 0.8$ 程度の中間的な値であるとき，この系は混合原子価状態にあるという．混合原子価状態にある電荷移動錯体は，コラム 8.2 で紹介する中性-イオン性相転移や，金属伝導性・超伝導性の発現など，きわめて興味深い物性をみせる．図 8.7 に示す電子供与体 TTF（テトラチアフルバレン）と電子受容体 TCNQ（テトラシアノキノジメタン）による電荷移動錯体 TTF-TCNQ は，混合原子価状態にある，おそらく最も有名な電荷移動錯体であろう．この結晶内では，TTF と TCNQ が交互に積層するのではなく，TTF と TCNQ がそれぞれ独立の一次元カラム構造を形成し，電荷移動相互作用はこの中でも生じている．図 8.7 は TTF-TCNQ の電気伝導度の温度変化を示している．室温から温度減少とともに伝導度は増加しており，金属的な特性を示して

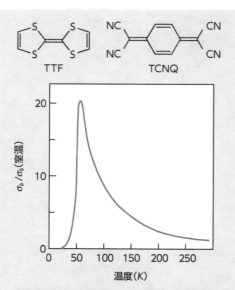

図 8.7　TTF-TCNQ の電気伝導度の温度依存性．b 軸が一次元軸．
[L.B. Coleman *et al.*, *Solid State Commun.*, **12**, 1125 (1973)；M.J. Cohen *et al.*, *Phys. Rev., B*, **10**, 1298 (1974)]

いるが，伝導度は 53 K で急減して絶縁化してしまう．これは，パイエルス（Peierls）転移とよばれる一次元金属特有の相転移である．TTF-TCNQ の発見以降，導電性高分子の研究と並行して，電荷移動錯体における物性探索が電気的性質を中心として行われ，有機超伝導や低次元金属特有の物性現象をはじめとするさまざまな特性が見いだされた．

コラム 8.2　電荷移動錯体の中性-イオン性転移

　弱い電子供与体と弱い受容体の組み合わせでは中性電荷移動錯体が形成され，強い供与体と受容体からはイオン性錯体が得られることを学んだ．そして，その中間に位置するような混合原子価状態にある電荷移動錯体は，高電気伝導性やこのコラムで紹介する中性-イオン性転移など，きわめて特異な性質をみせる．

　世界初の分子性金属 TTF-TCNQ と同様に，TTF-クロラニルはこのような中間的な電荷移動錯体の典型例である．TTF-TCNQ の場合，その基底状態はどちらかといえばイオン的（$\rho > 0.5$）であるのに対して，クロラニルは TCNQ よりやや弱いアクセプターであるため，TTF-クロラニルは，室温では中性錯体である．クロラニルの場合，1600 cm^{-1} 付近に C=O 伸縮振動をもつが，この振動数は電荷移動量によって顕著にシフトし，電荷移動量 ρ を見積もるためのよい指標となることが知られている．ちなみにその振動数は，中性のクロラニルでは 1685 cm^{-1}，クロラニルアニオンでは 1525 cm^{-1} で，160 cm^{-1} ものシフトを示す．これは，クロラニルの LUMO が末端の C 原子と O 原子の間で反結合的であるため，LUMO に 1 電子が収容されたアニオン状態では，その結合が弱まるためである．さて TTF-クロラニル中では，クロラニルの振動数は室温で 1640 cm^{-1} 程度であり，この錯体が $\rho = 0.3$ 程度の中性錯体であることを示している．ところがこの錯体を冷却すると，81 K において振動数が 1600 cm^{-1} に突然シフトする相転移が発見された．この温度以下では $\rho = 0.55$ 程度で，これは相転移後にイオン性錯体に転じたことを意味している．電荷移動錯体において，基底状態が中性とイオン性の間で逆転する相転移，これが中性-イオン性相転移である（図）．電荷移動相互作用と相転移がただちに結びついた現象である点や，相境界の不整合であるソリトンやドメインウォールの特異な挙動といった新しい現象も見つかり，大いに注目を集めた．

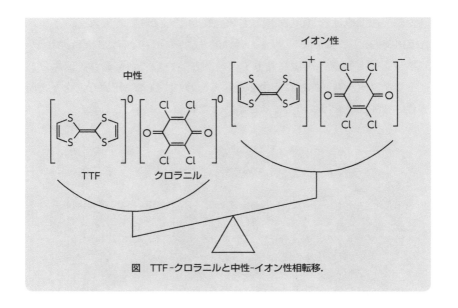

図　TTF-クロラニルと中性-イオン性相転移.

8.3　水素結合と分子認識

　地球が生命にとっての楽園であることは，地表温度で水が液体であることに由来することはだれもが認めることだろう．しかし，水のような低分子量の物質が，373 K まで液体でありつづけることは，周期表同系列の H_2S（212 K），H_2Se（232 K），H_2Te（271 K）の沸点をみてもきわめて異常なことである．こればかりでなく，水は高い融点，大きな熱容量，蒸発熱，高い誘電率をもつ特異な物質である．このような異常な特性を理解するために，F，O，N の水素化物などに特徴的にみられる X−H⋯Y（X，Y は F，O，N）のような構造に対して，水素結合とよばれる概念が構築された．ここで X はプロトンドナー，Y はプロトンアクセプターとよばれている．

8.3.1　水素結合の構造

　X−H⋯Y 結合のうち，X−H は共有結合で，H⋯Y の水素結合に比べて圧倒的に強く，その結合エネルギーは数百 kJ mol^{-1} 程度である．H⋯Y

水素結合の結合エネルギーは $10 \sim 30\,\mathrm{kJ\,mol^{-1}}$ 程度で，共有結合に比べれば圧倒的に弱いものの，室温の熱エネルギー $300\,k_\mathrm{B} = 2.5\,\mathrm{kJ\,mol^{-1}}$ からすると約 1 桁大きな値となっている．室温の熱エネルギーは，水素結合を完全に断ち切ることはできないが，その構造にかなりの影響を与えうるといってよいだろう．

　X−H⋯Y 型の水素結合の場合，水素を中心とした角度が 180° 付近であることが最も多い．中心の水素が 3 原子以上に取り囲まれた分岐型水素結合の場合を除いて，この結合角が 150° 以下となることはほとんどない．水素結合の結合距離は，X 線結晶構造解析において電子密度の小さい水素の位置を正確に決定することがむずかしいため，通常 X⋯Y の長さで議論される．この長さが X と Y のファンデルワールス半径の和より短いとき，ここに水素結合の存在を予想する．ちなみに X = O, Y = O なら $r(\text{X}⋯\text{Y})$ $= 0.24 \sim 0.30\,\mathrm{nm}$, X = N, Y = N なら $0.28 \sim 0.32\,\mathrm{nm}$ 程度が目安となる．X⋯Y 中の水素の位置については，きわめて強い水素結合の場合，水素は X と Y のちょうど中間に位置する例もあるが，ほとんどの場合 H⋯Y は X−H に比べて著しく長く，その差は $0.17 \sim 0.20\,\mathrm{nm}$ 程度にもなる．このように，水素結合には明確な方向性が現れる．

　本節の冒頭に述べた水の構造について紹介しよう．水の結晶である氷については，圧力や温度をパラメータとしてさまざまな結晶形が知られている．通常の氷は六方晶系に属し，ダイヤモンド中の炭素の位置を酸素で置き換え，各 O⋯O 結合間に 1 個ずつ H 原子が配される構造をもっている．1 個の O 原子は，ほぼ正四面体配置の 4 個の O 原子に取り囲まれているが，その線上にある 4 個の H 原子のうち，2 個とは共有結合により，残りの 2 個とは水素結合により結ばれている．酸素の規則正しい配列に対して，H 原子の位置は各サイトによってまったくランダムであることが知られている．このことから，氷の残留エントロピーが生じる．残留エントロピーとは，0 K においても残る無秩序状態のエントロピーのことである。残留エントロピーは次のようにして求めることができる．まず 1 mol の氷には N 個の O 原子と $2N$ 個の H 原子がある．各 H 原子は 1 つの O 原子の近くと，それに隣接する O 原子の近くに，1 つずつ占有できる場所（ポテンシャルエネルギーの極小点）があり，したがって全体として 2^{2N} とおりの可能

な配置ができる．氷は水分子の結晶であるから，1つの O 原子の周りに2個の H 原子がついて H_2O 分子を形成する配置以外は許されない．1つの O 原子の周りに0個から4個までの H 原子を並べる仕方は 2^4 とおりあるが，そのうち6とおりは H_2O 分子に対応し，その他のものは H_3O^+ などに対応する．したがって結晶全体で許される H 原子の配置の数は，

$$W = 2^{2N} \times \left(\frac{6}{16}\right)^N = \left(\frac{3}{2}\right)^N \tag{8.14}$$

である．この無秩序から生じるエントロピーは，

$$S = k_B \ln W = R \ln \left(\frac{3}{2}\right) = 3.3\,\mathrm{J\,K^{-1}\,mol^{-1}} \tag{8.15}$$

となる．この計算値は実測値をひじょうにうまく説明し，H 原子のランダムな配向のよい証拠となっている．

8.3.2 生体分子と水素結合

生体分子の構造や性質を水素結合ぬきに語ることはできない．生体内で最も普遍的にみられる水素結合の役割は，タンパク質の高次構造を決定づける仕組みとしての役割である．タンパク質は，アミノ酸残基がペプチド結合により連鎖した高分子で，アミノ酸の配列そのものは一次構造とよばれる．各タンパク質は特定の立体構造を有しており，これが二次構造とよばれている．タンパク質の作用を考えるとき，この高次構造は重要で，日常的にもよくみられるタンパク質の変性はこの高次構造の破壊による．タンパク質の二次構造の一例として，α ヘリックス構造をみてみよう．図 8.8 は，それぞれ平面を形成する2つのペプチド結合が sp^3 混成軌道をもつ炭素により架橋された立体図を示している．ここで C_i-N と C_i-C の周りに回転の自由度があるが，それぞれどのような角度でも許されるというわけではなく，ある特定の角度ではポリペプチドの主鎖やアミノ酸残基の原子が互いに接触してしまい，立体障害を招いてしまう．図 8.9 は実際の α ヘリックス構造の一部を示したものであるが，右巻きに回転しながら，i と $i+3$ 番目のペプチド結合部分のカルボニル基とアミド基の間に水素結合が形成されている．このとき，先ほどの2つの角度は，最も安定な組み合わせのうちの1つであることが知られている．結局 α ヘリックス構

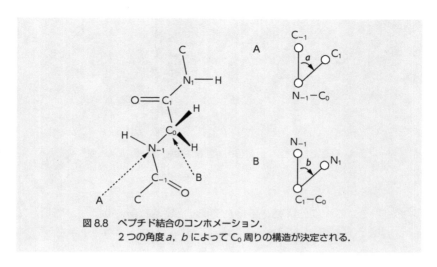

図8.8　ペプチド結合のコンホメーション.
2つの角度 *a*, *b* によって C_0 周りの構造が決定される.

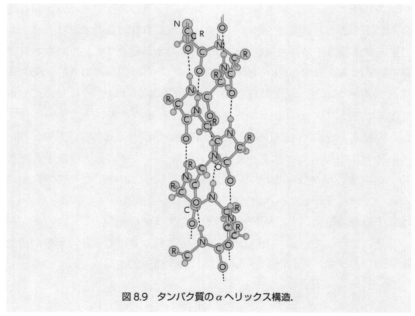

図8.9　タンパク質の α ヘリックス構造.

造を水素結合という観点から見直してみると, 許される立体配座を繰り返
しながら最大数の水素結合をつくり安定化している, ということがいえる.
　水素結合は生体分子の構造を担うだけでなく, もっと積極的にその作用

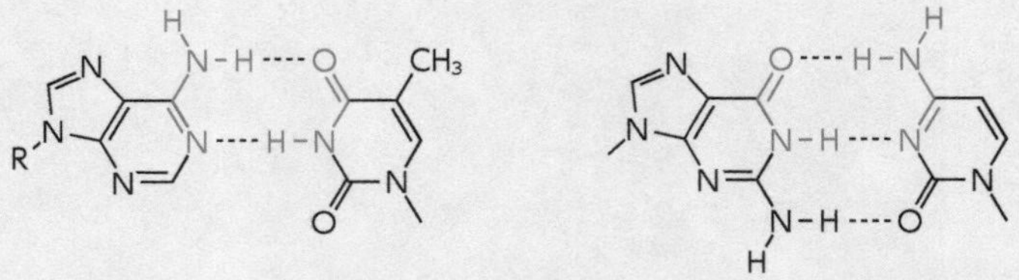

アデニン(A)　チミン(T)　　　グアニン(G)　シトシン(C)

図 8.10　水素結合によって選択的に形成される DNA の塩基対.

を支配している．遺伝情報を蓄えた DNA は塩基と糖とリン酸からできている．DNA の場合，α-D-デオキシリボースとよばれる糖と，アデニン (A)，チミン (T)，シトシン (C)，グアニン (G) の 4 種類の塩基のいずれかが結合したヌクレオシドを単位としている．ヌクレオシドがリン酸結合を介して 1 本の鎖状高分子をつくり，2 本の鎖が塩基対間の水素結合により二重らせん構造をつくっている．塩基対間の水素結合には完全な選択性があり，T は A と，C は G と必ず結合している（図 8.10）．DNA を 80℃ 程度まで加熱すると，水素結合は切断されて 2 本鎖はほどけはじめ，やがて 2 本は離れてしまうが，これを冷やすともとの二重らせん構造に戻るという復元力をみせる．T-A と C-G の繰り返しによる塩基配列は，3 組の順列で 1 つのアミノ酸を指定する．生物の中は通常数千～数十万種類のタンパク質が存在するが，その多様なアミノ酸がたった 4 種類の塩基によって決定されるというのは興味深い．この遺伝子の全容を明らかにし，遺伝子の塩基配列，すなわちタンパク質のアミノ酸配列のデータベース化が急速に進行している．このようなゲノム情報と基礎的な物性化学の研究手法の統合から，新しい生物学あるいは医学の発展が期待されている．

コラム 8.3　DNA 塩基の互変異性と突然変異

　水素結合が生体分子系の構造構築や機能発現に決定的な役割を果たす例は，枚挙にいとまがない．その中で，水素結合独特の方向性や選択性が顕著に現れ，

また，その重要性と美しさにおいて群を抜く存在といえば，1953年にワトソン（J.D. Watson）とクリック（F.H.C. Click）によって報告されたDNAの二重らせん構造をつくる塩基間の水素結合を，誰もが思い浮かべるのではなかろうか．アデニン（A）とチミン（T），グアニン（G）とシトシン（C）塩基間に選択的に水素結合が形成され，A−TとG−Cの塩基配列によって遺伝情報が保存される（図8.10）．このようなモデルが提案された当時から，この塩基対二重らせんモデルにしたがって，突然変異がどのようにして自然に発生するかについて議論がなされてきた．ワトソンとクリック自身も，DNAの複製の過程で，塩基の構造に互変異性（有機分子における構造異性体間の転移）が生じ，これが塩基対の変異を生み出す可能性を提案している．それから半世紀以上経過した現在，この予言は理論的にも実験的にも確かめられつつある．図1に，DNA塩基4分子に想定される互変異性を示した．水素原子の位置に違いがあることに注意して欲しい．たとえば，アデニン（A）と対をつくる塩基はチミン（T）であるが，アデニンの互変異性体（A′）はシトシン（C）と対をつくってしまう（図2）．このような塩基対の変異の存在が，X線構造解析やNMR測定によって確認されている．近年，チミン分子やアデニン分子が紫外線照射によって通常体から互変異性することが報告されているが，紫外線による塩基対の変異が皮膚がんの一因と考えられている．

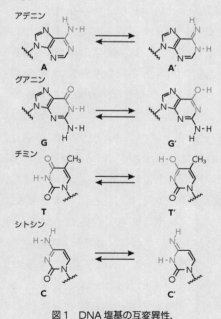

図1　DNA 塩基の互変異性．

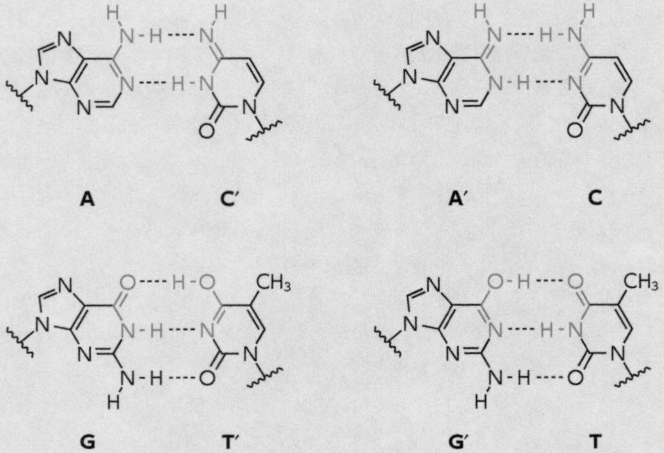

図2 互変異性体がつくる塩基対の変異.

8.3.3 水素結合の本質

　以上のように，$X-H\cdots Y$ という構造に水素結合とよべる力が内在して
いることは現象論的に間違いのない事実だが，その結合の本質は複合的な
ものである．水素結合の結合エネルギーに対する最も大きな寄与は，
$(X^{\delta-}-H^{\delta+}\cdots Y^{\delta-})$ で表されるような静電的なエネルギーであると考えら
れている．しかし，水素結合の結合エネルギーを定量的に理解するために
はこれだけでは不十分で，プロトンが Y の側に移動した $(X^{-}\cdots H^{+}-Y)$
で表される状態との共鳴によって得られる安定化を考える必要がある．先
に説明したように，電荷移動相互作用は (DA) という状態が電荷移動配
置 $(D^{+}A^{-})$ と共鳴することにより得られたものである．水素結合の場合，
$(X^{-}\cdots H^{+}-Y)$ はプロトンすなわち正電荷がプロトン受容体 Y に移動し
た状態とみなすことができ，プロトンの電荷移動配置とよばれている．実
験から $(X^{\delta-}-H^{\delta+}\cdots Y^{\delta-})$ と $(X^{-}\cdots H^{+}-Y)$ の寄与の比率を求めること
はむずかしいが，$X=Y=O$ という系についての計算によると，全水素結
合エネルギーに対して，前者が 8 割，後者が 2 割程度の寄与をしている
という報告がある．実験的には，強い水素結合が形成される系において，

$(X^{\delta-}-H^{\delta+}\cdots Y^{\delta-})$ から $(X^-\cdots H^+-Y)$ へのプロトンの電荷移動に由来する吸収帯が観測されている.

練 習 問 題

問 1　イオン双極子モーメント $\mu = 1\,\mathrm{D}$ の分子の双極子軸方向に，分極率 $\dfrac{\alpha}{4\pi\varepsilon_0} = 10 \times 10^{-30}\,\mathrm{m^3}$ の分子が $0.3\,\mathrm{nm}$ の距離にあるとき，この相互作用エネルギーを計算せよ.

問 2　Kr 原子の分極率は $\dfrac{\alpha}{4\pi\varepsilon_0} = 2.46 \times 10^{-24}\,\mathrm{cm^3}$，イオン化エネルギーは $13.93\,\mathrm{eV}$ である. $0.40\,\mathrm{nm}$ だけ離れた 1 対の Kr 原子間に作用する分散力を計算せよ.

問 3　塩素のファンデルワールスの体積補正項 b は $46\,\mathrm{cm^3\,mol}$ である. 分子が球形であると仮定して，塩素分子の直径を求めよ.

問 4　電荷移動吸収帯が，親分子であるドナーやアクセプターの光吸収よりも長波長側に現れることを説明せよ.

第9章

発展する物性化学

9.1　物質を眺める視点――物質科学の多次元座標

　物性化学とは元素の物理・化学的性質を把握し，それらの元素を自在に操ることによりさまざまな分子集合体を開発し，新しい機能性や物性現象を発現させる学問であり，物質科学（マテリアルサイエンス）の中核を担う分野である．

　物質を理解する際，(1) 物質の構成元素の種類を多元系に広げた物質群やd電子・π電子が共に重要な役割を果たす有機・無機複合物質，(2) 光学的性質・磁性的性質・伝導性を組み合わせた多重機能性，(3) 低温・高圧などの極端条件を組み合わせた多重極限という多次元座標で物質を眺めると，我々の見ている日常の物質は常温・常圧という一点にすぎないことに気がつく．図9.1は多重極端条件，複合物性・多重機能性，物質の構

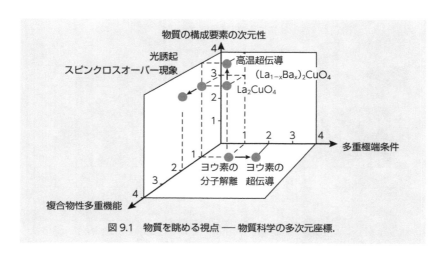

図 9.1　物質を眺める視点 ── 物質科学の多次元座標.

成要素を軸にとった"物質科学の多次元座標"である.

　まず，多重極端条件という座標軸で物質を眺めてみよう．ヨウ素は常温・常圧下では分子性結晶を形成し，絶縁体である．ところが，第7章のコラム7.2で紹介したように，約21万気圧以上の圧力下では，圧力誘起分子解離を起こして分子内および分子間の化学結合が等価になり，金属化する．また，圧力誘起分子解離を起こした状態で極低温まで温度を下げていくと，約1Kで超伝導体となる．ヨウ素のこのような現象は，常温・常圧という一点で眺める限り，驚くべき現象である．現在では，酸素や臭素などの単体も高圧下で圧力誘起分子解離を起こして金属化し，さらに極低温まで温度を下げていくと超伝導体になることがわかっている．表9.1は単体として超伝導が発現する元素を示したものである．また，18族のキセノン（Xe）は常温・常圧下では気体であるが，150万気圧以上かけると金属化する．

　次に，複合物性・多重機能性という座標軸でスピンクロスオーバー錯体 $[Fe^{II}(ptz)_6](BF_4)_2$（ptz＝1-propyltetrazole）を眺めてみよう．この錯体は120Kより低温では低スピン状態をとり反磁性であるが，120Kより高温になると高スピン状態をとり常磁性を示す．ところが，50K以下で配位子場遷移に相当する光を照射すると，光で低スピン状態と高スピン状態を自在に制御することができる．この現象はLIESST（Light-Induced

表9.1　超伝導が発現する元素.

■=高圧下で超伝導が発現する元素
■=常圧下で超伝導が発現する元素

H																	He
Li	Be											B	C	N	O	F	Ne
Na	Mg											Al	Si	P	S	Cl	Ar
K	Ca	Sc	Ti	V	Cr	Mn	Fe	Co	Ni	Cu	Zn	Ga	Ge	As	Se	Br	Kr
Rb	Sr	Y	Zr	Nb	Mo	Tc	Ru	Rh	Pd	Ag	Cd	In	Sn	Sb	Te	I	Xe
Cs	Ba	ランタノイド	Hf	Ta	W	Re	Os	Ir	Pt	Au	Hg	Tl	Pb	Bi	Po	At	Rn
Fr	Ra	アクチノイド	Rf	Db	Sg	Bh	Hs	Mt	Ds	Rg	Cn	Nh	Fl	Mc	Lv	Ts	Og

ランタノイド	La	Ce	Pr	Nd	Pm	Sm	Eu	Gd	Tb	Dy	Ho	Er	Tm	Yb	Lu
アクチノイド	Ac	Th	Pa	U	Np	Pu	Am	Cm	Bk	Cf	Es	Fm	Md	No	Lr

Excited Spin State Trapping）とよばれ，スピンクロスオーバー領域にある金属錯体の d 電子の光学特性と磁気特性を組み合わせた多重機能性の発現である．

次に，物質の構成要素という座標軸で $(La_{1-x}Ba_x)_2CuO_4$ の高温超伝導発現を眺めてみよう．その母体となる La_2CuO_4 は絶縁体であるが，希土類イオンである La^{3+} イオンの一部をアルカリ土類イオンである Ba^{2+} で置換した $(La_{1-x}Ba_x)_2CuO_4$ は系の電荷を中性に保つため，二次元シート構造の CuO_4 層から電子が引き抜かれることになる．これが高温超伝導発現の原因であり，物質の構成要素を 3 元系から 4 元系に広げたときに初めて高温超伝導が出現する．

このように，物質の構成元素の多様性，光学的性質・磁性的性質・伝導性を組み合わせた多重機能性，極低温・超高圧などの極端条件を組み合わせた多重極端条件という多次元座標で物質を眺めると，そこには全く新しい物性現象や機能性を秘めた未知の座標空間が広がっていることに気づく．第 9 章では，このような視座に立って，発展する物性化学の最前線を紹介する．

9.2　有機/分子エレクトロニクスの発展

9.2.1　有機/分子エレクトロニクスとは何か

現代では，携帯電話，テレビから冷蔵庫といった日常品から，コピー機や自動車に至るありとあらゆるものに，無機半導体を応用したさまざまな電子部品が組み込まれている．これらは，トランジスタ，発光ダイオード，フラッシュメモリ，半導体レーザーなどであり，さまざまな機能をもっている．現在関心を集めている太陽光発電も半導体を応用したもので，半導体は情報とエネルギー生産のための中核を担っている．このような電子部品中の半導体や電気回路を，有機化合物や分子性物質で置き換えようというのが有機/分子エレクトロニクスである．また，1 分子がトランジスタやダイオードなどの機能を果たすのが単分子素子で，物性化学とナノサイエンス・テクノロジーの融合による近未来の電子素子と考えられている．

有機および分子性材料の特徴として，(1) 化学合成によって多彩な分子を合成可能で，分子修飾によって，望み通りの電子構造や分子構造を作

りあげることが可能．（2）おもに軽元素からなり，軽量・低密度である．一般に，低融点かつ溶媒に可溶性で，インクジェット法などを用いてデバイス作製プロセスを簡略化できる．可塑性や柔軟性に優れ，フレキシブルな電子製品となりうる．（3）温度や電場，光などの外部刺激に対する強い応答，などが挙げられる．もちろん良いところばかりではなく，分子間相互作用が弱いこともあり，電気伝導度などの基本特性が無機物より劣ることや，物質としての安定性も問題視されている．有機/分子エレクトロニクスは発展途上の研究分野で，将来的には無機半導体デバイスとの住み分けが図られるものと考えられている．

9.2.2　有機伝導体研究の歴史

　有機伝導体の開発研究には，我が国の研究者のきわめて大きな貢献がある．1950年代，グラファイトは当時から電気伝導体として知られていたが，有機物は絶縁体の代名詞でもあり，電気伝導性の高い物質は知られていなかった．赤松秀雄，井口洋夫，松永義夫らは，グラファイトのかけらのような縮合多環芳香族化合物を中心に，有機物の電気伝導性に関する独創的な研究を展開し，1954年，ついにペリレンに臭素をドープした物質が高い伝導度をもつ半導体であることを見いだした．その後，有機金属や超伝導体を目指して国際的な競争が繰り広げられ，1971年には世界初の有機金属であるTTF-TCNQが生み出された（第8章，図8.7参照）．

　有機電気伝導体の開発は，上記のような低分子量の有機分子がつくる分子結晶ばかりでなく，導電性有機高分子についても盛んに行われている．ポリアセチレンは−(CH=CH)$_n$−のような構造をもつ高分子で，アセチレンガスを重合することにより合成される．二重結合と単結合が交互に連なったπ共役高分子で，このなかの各炭素原子の価電子はsp^2混成し，π電子を1個ずつもつ．この高分子は，1958年，ナッタ（G. Natta）らにより$Ti(OBu)_4$-$Al Et_3$系触媒を用いて初めて合成された．しかし，当時のポリアセチレンは真っ黒い不溶性の粉末で，赤外吸収スペクトルなどで共役ポリエンの構造は確認されたものの，精密な物性測定の素材とは程遠いものだった．

　1967年，白川英樹は触媒濃度を当時の常識量の1000倍に間違える

（mmol → mol）アクシデントから得られたフィルム化を見逃さず，起きてしまった失敗研究を見直すことによってフィルム状ポリアセチレンの合成にみごと成功した．フィルム状ポリアセチレンは有機物とは思えないほどの銀色の光沢をもつ．この成功は，ポリアセチレンを高分子物性探索のひのき舞台に一躍引き上げることになった．合成直後のポリアセチレンは，電気的には半導体である．白川はヒーガー（J. Heeger），マクダイアミッド（A. MacDiarmid）とともにポリアセチレンのケミカルドーピングに挑戦し，ついに単体の金属をしのぐほどの伝導性をもつ"合成金属"の開発に成功した．2000 年のノーベル化学賞は，導電性高分子の発見と開発により，この 3 教授に贈られている．

9.2.3　ボンドとバンド

　ポリアセチレンの電子状態について，ヒュッケル分子軌道法を用いて議論しよう．エチレンでは，2 つの $2p_z$ 原子軌道からは，π 結合性軌道と π^* 反結合性軌道が生じる（図 9.2 (a)）．それぞれの軌道エネルギーは $\alpha + \beta$，$\alpha - \beta$ となる．ここで α，β はそれぞれクーロン積分と共鳴積分である．π^* 軌道では 2 原子間のちょうど中央に z 軸に平行な節面が生じ，ここでは電子密度が下がる．π 軌道には z 軸に平行な節面はなく，原子間では電子密度が増すため結合性軌道であることがわかる．2 つの $2p_z$ 原子軌道がもっていた 2 電子は，結合性軌道に収容され，π 結合が形成される．

　エチレン（C_2）からアリルラジカル（C_3），ブタジエン（C_4）と π 共役鎖を伸ばしていくと，π 電子軌道の数も 1 つずつ増える．共通していえることは，最も軌道エネルギーが低いのが最も結合的な軌道で，エネルギーが高くなるにつれて節の数が 1 つずつ増え，反結合的な部分が増していく．最もエネルギーが高い軌道では，すべての原子間で反結合的である．結合性軌道にすべての電子が収容されることも共通である．

　注目すべきは最低エネルギーと最高エネルギーの差で，間隔はしだいに広がるものの飽和する傾向にある．実際，C_∞ としてポリアセチレンの π 電子軌道をヒュッケル分子軌道法によって求めてみると，最低軌道エネルギーと最高軌道エネルギーはそれぞれ $\alpha + 2\beta$ および $\alpha - 2\beta$ となる．つまり，エネルギー間隔 4β の中に，無限数のエネルギー準位がひしめきあ

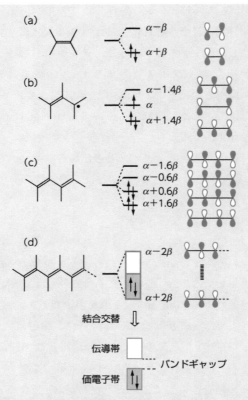

図9.2 直鎖状共役ポリエンとその電子構造. 軌道エネルギーはヒュッケル分子軌道法により得られたもので, α および β はそれぞれクーロン積分および共鳴積分.

うという状況が生じる. これがバンドである.

　ポリアセチレンにおいても, バンドの半分が電子で満たされていることは容易に想像がつく. このように, 中途半端にバンドが満たされた場合, 金属的性質の発現が予想される. ヒュッケル近似では, 各炭素原子が等間隔に並んでまったく結合交替のない構造を暗に仮定しているのに対して, 実際のポリアセチレンには電子－格子相互作用により結合交替（二重結合と単結合が交互に現れる構造）が生じている. 実際のポリアセチレンは, ちょうどフェルミエネルギーのところに 0.5 eV 程度のバンドギャップが生じ, 価電子帯と伝導帯に分裂する. このためポリアセチレンは半導体で

ある.

　ポリアセチレンに高伝導性をもたせるためには, ケミカルドーピングが必要となる. ポリアセチレンのフィルムを臭素やヨウ素の蒸気にさらすと, Br^- や I^- などが生じることより, ポリアセチレンの価電子帯から電子を引き抜き, 正孔（ホール）が形成される. これが電気伝導に寄与して金属に近い状態をつくりだす. ポリアセチレンの場合, ドーピングの程度によってソリトンやポーラロンとよばれる低次元系特有の励起状態も伝導に関与していると考えられているが, いずれにせよ, I_2 をドープすることにより電気伝導度は 6 桁以上も上昇すると報告されている.

9.2.4　有機 FET と有機 EL

　無機半導体は一般に, 真性半導体と不純物半導体に分類される. 真性半導体では電子とホールの数は等しいが, 不純物半導体は, 電気伝導の担い手がホールである p 型半導体と, 電子である n 型半導体に分類される. 単体からなる有機半導体の場合, 真性半導体となることが予想されるが, 実際にトランジスタなどをつくってその半導体特性をみると, 多くの場合 p 型あるいは n 型として作用する. このような性質は, 最近の研究により, 有機分子の HOMO や LUMO のエネルギー準位と, 電極の仕事関数の関係で定まることが分かってきた. 図 9.3 に有機トランジスタ材料として用いられている代表的な分子を示した. p 型半導体は, イオン化エネルギーが低い良好なドナー分子が多く, また n 型半導体は LUMO のレベルが低い良好なアクセプター分子が多い. これらの多くは固体中で π 積層した構造をもち, 電気伝導に有利な結晶構造をもつ.

　このような有機半導体を用いたトランジスタ特性が関心を集めている. トランジスタ機能を一言でいえば, 増幅機能とスイッチング機能に集約される. その作動方式として, 半導体中に流れる電流を, ゲート電極から与えられる電界によって制御するものを FET（電界効果トランジスタ）とよぶ. FET は現在の集積回路において必要不可欠な素子だが, 近年, 有機半導体を用いた有機 FET が盛んに研究されている. 図 9.4 (a) に, ボトムゲート/ボトムコンタクト型とよばれるタイプの FET の構造を示した. ゲート電極と有機半導体中には絶縁層が挿入されており, ゲート電圧

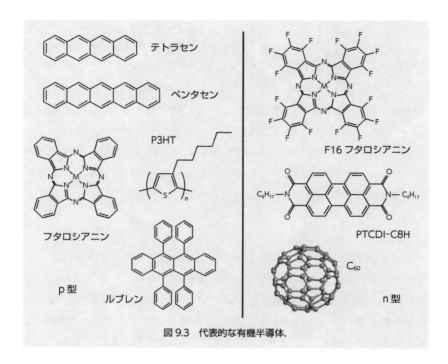

図 9.3　代表的な有機半導体.

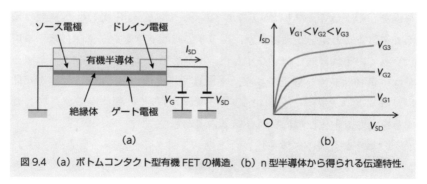

図 9.4　(a) ボトムコンタクト型有機 FET の構造.　(b) n 型半導体から得られる伝達特性.

を加えると絶縁層の界面の有機半導体(通常は1層程度と考えられている)がイオン化し, キャリア (電子あるいはホール) が蓄積される. 図 9.4 (b) に n 型半導体が見せる典型的な FET 特性を示した.

　図 9.5 は, 有機 EL 素子の発光メカニズムを示したものである. 蛍光やりん光を示す有機半導体が, 透明電極 ITO (Indium Tin Oxide) (通常,

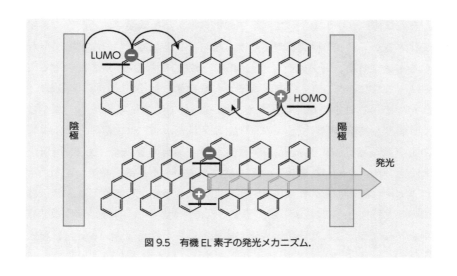

図 9.5　有機 EL 素子の発光メカニズム.

陽極）と Al などの他の電極にサンドイッチされている．陽極からは，電極界面の分子の HOMO に正孔（ホール）が注入され，近接分子間での電子交換（酸化・還元）によって対極の方向に運ばれる．一方，陰極からは LUMO に電子が注入され，これも同様に対極方向に移動する．注入された正孔と電子はやがて有機層中央で出会うが，この HOMO と LUMO にそれぞれ正孔と電子がある状態は，分子の励起状態の電子構造にほかならない．このようにして，この分子励起状態から発光するように，電子とホールは再結合して，余分なエネルギーを光として放出する．これが有機 EL の原理である．

　有機 FET や有機 EL，あるいは有機太陽電池は，有機半導体の HOMO や LUMO の制御や，その酸化還元プロセスを巧みに利用したものであり，安価でフレキシブルな電子素子を目指す有機エレクトロニクスが急速に発展している．

9.3　超伝導体の化学

9.3.1　超伝導とは

　超伝導現象の発見者は，ヘリウムの液化に成功したカマリング・オネスで，それは 1911 年のことだった．カマリング・オネスは，自らがつくり

だした液体ヘリウムを使って，金属の電気抵抗が極低温でどのように温度変化するかを調べる研究に着手した．当時としては最も純粋な試料が得られる水銀を対象に電気抵抗を極低温域で測定したところ，4.2 K 以下で突然測定できなくなるほど小さくなることを発見した（図 9.6）．超伝導とは，いわばその物質中の電気抵抗が 0 となる現象で，電気抵抗が消失してしまう温度を超伝導臨界温度（T_c）とよぶ．精密な測定によると，超伝導相の電気抵抗率は $10^{-24}\,\Omega\,\mathrm{cm}$ 以下にもなり，通常の金属よりも 15 桁以上も小さい．また，超伝導体をコイル状にしていったん電流を流すと 10^5 年以上も流れ続けるという報告もある．このような完全導電性と並ぶ超伝導体の基本特性として，1933 年に発見された完全反磁性（マイスナー効果）があげられる．これは，超伝導体が磁場中に置かれた場合でも磁束は超伝導体内へ侵入できず，内部では磁束密度 0 に保たれるという現象で，超伝導体でつくった容器に小さな磁石を入れると磁石が浮き上がるといった現象をみることができる．さらに，超伝導体内に穴を開けると，その穴を貫く磁束は磁束量子の整数倍に限られ，磁束の量子化とよばれる現象が生じることも知られている．

　超伝導の基本的なメカニズムに関しては，バーディーン（**J. Bardeen**），

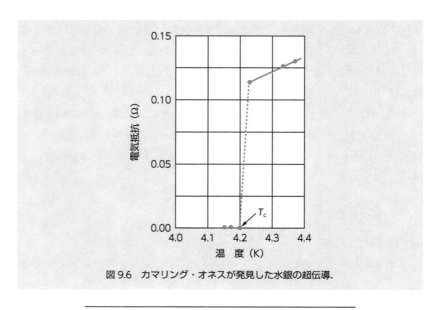

図9.6　カマリング・オネスが発見した水銀の超伝導．

クーパー（L.N. Cooper），シュリーファー（J.R. Schrieffer）によって1957年に発表されたBCS理論により解明された．電子はフェルミ粒子であるから，スピンまで含めて2個の電子が同一の量子状態を占めることは許されない．しかし，あとで議論する理由により，電子間に引力が作用するとき，2個の電子対（クーパー対）はボーズ粒子としてふるまい，低温ではすべての電子が同一の量子状態を占める（ボーズ-アインシュタイン凝縮）．電子対のミクロな性質がマクロに現れる現象が超伝導と考えられている．

完全導電性は，超伝導体の送電線を使えば，数百km離れた発電所から各家庭まで電圧降下なく電力を送りうることを意味している．現在のように太い電線に高電圧をかける必要もないだろう．また，完全反磁性はリニアモーターカーを地上から浮かし，車体と線路の間の抵抗を0にして航空機なみのスピードを与えるだろう．その他，超伝導体どうしを絶縁体や常伝導体を介して弱く接合したジョセフソン接合とよばれる素子がつくりだす量子効果など，超伝導の応用の可能性に関しては枚挙にいとまがない．実際，1913年，カマリング・オネスは，ノーベル賞受賞講演において，超伝導材料を用いた強い磁場をつくりだす超伝導磁石の可能性に言及している．しかし，当時知られていた金属単体の超伝導体は第一種超伝導体に分類されるもので，小さな磁場で超伝導状態が破壊されてしまう．そのため，高磁場磁石をつくる線材としては使えなかった．実用に耐える超伝導線材が世に出回ったのは，1961年，クンツラー（J.E. Kunzler）らによるNb_3Snなどの発見以降である．これらは第二種超伝導体に分類されるもので，超伝導状態を保ったまま磁束をある程度超伝導体内部に通すことができる．現在では，このような線材を使った超伝導磁石や，ジョセフソン接合を利用した高感度磁束計などは実用化されており，実験室レベルではごくありふれたものとなっている．

9.3.2 酸化物超伝導体

超伝導現象を日常生活に実用化するうえで障害となっているのは，超伝導の発現が極低温域で生じるため，高価で取り扱いが大変な液体ヘリウムを使用しなければならない点である．そのため，超伝導発見以降，高温超

伝導を求めた開発競争が繰り広げられてきた．水銀の超伝導発見直後は，鉛やスズなどの金属単体における超伝導性の発見が相次いだ．その後，研究の中心は Nb_3Sn などの金属間化合物に移り，転移点もしだいに上昇している．しかし，その上昇の度合いは鈍く，1980 年代半ばまでは Nb_3Ge 薄膜の $T_c = 23\,K$ が最高だった．このような閉塞感を根底から覆したのが酸化物超伝導体の発見である．1986 年，ベドノルツ（J.G. Bednorz）とミューラー（K.A. Müller）は，La_2O_3，$Ba(NO_3)_2$ および CuO を混合し焼結して合成した $Ba_{0.75}La_{4.25}Cu_5O_{15}$ の電気抵抗が，35 K 付近から急に減少し，10 K 付近で完全に超伝導状態に突入することを発見した（図 9.7）．酸化物という一般的には絶縁体の代名詞のように思われていた物質が転移点の高い超伝導体となることは世界中を驚かせ，その後，数年間に及ぶ超伝導フィーバーを引き起こした．この酸化物の Ba を Sr に置換することにより T_c はただちに 40 K に引き上げられた．そして，ベドノルツとミューラーの発見から 1 年と経たないうちに，La を Y に置換したイットリウム系酸化物超伝導体 $YBa_2Cu_3O_7$ の T_c が 90 K を超えることが，ヒュースト

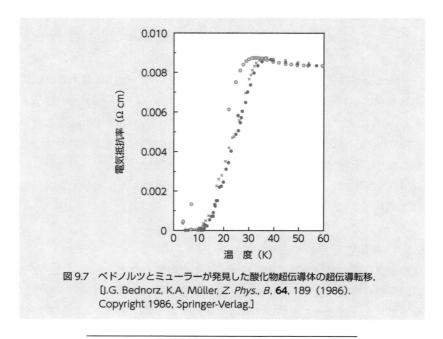

図 9.7 ベドノルツとミューラーが発見した酸化物超伝導体の超伝導転移.
[J.G. Bednorz, K.A. Müller, *Z. Phys., B*, **64**, 189（1986）.
Copyright 1986, Springer-Verlag.]

ン大学，東京大学教養学部，中国科学院の３グループによって独立に発見された．現在，T_c の最高記録を示す酸化物は水銀系銅酸化物 $HgBa_2Ca_2Cu_3O_8$ であり，31 GPa の圧力下で $T_c = 164$ K の超伝導体となる．

　酸化物超伝導体の結晶構造は，ペロブスカイト構造を基本としている．図 9.8 (a) に ABO_3 型立方ペロブスカイト酸化物の構造を示す．この構造では，酸素と大きな陽イオン A とが面心立方構造をつくり，小さな陽イオン B（酸化物超伝導体の場合 Cu サイト）は，6 個の酸素に取り囲まれ，この BO_6 の八面体が各頂点を接して結晶全体に B−O のネットワークをつくっている．図 9.8 (b) に実際の酸化物超伝導体である $YBa_2Cu_3O_7$ の構造を示した．ABO_3 型構造が３階建てになり，最上層と最下層の A サイトに Y，それ以外の A サイトには Ba が配置されている．しかも，Y 原子面内には O 原子は存在せず，中階の Cu−O 面でも O の占有率が低い．上層と下層にのみ組成比 CuO_2 の二次元ネットワークが形成されているが，Cu は４個の O イオンに囲まれ，ややゆがんでピラミッド構造をしている．CuO_2 の二次元ネットワークは酸化物超伝導体に共通にみられるもので，超伝導はこの面内で生じていると考えられている．この CuO_2 の構造から，その電子状態を考察することができる．Cu^{2+} は d^9 であるから，

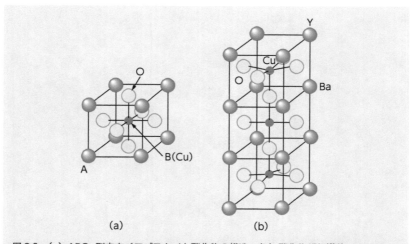

(a)　　　　　　　　(b)

図 9.8　(a) ABO_3 型立方ペロブスカイト酸化物の構造，(b) 酸化物超伝導体 $YBa_2Cu_3O_7$ の構造.

その不対電子は$d_{x^2-y^2}$軌道上にある。各サイトの$d_{x^2-y^2}$軌道は，酸素のp_σ軌道と二次元のバンドをつくる。アルカリ金属で代表される多くの金属はs軌道が伝導帯を形成し，導電性高分子ではp軌道が伝導帯を形成する。これに対して，高温超伝導体ではd軌道が伝導帯を形成している。

BCS理論では，電子間に引力が作用し，その結果低温になると電子が対をなしてボーズ–アインシュタイン凝縮を起こし，電子対の量子力学的運動が金属のマクロな性質に現れた結果が超伝導とされている。そしてこの引力の起源に関しては，いくつかの可能性が指摘されている。高温超伝導体の出現以前の超伝導体では，電子–格子相互作用が支配的と考えられていた。電子は正電荷をもつイオン格子中を運動しているが，電子と格子の組み合わせは，電気双極子と考えることができる。これは他の電子を引きつけることが可能である。このように，正電荷をもつ格子を介すると，負電荷をもつ電子間にも引力が作用することもありうる。超伝導転移温度は，引力が強ければ強いほど高くなると考えられているが，電子–格子相互作用に由来する超伝導転移温度の上限としては，40 K程度と見積もられている。しかし，酸化物超伝導体のT_cは，この見積もりを明らかに上回る。

そこで，別の引力機構が考えられる。それが，キャリアー濃度xを横軸とした場合の酸化物超伝導体の相図である。$La_{2-x}Sr_xCuO_4$などの系において共通に得られた結果を図9.9に模式的に示す。$x = 0$のときすべて

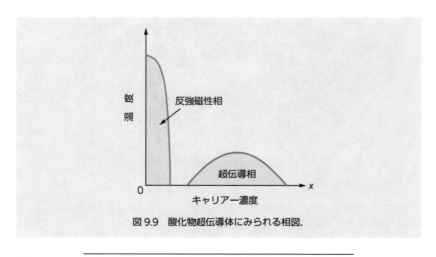

図 9.9　酸化物超伝導体にみられる相図.

の Cu は 2+ で，1 個の不対電子をもつ．このような場合，系は金属どころか絶縁体で，反強磁性という磁気的秩序状態になる．このとき Cu の二次元格子上の電子スピンの向きは，反強磁性的交換相互作用とよばれる力によって…↑↓↑↓↑↓…のように秩序化している．そして，Cu^{2+} サイトの電子を減じていくと，反強磁性相が崩壊する一方で高温超伝導相が出現する．高温超伝導相が反強磁性絶縁相のすぐ隣にあることは興味深くまた示唆的で，反強磁性相が失われた後にも電子スピン間には反強磁性的交換相互作用が強く残っており，これが超伝導状態をつくりだす引力の起源と考えられている．

9.3.3 有機超伝導体

分子が集合して固体を形成した分子集合体では，分子間力は分子内の共有結合と比べてはるかに弱く，多くの分子集合体は絶縁体と思われてきた．しかし，第 8 章で紹介したように，電子供与体 TTF（＝tetrathiafulvalene）と電子受容体 TCNQ（＝tetracyanoquinodimethane）による有機電荷移動錯体 TTF-TCNQ は，室温から 53 K まで金属として振る舞う．また，一次元金属錯体である KCP（＝$K_2[Pt(CN)_4]Br_{0.3}\cdot 3H_2O$）も約 230 K 以上で金属として振る舞う．これらの導電性分子集合体は一次元伝導体の特色をもっているが，有限の温度で金属・絶縁体転移を起こし，低温で絶縁体となる．

パイエルス（R.E. Peierls）は著書『固体の量子論』（1955 年）で，「部分的に満たされたバンドをもつ一次元金属では，規則正しい鎖の構造は安定ではなく，金属としての性質をもち得ないように思われる」と予言しているが，TTF-TCNQ や KCP で観測された金属・絶縁体転移はパイエルスの予言を証明するものであり，一次元金属で現れる金属・絶縁体転移をパイエルス転移とよんでいる．

1970 年代，一次元伝導体の宿命であるパイエルス転移を抑制し，分子集合体から超伝導を発現させるための物質開発が活発に行われたが，1980 年，ついに有機超伝導体（TMTSF）$_2$PF$_6$（TMTSF＝tetramethyltetraselenafulvalene）が開発された．現在では，分子の π 電子が超伝導を担う広い意味での有機超伝導体は 100 種類を超えている．ここでは，(1) TTF をルー

ツとする超伝導体，（2）KCP をルーツとする超伝導体，（3）グラファイト層間化合物 C_8K をルーツとする超伝導体について紹介する．

1）TTF をルーツとする超伝導体

電荷移動錯体 TTF-TCNQ の結晶中では，TTF と TCNQ が独立に積み重なった分離積層カラム構造をとる．TTF および TCNQ はカラム方向に沿ってそれぞれ一次元バンドを形成しているが，電子供与体 TTF のHOMO（最高被占有軌道）バンドから電子受容体 TCNQ の LUMO（最低空軌道）バンドに $0.6\,e^-$ の電荷移動が起こり，TTF の HOMO バンドおよび TCNQ の LUMO バンドが共に金属伝導に寄与している．TTF-TCNQ で起こる一次元金属特有の金属・絶縁体転移を抑制するため，TTF や TCNQ のカラム間の分子間力を強くする分子設計の過程で，TTFの S 原子をすべて Se 原子に置換し，両端にある 4 個の H 原子をすべてCH_3 基に置換した TMTSF が合成され，1980 年，$(TMTSF)_2PF_6$ において極端条件（$P = 1.2\,GPa$, $T_C = 0.9\,K$）のもとで最初の有機超伝導がジェローム（D. Jérome），ベチガード（K. Bechgaard）らにより発見された．また，1981 年には，$(TMTSF)_2ClO_4$ が常圧下で超伝導（$T_C = 1.4\,K$）を示すことが報告された．

1982 年には，BEDT-TTF（＝bis(ethylenedithio)tetrathiafulvalene）分子（図 9.10）のように TTF 分子の長軸外縁にアルキルチオ基を付加するとカラム間での S 原子同士の分子間力が増加し，二次元金属として振

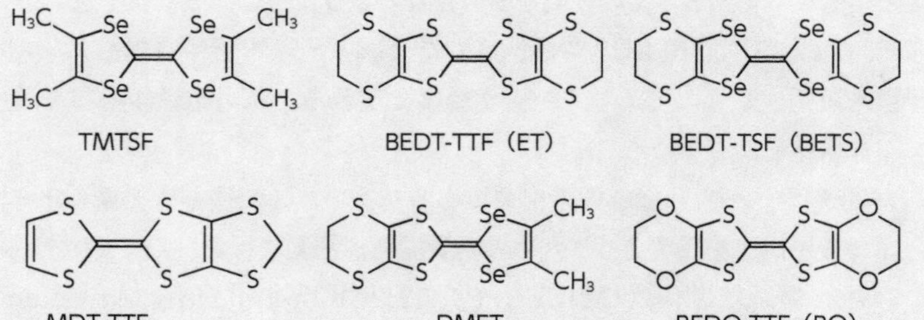

TMTSF BEDT-TTF（ET） BEDT-TSF（BETS）

MDT-TTF DMET BEDO-TTF（BO）

図 9.10 超伝導を発現させる代表的な有機分子．

る舞うことが（BEDT-TTF）$_2$ClO$_4$ で確かめられ，1983 年，BEDT-TTF 分子系では最初の超伝導が（BEDT-TTF）$_2$ReO$_4$ で発見され，以後 50 種類を超える有機超伝導体が BEDT-TTF 分子系で開発されてきた．なお，TTF 誘導体による有機超伝導体の最高転移温度は，$P = 8$ GPa における（BEDT-TTF）$_2$ICl$_2$ の 14.2 K である．図 9.10 に超伝導が発現する代表的な TTF 誘導体の分子構造を示す．

2）KCP（= K$_2$[Pt(CN)$_4$]Br$_{0.3}$·3H$_2$O）をルーツとする超伝導体

第 7 章のコラム 7.1 で紹介したように，KCP（=K$_2$[Pt(CN)$_4$]Br$_{0.3}$·3H$_2$O）は平面 4 配位錯体 [Pt(CN)$_4$] が積み重なって一次元鎖を形成しており，5d$_{z^2}$ 軌道による一次元バンドを形成している．Pt の価数は 2.3+ であり，5d$_{z^2}$ 軌道によるバンドは上部に空きのある伝導帯となり，一次元金属として振る舞う．KCP は 230 K で金属・絶縁体転移を起こし，低温で絶縁体となる．1970 年代，KCP のような部分酸化白金一次元錯体が数多く研究されたが，1981 年に [Pt(mnt)$_2$]（mnt=maleonitriledithiolate）錯体の部分酸化塩が報告され，金属錯体による超伝導探索のきっかけとなった．[Pt(mnt)$_2$] 錯体の部分酸化塩では，一次元 HOMO バンドに対する 5d$_{z^2}$ 電子の寄与は小さく，有機配位子の π 電子が主役を担っている．しかし，[Pt(mnt)$_2$] 錯体の部分酸化塩も，室温付近で一次元金属特有のパイエルス転移を起こし低温で絶縁体となってしまう．

そこで，配位子間の分子間力を強くする分子設計の過程で [M(dmit)$_2$]（M = Ni, Pd, Pt；dmit = bis(4,5-dimercapto-1,3-dithiole-2-thione) が合成された．そのうち，TTF[Ni(dmit)$_2$]$_2$ の部分酸化塩が，1986 年，高圧下（$P = 0.7$ GPa）において超伝導を発現すること（$T_C = 1.6$ K）が見出された．金属錯体として最初の超伝導体である．この超伝導では，TTF と [Ni(dmit)$_2$] のどちらが主役を担っているか論争があったが，翌年，(CH$_3$)$_4$N[Ni(dmit)$_2$]$_2$ が高圧下（$P = 0.7$ GPa）のもとで $T_C = 5$ K の超伝導体となることがわかり，[Ni(dmit)$_2$] が超伝導を担っていることが証明された．現在では，[Ni(dmit)$_2$] 錯体および [Pd(dmit)$_2$] 錯体から多くの超伝導体が発見されている．図9.11に [M(mnt)$_2$] および [M(dmit)$_2$] の分子構造を示す．

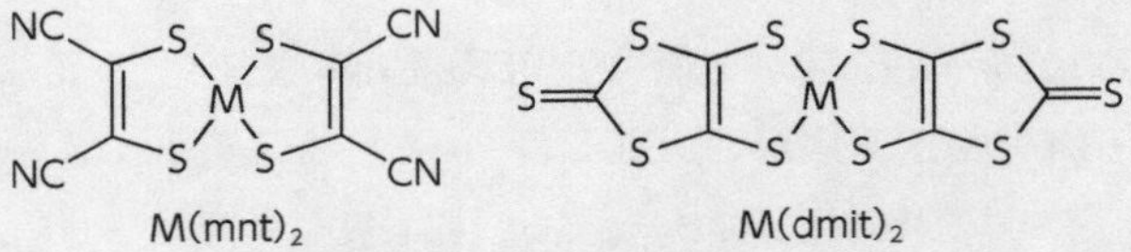

図 9.11　[M(mnt)$_2$] (M = Ni, Pd, Pt) および [M(dmit)$_2$] (M = Ni, Pd, Pt) の分子構造.

3) グラファイト層間化合物 C$_8$K をルーツとする超伝導体

グラファイト (黒鉛) は炭素の sp^2 混成軌道が二次元面に等価な σ 結合をつくり, 二次元層を形成している. 炭素原子上の π 電子は非局在化しており, 高い伝導性を有する. グラファイトの層間にはさまざまな原子や分子を挿入することができ, これらはグラファイト層間化合物と総称されている. これらの層間化合物のなかでカリウムを挿入した C$_8$K は, グラファイトとカリウムが一層ごと交互に積層した構造をとり, カリウムからグラファイトに電子が移動している.

グラファイトもカリウムも超伝導を示さないが, 1979 年, グラファイト層間化合物 C$_8$K が 0.15 K で超伝導を示すことが発見された. 1980 年代以降, さまざまな金属原子を挿入したグラファイト層間化合物を対象に超伝導の探索が行われ, C$_2$Li (T_C = 1.9 K), C$_2$Na (T_C = 5 K), C$_6$Ca (T_C = 11.5 K) などが超伝導を示すことが明らかになった.

1985 年にクロトー (H.W. Kroto), スモーリー (R.E. Smalley), カール (R.F. Curl) らに発見されたフラーレン C$_{60}$ が, 1990 年にカーボンのアーク放電により大量合成が可能になると, C$_{60}$ 結晶にアルカリ金属 (M) をドープした物質 M$_x$C$_{60}$ を対象に超伝導の探索が行われ, 1991 年, K$_3$C$_{60}$ が T_C = 19.5 K で超伝導を示すことが発見された. アルカリ金属原子をドープした M$_x$C$_{60}$ による超伝導の探索は, グラファイトにアルカリ金属原子を挿入したグラファイト層間化合物 C$_8$K が超伝導を示す現象の類推から開始された研究であった. T_C は M$_x$C$_{60}$ の格子定数と密接な相関関係があり, アルカリ金属のイオン半径が大きいものほど T_C が高い. たとえば, K$_3$C$_{60}$, Rb$_3$C$_{60}$, CsRb$_2$C$_{60}$ では, T_C はそれぞれ 19.5 K, 29.5 K, 31 K である. なお, M$_x$C$_{60}$ のなかで最高の超伝導転移温度を示す物質は Rb$_{2.7}$Tl$_{2.2}$C$_{60}$ で,

$T_C = 45\,\mathrm{K}$ である.

9.3.4　最近の話題

ここまで, さまざまな化合物の超伝導体を分類し, その転移温度の変遷を示してきた. その後, 2000 年代になって, 転移温度は銅酸化物の転移温度より低いものの, いくつかの特徴的な系において超伝導が見いだされ, また 2015 年以降, T_C が 200 K を超える水素化物が複数発見され, 新たな展開を見せている. ここでは, まず 2000 年代に発見された超伝導体の紹介から始める.

9.3.2 では酸化物の超伝導転移温度の変遷を述べたが, 転移温度そのものは前述した水銀系銅酸化物が 2020 年においても最高記録である. しかしこの間, 転移温度はこれより低いものの, いくつかの特徴的な系において超伝導が見出されている.

MgB_2 はホウ素とマグネシウムからなる無機化合物で, 六方晶の層状物質である. これは, ホウ素がグラファイトのようなハニカム層状構造をつくり, その層間にマグネシウムが挿入 (インターカレート) したような構造をもつ (図 9.12). ホウ素層内は主に共有結合であり, ホウ素層, マグネシウム層間はイオン結合的な力で結合しているが, この物質は金属間化合物であり, 金属の性質をもっている. 2001 年, 秋光純らが, 当時市販もされていた MgB_2 が 39 K で超伝導を示すことを初めて発見した. この転移温度は, 銅酸化物を中心とした高温超伝導物質より低いが, 金属間化

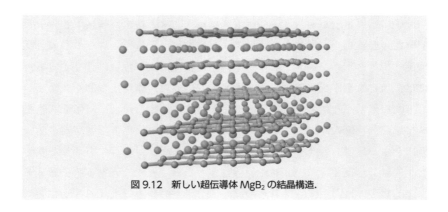

図 9.12　新しい超伝導体 MgB_2 の結晶構造.

合物（あるいは金属）としては Nb_3Ge（転移温度 23 K）以来の転移温度更新であった．酸化物超伝導体の転移温度は液体窒素温度以上だが，材料としては柔軟性や加工性に乏しく，実用の線材としての利用は難しいため，現在でも，市販の超伝導磁石には Nb_3Sn などの金属間化合物の超伝導体線材が使われている．超伝導体実用線材の発展という意味で，MgB_2 は大いに注目を集めた．

　一方，酸化物の超伝導体にも新しい発見があった．従来，鉄などの磁性元素がもつ電子スピン間の強い相互作用は，クーパー対の形成を阻害すると考えられてきたので，その化合物が超伝導を示すはずがないというのが一般的な考えであった．細野秀雄らは，$LaFePO$ や $LaNiPO$, $LaNiAsO$ が超伝導性を示すことを 2006 年から 2007 年にかけて発見した．これらは鉄系超伝導体とよばれている．これらの超伝導転移温度は当初 6 K 程度だったが，さまざまな元素のドーピングによって 50 K 以上にまで引き上げられている．

　最近の話題としては，H_3S が約 200 GPa の超高圧領域で $T_C = 203$ K の超伝導体になることが 2015 年に報告され，また 2019 年には，希土類水素化物の LaH_{10} が 190 GPa の超高圧領域で $T_C = 260$ K の超伝導体になることが報告され，世界に衝撃を与えている．今後，水素化物から超高圧下ではあるが，室温で超伝導を示す物質が現れる可能性がある．図 9.13 に超伝導転移温度上昇の歴史を示す．

9.4　発展する分子磁性体

　分子に不対電子があり，その不対電子が占有する軌道が隣接する分子間で重なり合う場合，隣接する分子のスピンを反平行に整列させる引力（反強磁性相互作用）が働き，隣接する分子の軌道同士が互いに直交する場合には，スピンを平行に整列させる引力（強磁性相互作用）が働く．スピンの方向が無秩序である常磁性状態から温度を下げてゆくと，常磁性状態とスピン整列状態のギブズエネルギーが交差し，スピン整列状態が安定な状態になる．代表的なスピン整列状態として，スピンが平行に整列した強磁性，スピンが反平行に整列した反強磁性がある．また，異なる原子や分子による集合体において，それらの原子・分子がもつ不対電子のスピン間に

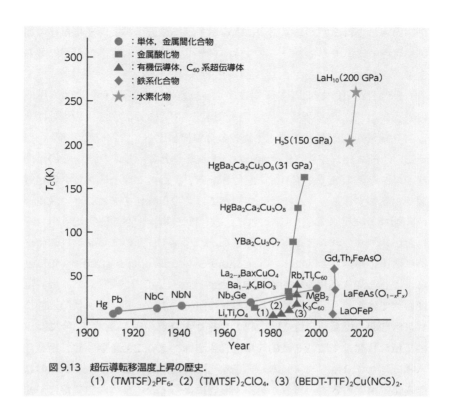

図 9.13　超伝導転移温度上昇の歴史.
(1) (TMTSF)₂PF₆, (2) (TMTSF)₂ClO₄, (3) (BEDT-TTF)₂Cu(NCS)₂.

反強磁性相互作用が働いて，スピンが互いに反平行に向いたスピン整列状態を示す場合，互いの磁気モーメントの大きさが異なるため，結晶全体として磁気モーメントを持ち磁石として働くが，このようなスピン整列状態をフェリ磁性とよぶ.

　9.4 節では，発展する分子磁性体の例として光でつくる磁石や単分子磁石を解説する.

9.4.1　光でつくる磁石

　フォトクロミズム，サーモクロミズム，ピエゾクロミズム，ソルバトクロミズム，これらは，ある分子が，光，熱，圧力，溶媒和などを受けることによって変色する現象を指す用語である．外部からの刺激によって変色する，すなわち電子状態が変化する現象は，分子性物質においてけっして

珍しいものではない．外部刺激による電子状態や分子構造の変化とその制御が可能であるように，分子磁性体のスピン状態の制御も十分可能であると考えられている．

六配位金属錯体では，配位子場によりd軌道の縮重が解け，低エネルギーの d_{xy}，d_{yz}，d_{zx} と，不安定化された $d_{x^2-y^2}$，d_{z^2} に分裂する．Fe^{II} ではそこに6電子が配置されるが，d軌道の分裂幅によって，高スピン配置（$S = 2$）か低スピン配置（$S = 0$）のいずれかをとる．しかし，中間的な配位子場を与える分子やイオンを配位させると，高スピンと低スピンの状態間で相転移する系をつくることができる．この相転移をスピンクロスオーバー転移という（図9.14）．これは，古くから錯体化学や磁気化学の分野において調べられてきた問題であるが，1985年，一部のスピンクロスオーバー錯体において LIESST（light-induced excited spin state trapping）とよばれる光誘起現象が新たに見いだされた（第5章参照）．これは，温度変化ではなく，波長の異なる可視光の照射によって高スピン状態と低スピン状態間の相転移を可逆的に起こさせるものである．これは，光によってスピン状態，すなわち磁気的な性質を制御できることを意味している．

スピンクロスオーバー錯体の光誘起相転移は，あくまで鉄イオン内の状態変化に由来するものだったが，光照射によって固体全体の磁気特性が変化する分子磁性体も報告されている．$Fe^{III}_4[Fe^{II}(CN)_6]_3 \cdot 15H_2O$ の組成をもつプルシアンブルーは，従来より青色顔料などとして利用されてきた．この結晶構造は，一辺を $B-C\equiv N-A$（ただし $A = Fe^{III}$，$B = Fe^{II}$）とする立方体から形成されている．立方体のどの辺方向にも CN を介して Fe^{III} と Fe^{II} が交互に並んでいる（図9.15）．この物質中のスピン状態をみ

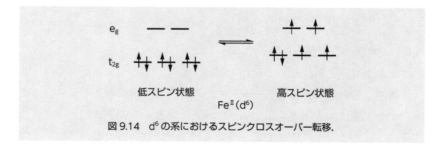

図9.14　d^6 の系におけるスピンクロスオーバー転移．

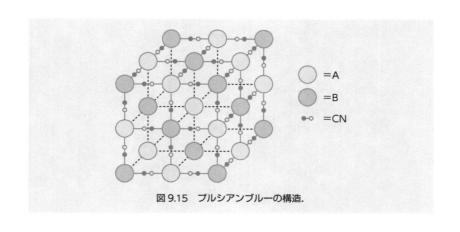

図9.15　プルシアンブルーの構造.

ると，Fe^{III}は高スピン状態（$S = 5/2$）である一方，Fe^{II}は低スピン状態（$S = 0$）であることから，Fe^{III}間の磁気的相互作用は弱い．しかし，A，Bサイトを，磁気モーメントをもつさまざまな遷移金属イオンで置換することによって，転移温度の高い分子磁性体が生まれることがわかってきた．たとえば，A ＝ V^{II}，B ＝ Cr^{III}とした系は，転移温度が室温以上のフェリ磁性体．さらに，A ＝ Co^{III}，B ＝ Fe^{II}という系においては，特異な光機能性が報告されている．始状態では，Co^{III}およびFe^{II}とも$S = 0$の閉殻イオンであり，この状態では非磁性である．ところが，この物質に赤色の光を照射すると，Fe^{II}からCo^{III}への1電子移動が起こり（図9.16），Fe^{III}は低スピン状態（$S = 1/2$），Co^{II}は高スピン状態（$S = 3/2$）に変化する．このとき，Fe^{III}とCo^{II}の間には強い反強磁性的相互作用が生じるためフェリ磁性状態になる．すなわち光照射によって磁石に変化する．さらに興味深いことに，この光でつくった磁石に赤外光を照射すると，もとの非磁性状態に戻ることも確認されている．プルシアンブルー類縁磁性体に限らず，光と分子磁性をキーワードにした展開が進められている．

9.4.2　単分子磁石──究極の磁気メモリ

　分子内に複数の金属イオンがある金属錯体（多核金属錯体）において，分子内の磁気相互作用が強磁性相互作用の場合，分子全体の合成スピンが最大の基底状態をとり，この合成スピンがあたかも1つの常磁性スピン

273

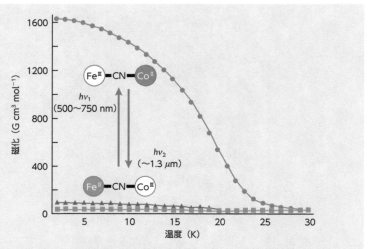

図9.16　プルシアンブルー類似塩による光磁石. [O. Sato, Y. Einaga, T. Iyoda, A. Fujishima, K. Hashimoto, *J. Electrochem. Soc.*, **144**, L11（1997）]

のようにふるまうことがあるが, これを超常磁性とよぶ. 1993年, セッソーリ (R. Sessoli), ガッテスキ (D. Gatteschi) らは, Mn12 核錯体の $[Mn_{12}O_{12}(CH_3COO)_{16}(H_2O)_4]\cdot 2CH_3COOH\cdot 4H_2O$ が低温で超常磁性を示し, 極低温で磁気ヒステリシスを伴う単分子磁石としてふるまうことを発見した. この錯体は, Mn^{IV} と O^{2-} が交互に立方体の頂点に位置する Mn_4O_4 骨格を中心に, O^{2-} と CH_3COO^- を架橋として8個の Mn^{III} が取り囲み, Mn12核を形成している. Mn^{III}–Mn^{IV} 間には反強磁性相互作用が働いており, Mn12核における基底状態の合成スピンが $S = 10$ になっている. 図9.17に Mn12 核の骨格構造とスピン配列を示す.

　図9.18 は $[Mn_{12}O_{12}(CH_3COO)_{16}(H_2O)_4]\cdot 2CH_3COOH\cdot 4H_2O$ 単結晶の磁化容易軸に磁場を印加した場合の磁化曲線である. 極低温で現れる磁化のヒステリシスループには, 階段状の不連続な変化が現れるが, この階段状の不連続な変化は量子化されたスピン状態間の量子トンネリング効果で理解することができる. すなわち, この系の磁化容易軸方向に外部磁場を印加すると, $S_z < 0$ のエネルギー $E(S_z)$ が下がり, $S_z > 0$ のエネルギーが上昇する. やがて外部磁場により, $E(S_z = S - n) = E(S_z = -S + n$

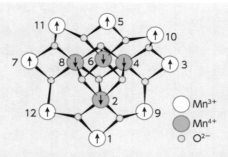

図 9.17 Mn12 核錯体 [Mn$_{12}$O$_{12}$(CH$_3$COO)$_{16}$(H$_2$O)$_4$]·2CH$_3$COOH·4H$_2$O の中心骨格構造とスピン配列.

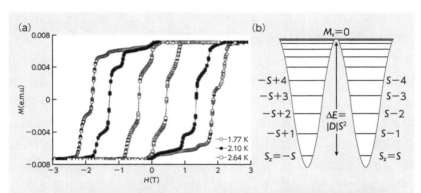

図 9.18 [Mn$_{12}$O$_{12}$(CH$_3$COO)$_{16}$(H$_2$O)$_4$]·2CH$_3$COOH·4H$_2$O 単結晶の磁化容易軸に磁場を印加した場合の磁化曲線とスピン量子数(S_z)の離散準位. [J.R. Friedman, M.P. Sarachik, J. Tejada, R. Ziolo, *Phys. Rev. Lett.*, **76**, 3830(1996)]

$+1$)($n = 0, 1, 2, \cdots$)になると,$S_z = S - n$ と $S_z = -S + n + 1$ の準位間で波動関数の重ね合わせによる量子トンネリングが起こり,やがて基底状態 $S_z = -S$ に緩和するため,磁化が不連続に増大することになる.$E(S_z = S - n) = E(S_z = -S + n + 1)$ の状態では,量子数が $S_z = S - n$ と $S_z = -S + n + 1$ の波動関数が重ね合わせの状態(量子もつれ)になっており,この現象は量子コンピューティングの視点から関心をもたれている.

 ところで,コンピュータの記憶媒体や演算は,基本的に 2 進法の原理

で行われているが，量子コンピューティングでは，波動関数の重ね合わせ（量子もつれ）を原理としている．仮に $|0\rangle$ と $|1\rangle$ の状態をとる量子ビットが2個並んだ場合，$|00\rangle$，$|10\rangle$，$|01\rangle$，$|11\rangle$ の状態の重ね合わせになっている．3個の量子ビットの場合，2^3 の状態，n 個の量子ビットの場合，2^n の状態の重ね合わせた状態になっている．現在，実用化されている量子コンピューティングでは，ジョゼフソン接合を利用した超伝導のクーパー対（Cooper pair）の重ね合わせが用いられているが，単分子磁石の量子トンネリングも候補の1つとして考えられている．

9.5　超イオン伝導体と全固体二次電池への道

　第7章では，電子や正孔が電気伝導のキャリアとなる固体（半導体，金属）について学んだが，固体によっては外部電場の下でイオンが高速に移動して電気伝導に寄与する場合がある．これをイオン伝導という．たとえば，陽イオンの半径が陰イオンの半径に比べて非常に小さいイオン結晶の場合，陰イオン同士が接触し，それ以上，格子が縮まない．このような条件のもとでは，陽イオンは決まった位置に固定されることなく，移動することが可能となり，物質によっては，金属に近い電気伝導度をもつ物質もある．このように高いイオン伝導を示す物質を超イオン伝導体とよんでいる．

　図9.19に代表的な超イオン伝導体である AgI の電気伝導度の温度依存性と α 相の結晶構造を示す．147℃以上では α 相が安定相であり，きわめて高い電気伝導性示すが，147℃で構造相転移を起こし，β 相となり，電気伝導度は約3桁低下する．図9.19 (b) は α 相の結晶構造である．I^- イオンは体心立方構造をとっており，2個の Ag^+ イオンはその間隙に位置している．2個の Ag^+ イオンは単位格子の中で42個のサイト（図中の●，○）に無秩序に存在している．これがひじょうに高い電気伝導性の原因である，α-AgI の単結晶を揺さぶると，結晶に加速度がかかることで Ag^+ イオンが単位格子の中で動くため，起電力が発生する．したがって，α-AgI は素子として加速度を計測することが可能である．図9.19 (a) に示すように，超イオン伝導性を示す α 相は147℃以上にならないと安定に存在しないため，α-β 転移温度を室温まで下げる試みが行われてきた．ごく最近，北川宏らは AgI の平均粒径が 40 nm から 10 nm まで小さくしていくと，昇

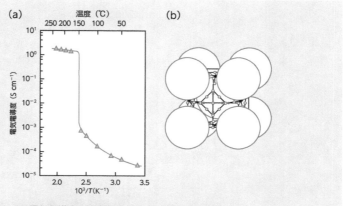

図 9.19　AgI の電気伝導度の温度変化（a）と結晶構造（b）.
[M. Tatsumisago, Y. Shinkuma, T. Minami, *Nature*, **354**, 217 (1991)]

温過程では β 相から α 相への転移温度がほとんど変化しないのに対して，降温過程では α 相から β 相への転移温度が約 120℃ から 40℃ まで降下することを報告している．また彼らは，平均粒径が 11 nm の AgI を作製し，0.18 GPa の圧力をかけることにより，β 相から α 相への転移温度が 39℃ 低下すること，また α 相が室温で準安定状態として存在することを見いだしている．図 9.20 に平均粒径 11 nm の AgI における α 相の成分比の温度依存性と圧力依存性を示す．

　ところで，超イオン伝導体の最も重要な点は，高速充電が可能な全固体二次電池の固体電解質への応用であり，イオン半径が小さくて酸化還元電位が高い Li や Na の化合物を対象に超イオン伝導体の開発が進められている．

9.6　表面の物性化学

　表面科学は「固体の表面や界面の構造・物性・反応を扱う物質科学の一分野」であり，超高真空（$10^{-5} \sim 10^{-8}$ Pa）技術や表面観測法の発達により，1960 年代より始まった．この分野の画期的な成果の 1 つは，1983 年ビーニッヒ（G. Binnig）とローラー（H. Rohrer）によって発明された走査型トンネル顕微鏡（Scanning Tunneling Microscope；STM）である．

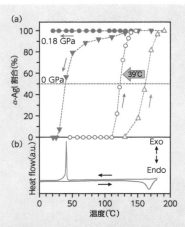

図 9.20　(a) 平均粒径 11 nm の AgI における α 相の成分比の温度依存性と圧力依存性, (b) DSC (示差走査熱量) の温度依存性. [T. Yamamoto, M. Maesato, N. Hirao, S.I. Kawaguchi, S. Kawaguchi, Y. Ohishi, Y. Kubota, H. Kobayashi, H. Kitagawa, *J. Am. Chem. Soc.*, **139**, 1392 (2017)]

STM は鋭く尖った金属の針を導電性の固体表面に近づけ，表面に沿って走査しながらトンネル電流を計測する方法で，原子レベルの空間分解能で固体表面の構造や電子状態を観測することができる．STM はその後開発された原子間力顕微鏡（Atomic Force Microscope；AFM）などとともに，現在では走査型プローブ顕微鏡（Scanning Probe Microscope；SPM）とよばれることもある．1986 年，ビーニッヒとローラー，それに電子顕微鏡を開発したルスカ（E. Ruska）に対してノーベル物理学賞が授与された．このような顕微鏡の活用により現在，ナノサイエンスやナノテクノロジーが飛躍的に進展しているが，この状況は 17 世紀に光学顕微鏡の発明により生物学が著しく発展した状況に似ている．以下では，「分子軌道の電子分布観測」と「金ナノ粒子の触媒活性」について紹介する．

9.6.1　分子軌道の電子分布観測

　STM を用いると，固体表面に吸着した分子を個々に識別できるので，吸着分子の分子配向や周期構造に関する情報が得られる．また，空間分解能を高くすると，分子内の電子分布が観測にかかるため，理論計算の結果

が検証できるとともに分子-表面間の相互作用に関する情報も得られる.

　図 9.21 は,吉信淳らによって観測されたパラジウム(Pd)単結晶基板に化学吸着したベンゼン(C$_6$H$_6$)の STM 像である.金属探針の電位 V_t を基板に対して正にすると,吸着分子の被占軌道から探針へ電子が流れるので,被占軌道の空間分布が像に反映される.一方,V_t を負にすると,探針から吸着分子の空軌道に電子が流れるので,空軌道の空間分布が像に反映される.C$_6$H$_6$ は Pd 基板上で少し傾いて吸着し,周期的に配列することが知られているが,図 9.21 の規則的に並んだ円状の像が個々の C$_6$H$_6$ 分子に対応する.さらによく見ると,それぞれの C$_6$H$_6$ 分子の像には中央を横切る暗い領域が 1 本観測されている.これは C$_6$H$_6$ の最高被占軌道(HOMO)の特徴(節面が 1 個)に一致し,最低空軌道(LUMO)の特徴(節面が 2 個)とは合わない.この結果から,C$_6$H$_6$-Pd 間相互作用では,HOMO が主役を果たすことがわかる.

　図 9.22 は塩化ナトリウム NaCl 薄膜上に弱く吸着した(すなわち,基板の影響がほとんどない)ペンタセン C$_{22}$H$_{14}$ の STM 像である.この計測では,金属探針の先端に一酸化炭素 CO を吸着させた特殊な探針が使用されている.図 9.22(c)は探針の電位 V_t を正にしたときに観測された STM 像であり,C$_{22}$H$_{14}$ の HOMO から CO の LUMO($2\pi^*$)へ電子が移動

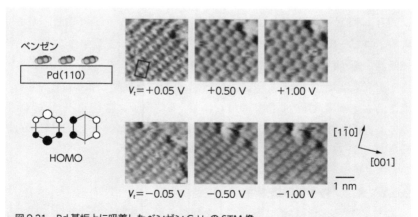

図 9.21　Pd 基板上に吸着したベンゼン C$_6$H$_6$ の STM 像.
[J. Yoshinobu, M. Kawai, I. Imamura, F. Marumo, R. Suzuki, H. Ozaki, M. Aoki, S. Masuda, M. Aida, *Phys. Rev. Lett.*, 79, 3942(1997)]

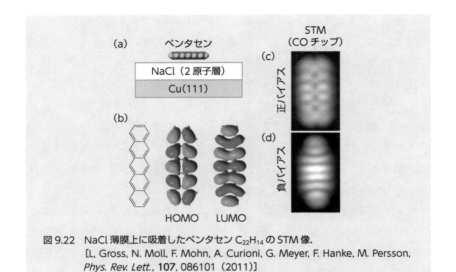

図 9.22　NaCl 薄膜上に吸着したペンタセン $C_{22}H_{14}$ の STM 像.
[L, Gross, N. Moll, F. Mohn, A. Curioni, G. Meyer, F. Hanke, M. Persson, *Phys. Rev. Lett.*, **107**, 086101（2011）]

する．短軸方向の中央に分布する暗い領域と長軸方向にある数本の暗い領域は，基本的には $C_{22}H_{14}$ の HOMO の節面に対応している．また，図 9.22 (d) は V_t が負のときに観測された STM 像であり，$C_{22}H_{14}$ の LUMO の電子分布が反映されている．短軸方向には暗い領域がなく，長軸方向にある数本の暗い領域は，LUMO の節面に対応している．

　現在，STM はさまざまな方向で発展を遂げている．たとえば，スペクトロスコピーの機能をもたせることにより，個々の吸着分子のフェルミ準位近傍の電子状態や分子振動状態が観測できるようになった（走査型トンネル分光）．また，探針に原子を付着させて基板上を移動させることにより，人工的なナノ構造体の構築に利用されている（原子マニピュレーション）．さらに，探針を電極として分子 1 個の電気伝導やスイッチング機能が測定されるようになった（単分子電気伝導）.

9.6.2　金ナノ粒子の触媒活性

　古来より，金は化学的に不活性な金属の典型とみなされてきた．ところが，金を直径数 nm の超微粒子（ナノ粒子）にすると，いくつかの化学反応に対して著しく高い触媒性能を示すという驚くべき結果が春田正毅に

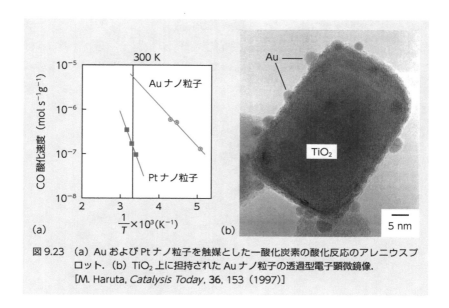

図 9.23 （a）Au および Pt ナノ粒子を触媒とした一酸化炭素の酸化反応のアレニウスプ
ロット．（b）TiO₂ 上に担持された Au ナノ粒子の透過型電子顕微鏡像.
[M. Haruta, *Catalysis Today*, **36**, 153（1997）]

よって発見された．図 9.23（a）に一酸化炭素の酸化反応,

$$CO + \frac{1}{2}O_2 \;\rightarrow\; CO_2$$

のアレニウスプロット（反応速度定数の対数を温度の逆数の関数としてプ
ロットしたもので，傾きが反応の活性化エネルギーを表す）を示す．触媒
として二酸化チタン（Ⅳ）TiO₂ 上に担持された金（Au）および白金（Pt）
のナノ粒子が使用されている．Pt ナノ粒子に比べて Au ナノ粒子では，
低温で触媒作用が出現すること，300 K で反応速度定数が 1 桁以上大きい
こと，活性化エネルギーが小さいことがわかる．

　TiO₂ 上に担持された Au ナノ粒子の透過型電子顕微鏡像を図 9.23（b）
に示す．直径 2〜4 nm の球状の超微粒子が TiO₂ 上に分散して付着してい
ることがわかる．Au/TiO₂ 触媒では，Au の粒径が 2〜3 nm のとき高活性
であるが，これよりも粒径が大きくなると活性は急激に低下する．また，
基板を TiO₂ から二酸化ケイ素 SiO₂ などにすると，Au ナノ粒子は粒径に
よらず不活性となる．これらの結果から，Au ナノ粒子の触媒活性の要因
として 2 つの可能性が提案されている．1 つは，ナノ粒子の粒径が小さく

なると電子状態が変化し，これが触媒活性に寄与するというもので，もう
1つはナノ粒子と酸化物が接する境界領域で新しい電子状態が形成され，
これが触媒活性に寄与するというものである．これらの要因のどちらが本
質的なのかはまだわかっていないが，ナノ粒子の触媒機能の理解は，今後
の表面科学の大きな課題である．

参考文献

第 1 章
1) N. N. Greenwood and A. Earnshaw, *Chemistry of the Elements*, 2nd ed., Butterworth-Heinemann Ltd.（1997）
2) G. T. Seaborg and W. D. Loveland, *The Elements beyond Uranium*, Wiley Interscience（1990）
3) 馬淵久夫（編），元素の事典，朝倉書店（1994）
4) 井口洋夫，井口眞，新・元素と周期律，裳華房（2013）

第 2 章
1) 鈴木弘，有機化学，実教出版（1977）
2) S. S. Zumdahl and S. A. Zumdahl, *Chemistry*, 6th ed., Houghton Mifflin, New York（2007）

第 3 章
1) 原田義也，量子化学，裳華房（2007）
2) 大野公一，量子物理化学，東京大学出版会（1989）
3) 藤永茂，入門　分子軌道法，講談社（1990）

第 4 章
1) 原田義也，量子化学，裳華房（2007）
2) 友田修司，フロンティア軌道論で化学を考える，講談社（2007）

第 5 章
1) 田辺行人（監），新しい配位子場の科学，講談社（1998）
2) 北川進，集積型金属錯体，講談社（2001）
3) 山下正廣，小島憲道（編），金属錯体の現代物性化学，三共出版（2008）

第 6 章
1) R. T. Morrison, R. N. Boyd, *Organic Chemistry*, 6th ed., Prentice-Hall, Inc.（1992）（邦訳：モリソン・ボイド　有機化学（上）第 6 版，中西ら訳，東京化学同人（1994））
2) 新村陽一，無機化学概論，朝倉書店（1974）
3) A. Greenberg, J. F. Liebman, *Strained Organic Molecules*, Academic Press（1978）

第 7 章
1) R. Hoffmann, *Solid and Surfaces–A Chemist's View of Bonding in Extended Structures*, VCH Pub. Inc.（1988）
2) P. A. Cox, *The Electronic Structure and Chemistry of Solids*, Oxford Science Publications（1987）
3) J. E. Huheey, E. A. Keiter and R.L. Keiter, *Inorganic Chemistry–Principles of Structure and Reactivity*, 4th Ed., Harper Collins College Pub.（1993）
4) G. S. Rohrer, Structure and Bonding in Crystalline Materials, Cambridge University Press（2001）
5) 平尾一之，田中勝久，中平敦，無機化学-その現代的アプローチ，東京化学同人（2002）

第 8 章
1) T. Sakurai, *Acta Cryst.*, **B24**, 403（1968）
2) L. B. Coleman, M. J. Cohen, D. J. Sandman, F. G. Yamagishi, A. F. Garito and A. J. Heeger, *Solid State Commun.*, **12**, 1125（1973）
3) M. J. Cohen, L. B. Coleman, A. F. Garito and A. J. Heeger, *Phys. Rev.*, **B10**, 1298（1974）

第 9 章
1) 分子素子：A. Aviram and M. A. Ratner, *Chem. Phys. Lett.*, **29**, 277（1974）
2) 有機 EL：C. W. Tang and S. A. VanSlyke, *Appl. Phys. Lett.*, **51**, 913（1987）
3) 有機 FET：C. D. Dimitrakopoulos and P. R. L. Malenfant, *Adv. Mater.*, **14**, 99（2002）
4) 有機伝導体：赤木和夫，田中一義（編），別冊化学 白川英樹博士と導電性高分子，化学同人（2001）
5) 有機超伝導：斎藤軍治，有機導電体の化学，丸善（2003）
6) 分子エレクトロニクス：森健彦，分子エレクトロニクスの基礎，化学同人（2013）
7) 高温超伝導：内野倉國光，前田京剛，寺崎一郎，高温超伝導体の物性，培風館（1995）
8) 鉄系超伝導：Y. Kamihara, T. Watanabe, M. Hirano, and H. Hosono, *J. Am. Chem. Soc.*, **130**, 3296-3297（2008）
9) 光でつくる磁石：O. Sato, J. Tao and Y. Zhang, *Angew. Chem. Int. Ed.*, **46**, 2152（2007）
10) 分子磁性：小島憲道，分子磁性-有機分子と金属錯体の磁性，内田老鶴圃（2020）
11) イオン伝導：齋藤安俊，丸山俊夫（編訳），固体の高イオン伝導，内田老鶴圃（1999）

練習問題－模範解答－

第1章

問1 ①太陽系において，星間物質が凝集して鉱物が生成されると，放射性同位体の壊変によって生じた生成物は鉱物に閉じ込められるので，それらの量の比率を測定することにより鉱物のできた年代がわかる．太陽系の年代決定には半減期が 10^9～10^{10} 程度の放射性同位体が利用される．代表的な例としては，^{40}K が壊変して ^{40}Ar に変化する核反応を用いたカリウム・アルゴン法がある．

②対象物質は隕石であり，約46億年前に生成したことが明らかにされた．

問2 現在用いられている原子量の基準は質量数 12 の炭素の同位体質量を 12 と定義している．1961 年以前は，化学の分野では自然界における存在比のもとでの酸素の原子量を 16.0000 とし（化学的原子量），物理学の分野では質量数 16 の酸素同位体の同位体質量を 16.0000 としていた（物理的原子量）．このため，両者には無視できない差があった．

問3 元素の特性 X 線の波数 $\bar{\nu}$（波長の逆数）の平方根と原子番号 Z との間に比例関係 $\sqrt{\bar{\nu}}=K(Z-s)$ が成り立つ法則をモーズリーの法則という．モーズリーの法則の発見により，周期表に空白として残されていた未知元素の数が確定した．

問4 α 線：α 線は原子核から放出される ^4He の原子核の粒子線であり，α 線の放出により原子番号が 2，質量数が 4 減少する．

β 線：β^- 線は原子核から放出される電子の粒子線であり，β^- 線の放出により原子番号が 1 増大する．質量数は変化しない．β^+ 線は原子核から放出される陽電子の粒子線であり，β^+ 線の放出により原子番号が 1 減少する．質量数は変化しない．

γ 線：高エネルギーの電磁波であり，原子核からの γ 線の放出では，原子番号，質量数ともに変化しない．

第2章

問1 ①②③④

問2 ① 三方両錐形 ② 直線形 ③ T 字形 ④ 正四面体形

問3 アレンの両端の CH_2 どうしは，下図に示したように互いに直交している．両端の炭素原子が sp^2 混成，中央の炭素原子が sp 混成をしている．炭素－炭素結合は，sp^2 混成軌道と sp 混成軌道とが重なってできた σ 結合と，p 軌道どうしが重なってできた π 結合とからなる．

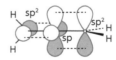

第3章

問1 円柱：N_2，CO_2，C_2H_2（アセチレン）
三角錐：NH_3

問2 分子軌道法によると，He_2^+ イオンの電子配置は $(1\sigma_g)^2(1\sigma_u)^1$ である．$1\sigma_g$ 軌道は結合性軌道，$1\sigma_u$ 軌道は反結合性軌道であるから，結合次数は $(2-1)/2=0.5$ となる．その結果，He_2^+ イオンは安定に存在する．

問3 ①

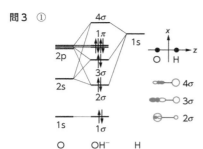

O OH⁻ H

② H原子とO原子の電子配置は各々 $(1s)^2$, $(1s)^2(2s)^2(2p)^4$ である．各原子軌道のうち，O 1sとH 1s軌道のエネルギーは著しく離れているため，1σ 軌道は本質的にO 1s軌道である．O $2p_x$ と $2p_y$ 軌道はH 1sと偶奇性が一致せず，その重なり積分はゼロになるため，非結合性軌道 (1π) を形成する．O 2s，O $2p_z$，H 1s軌道は互いに混じりあうが，エネルギーが低い分子軌道 (2σ) では，H 1s軌道に対してO 2s，O $2p_z$ 軌道はともに同位相で混じるため，結合性軌道が生じる．次の分子軌道 (3σ) は，H 1s軌道に対してO 2s軌道は逆位相，O $2p_z$ 軌道は同位相で混じる．エネルギーの高い分子軌道 (4σ) では，H 1s軌道に対してO 2s，O $2p_z$ 軌道ともに逆位相で混じるため，反結合性軌道となる．以上から，OH⁻イオンの電子配置は $(1\sigma)^2(2\sigma)^2(3\sigma)^2(1\pi)^4(4\sigma)^0$ となる．また，①の図からわかるように，OH⁻イオンの電子分布はO原子側に偏る．

③ OHは非結合性軌道 (1π) から電子が1個抜けた電子配置をもつため，結合距離はほとんど変わらない．OH²⁻イオンでは，反結合性軌道 (4σ) に電子が1個入るため，結合距離は長くなると予想される．

問4 節の位置と数に着目する．
(A)$1\pi_g$, (B)$3\sigma_g$, (C)$1\pi_u$, (D)$2\sigma_u$

第4章

問1 ①アリル系のπ分子軌道を $\psi=C_1\phi_1+C_2\phi_2+C_3\phi_3$ とする．ただし，ϕ_i は下図のi番目の炭素原子の原子軌道を表す．

$$1\ 2\ 3$$
$$C=C-C$$

永年方程式は，$-\lambda=\dfrac{\alpha-\varepsilon}{\beta}$ とすると次式で表される．ここで，α, β, ε はそれぞれクーロン積分，共鳴積分，π分子軌道の固有エネルギーである．

$$\begin{vmatrix} -\lambda & 1 & 0 \\ 1 & -\lambda & 1 \\ 0 & 1 & -\lambda \end{vmatrix}=0$$

これを解くと，

$$\lambda=\begin{cases} \sqrt{2} \\ 0 \\ -\sqrt{2} \end{cases}$$

各λの値から，各原子軌道ϕ_1の係数を求めることによって，次のπ分子軌道と軌道エネルギーを得る．

$$\psi_1=\frac{1}{2}\phi_1+\frac{1}{\sqrt{2}}\phi_2+\frac{1}{2}\phi_3 \qquad \varepsilon_1=\alpha+\sqrt{2}\beta$$

$$\psi_2=\frac{1}{\sqrt{2}}\phi_1 \qquad\quad -\frac{1}{\sqrt{2}}\phi_3 \qquad \varepsilon_2=\alpha$$

$$\psi_3=\frac{1}{2}\phi_1-\frac{1}{\sqrt{2}}\phi_2+\frac{1}{2}\phi_3 \qquad \varepsilon_3=\alpha-\sqrt{2}\beta$$

②電子配置

	アニオン	ラジカル	カチオン
ψ_3			
ψ_2	⇅	↑	
ψ_1	⇅	⇅	⇅

③アリルアニオンのπ結合次数は

$$P_{12}=P_{23}=2\times\frac{1}{2}\times\frac{1}{\sqrt{2}}+2\times\frac{1}{\sqrt{2}}\times 0=\frac{1}{\sqrt{2}}$$

アリルラジカル，アリルカチオンも同じ値．
④アリルアニオンの全π電子エネルギーは，

E_π（実在アリルアニオン）=
$$2\varepsilon_1+2\varepsilon_2=2(\alpha+\sqrt{2}\beta)+2\alpha=4\alpha+2\sqrt{2}\beta$$

C=C結合が局在化した仮想的なアリルアニオンの全π電子エネルギーは，2個のπ電子が入ったエチレン分子の全π電子エネルギー $[2(\alpha+\beta)]$ と，電子が2個入った孤立したp軌道の全π電子エネルギー $[2\alpha]$ の和であるから，

E_π（仮想アリルアニオン）=
$$2(\alpha+\beta)+2\alpha=4\alpha+2\beta$$

したがって，アリルアニオンの非局在化エネルギーは，

E_π(仮想アリルアニオン) $-E_\pi$(実在アリルア
ニオン) $= 4\alpha + 2\beta - (4\alpha + 2\sqrt{2}\beta)$
$\qquad\qquad = (2 - 2\sqrt{2})\beta$

アリルラジカルおよびアリルカチオンの非局
在化エネルギーもアリルアニオンと同じ.

問2 ①

HOMO　　　　　LUMO

②

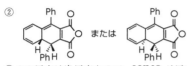

③この反応は光反応なので, LUMO が反応
の選択性を支配する. すなわち, LUMO の
両端の軌道が同位相で重なるように反応が進
行する. そのため, 同旋的な回転によって,
上記生成物ができる.

第5章

問1 ① $1s^2 2s^2 2p^6 3s^2 3p^6 3d^6$

② $[Co(NH_3)_6]^{3+}$ では配位子場分裂は大き
く, d^6 電子配置は低スピン状態となる. し
たがって, t_{2g} 軌道 (d_{xy}, d_{yz}, d_{zx}) に6個
の3d電子が収容され閉殻電子構造をとるた
め反磁性になる. $[CoF_6]^{3-}$ では配位子場分
裂は小さく, d^6 電子配置は高スピン状態と
なる. したがって, t_{2g} 軌道 (d_{xy}, d_{yz}, d_{zx})
に4個の3d電子, e_g 軌道 ($d_{x^2-y^2}$, d_{z^2})
に2個の3d電子が収容されるため, $S=2$ のス
ピン状態となり常磁性を示す.

問2 物質に不対電子が存在すれば, 常磁性
が現れる. 酸素分子, 有機ラジカル分子, 不
対電子が存在する遷移金属錯体などが常磁性
を示す. これに対し, 閉殻電子構造をもつ原
子や分子に外部磁場がかかると, これを打ち
消すように原子軌道に誘導起電力が生じ, 磁
極と反発する. 水分子, ベンゼン, 不対電子
のない遷移金属錯体などが反磁性を示す.

問3 〈アレニウスの定義〉

酸:水溶液中で解離して水素イオンを放出
するもの. 　　　例:HCl
塩基:水溶液中で解離して水酸化物イオン
を放出するもの. 　例:NaOH

〈ブレンステッドの定義〉
酸:水素イオンの供与体. 　例:NH_4^+
塩基:水素イオンの受容体. 　例:NH_3
〈ルイスの定義〉
酸:非共有電子対の受容体. 　例:BF_3
塩基:非共有電子対の供与体. 　例:NH_3

問4 ① Cu^{2+} イオンは水溶液中で $[Cu(H_2O)_6]^{2+}$
を形成する. 9個の3d電子は t_{2g} 軌道 (d_{xy},
d_{yz}, d_{zx}) に6個, e_g 軌道 ($d_{x^2-y^2}$, d_{z^2}) に3
個収容され, $t_{2g}^6 e_g^3$ 電子配置となる. $[Cu
(H_2O)_6]^{2+}$ は約800 nm の光を吸収し, t_{2g} 軌
道の電子が e_g 軌道に遷移する. 赤色領域
(600～700 nm) の光は吸収帯の裾に相当す
るため, 結果として青色に見える.

② $KMnO_4$ は水溶液中で正四面体錯体
$[MnO_4]^-$ を形成する. $[MnO_4]^-$ における
Mn の酸化数は $+7$ であり, 3d軌道は空軌道
となるため配位子場遷移 (d-d遷移) は存在
しない. 赤紫色の原因は, O^{2-} の2p軌道か
ら Mn^{7+} の3d軌道への電荷移動遷移 (LMCT)
によるものであり, 530 nm 付近に LMCT
の強い吸収帯が現れる. その結果, 濃い赤紫
色に見える.

問5 x 軸および y 軸上にそれぞれ2つの配
位子を置くように座標を決める. 結晶場理論
の場合, 5つのd軌道と4つの配位子の間の
静電反発を考える. $d_{x^2-y^2}$ 軌道は4つの静電
反発が大きく最も不安定である. 一方, d_{xy}
軌道は反発が小さく安定である. d_{z^2} 軌道は
z 軸上に配位子がないために大きな不安定化
はないが, xy 面に広がるドーナツ部との反
発がある. d_{xz} と d_{yz} も静電反発が小さい. 配
位子場理論で考える場合, x 軸および y 軸上
にそれぞれ2つのL の軌道を置いて4つのグ
ループ軌道を作り (図), これらをd軌道と
相互作用させて分子軌道を作る. ϕ_1 は d_{z^2} 軌
道および $(n+1)$s 軌道と, ϕ_2 は $(n+1)p_y$
軌道と, ϕ_3 は $(n+1)p_x$ 軌道と, ϕ_4 は $d_{x^2-y^2}$
軌道と相互作用する. d_{xy}, d_{xz}, d_{yz} 軌道はどれ
とも相互作用せず非結合性軌道となる. d軌
道の性質の強い分子軌道は図の xy, yz, xz,
ψ_1, ψ_2 である.

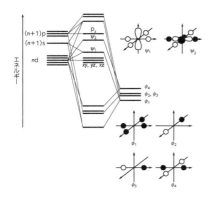

問6 結晶場理論，分子軌道どちらの場合も，正八面体型六配位錯体（ML_6）における結論から出発し，z軸に存在する2つの配位子（L）を無限遠に離す場合を考える．得られる結論は結論は問5と同じになる．結晶場理論の場合，d_{z^2}軌道が大きく安定化されe_g軌道の縮重が解ける．t_{2g}軌道については，xzおよびyz面に広がるd_{xz}とd_{yz}軌道はz軸上の配位子がなくなることで静電反発がd_{xy}軌道に比べてより緩和されるので，大きく安定化する．d_{xz}とd_{yz}軌道の環境は同じなので二重縮重する．一方，分子軌道で考える場合，正八面体型六配位錯体のd軌道の寄与が大きな5つの分子軌道（t_{2g}, e_g^*）の中でz軸上の2つの配位子上に係数があるものはd_{z^2}軌道由来の分子軌道のみである．d_{z^2}軌道由来の分子軌道が反結合性軌道であることを踏まえると，2つのLを取り除くと安定化される．さらに，この軌道は$(n+1)$s軌道と混成しさらに安定化する．一方，他の4つの分子軌道に変化は見られない．

問7 酸，塩基の硬さ・柔らかさは分極率と相関があり，分極しやすい原子，分子，イオンほど柔らかい．周期表との関係については，核電荷の束縛が弱い電子を持つと，分極率が高いので，同族では周期表の下の方が柔らかくなる傾向がある．

問8 （a）COやCN^-は強いπ受容性の配位子で，八面体六配位錯体のt_{2g}軌道を安定化するため，分光化学系列で上位に来る．
（b）ハロゲンはπ供与性の配位子で，八面体六配位錯体のt_{2g}軌道を不安定化するため，分光化学系列で下位に来る．
（c）ハロゲンの最外殻のp軌道のエネルギー準位を比較すると，$F<Cl<Br<I$の順に高くなり，よりd軌道のエネルギーに近づくことと，軌道も大きくなり，ハロゲンからのπ供与性がより強くなるため．

第6章
問1
①
$CH_2=CH-OH$　$CH_3-\underset{\underset{O}{\|}}{C}-H$

②
―OCH_2CH_3

―CH_2OCH_3

―CH_3　（$o-$, $m-$, $p-$）
|
OCH_3

③
Cl, N, N, Cr, N, Cl, N

N, N, Cl, Cr, N, Cl

N⌒N は $H_2NCH_2CH_2NH_2$ を表す

問2
①平面偏光の偏光面を右に回転させる性質．
②S配置
③60% : 1の存在比をx%とすると，その鏡像異性体（比旋光度$-8.5°$）は$(100-x)$%である．したがって，$+8.5×x+(-8.5°×(100-x))=+1.7×100$が成立する．なお，一方の鏡像異性体が過剰に存在する比率，$[x-(100-x)]$%をエナンチオマー過剰率といい，測定された旋光度と純粋な1の旋光度の比に等しい．すなわち，化石から単離されたアラニンのエナンチオマー過剰率は$(1.7/8.5)×100=20$%である．

問3
①トランス異性体．シクロヘキサン環を平面構造と考えて構造式を書くと，鏡像がそれ自身と一致しないため，キラルな化合物となる．一方，シス異性体は，対称面が生じるためアキラルである．

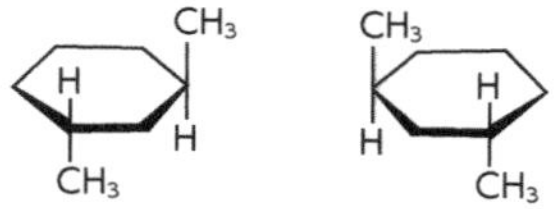

②シス異性体．いす形配座を書くと，2 個のメチル基がアキシアル位置を占めるジアキシアル配座と，2 個のメチル基がエクアトリアル位置を占めるジエクアトリアル配座となる．ジアキシアル配座は大きな 1,3-ジアキシアル相互作用により著しく不安定となるため，シス異性体はほとんどジエクアトリアル配座で存在する．一方，トランス異性体は，反転しても同一の構造をもついす形配座となる．

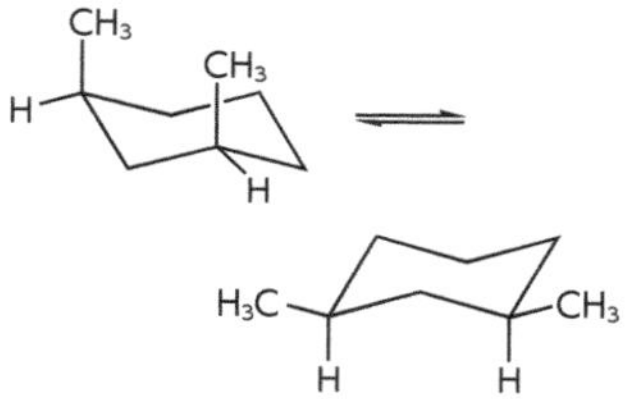

第 7 章

問 1

	単純立方構造	体心立方構造	面心立方構造	六方最密構造
単位格子の体積	a^3	a^3	a^3	$8\sqrt{2}r^3$
単位格子あたりの原子数	1	2	4	2
配位数（最近接原子数）	6	8	12	12
原子半径	$a/2$	$(\sqrt{3}/4)a$	$(\sqrt{2}/4)a$	r
充てん率	52%	68%	74%	74%

問 2　オスミウム金属の構造は立方最密充てん構造すなわち面心立方構造である．オスミウムの原子半径を r とすると単位格子は一辺が $2\sqrt{2}\,r$ の立方体である．このなかに 4 個のオスミウムが含まれている．したがって，1 mol あたりの質量 M は，

$M = 6.04 \times 10^{23} \times (2\sqrt{2}\,r)^3 \times 22500/4$

$\quad = 190.2 \times 10^{-3}$ kg

$\therefore\ r = 0.135$ nm

問 3　アルカリ土類が凝集して単体を形成する場合，ns 軌道のバンド上部と np 軌道のバンド下部が重なる．このため，ns 軌道のバンド上部には空きができ，np 軌道のバンド下部には電子がたまる．したがって，ns 軌道および np 軌道のバンドがともに伝導帯となり，金属的性質を示すようになる．

問 4　NaCl のイオン間距離より単位格子は一辺が 0.5628 nm の立方体であることがわかる．この単位格子に 4 個の NaCl が含まれている．したがって，アボガドロ定数を N_A とすると NaCl 1 mol あたりの質量 M は，

$M = N_A \times (0.5628 \times 10^{-9})^3 \times 2170/4$

$\quad = 5.844 \times 10^{-2}$ kg

$\therefore\ N_A = 6.04 \times 10^{23}$

問 5　① NaCl 型構造において，最近接の異種イオンどうしが接触し，かつ最近接の陰イオンどうしが接触する条件は，$2r^- : (r^+ + r^-) = \sqrt{2} : 1$

したがって，$r^+/r^- = (2-\sqrt{2})/\sqrt{2} = 0.41$

②陽イオンの半径が小さくなるにつれて，陽イオンと陰イオンの間の距離（イオン間距離）が減少するので，イオン結晶の静電エネルギーは低下する．しかし，陰イオンどうしの接触が起こるまでイオン間距離が減少すると，格子はそれ以上縮むことができず，イオン間距離は一定となる．そのため，陽イオンの半径がある程度まで小さくなると，静電エネルギーは一定となる．

③ K^+ および I^- のイオン半径はそれぞれ 1.33，2.16 であるからイオン半径比 r^+/r^- は 0.616 である．図 7.18 より $r^+/r^- = 0.616$ における最も安定な構造は NaCl 型構造と推定される．

問 6　$2\left(\frac{1}{1} - \frac{1}{2} + \frac{1}{3} - \frac{1}{4} + \frac{1}{5} \cdots\right) = 2\log 2 = 1.386$

一次元のイオン結晶ではこのようなマーデルング定数は単純な級数として求めることができる．二次元，三次元のイオン結晶について考えてみると面白い．

第 8 章

問 1　$U(r) = -\dfrac{4{M_1}^2\alpha_2}{(4\pi\varepsilon_0)^2}\dfrac{1}{r^6}$

$M_1 = 1 \times 3.34 \times 10^{-30}$ cm

$\alpha_2/(4\pi\varepsilon_0) = 10 \times 10^{-30}\ \mathrm{m}^3$

$r = 0.3 \times 10^{-9}$ m

などを代入し，$U = -5.5 \times 10^{-21}$ J

問2

$$U(r) = -\frac{3}{2} \frac{\alpha_1 \alpha_2}{(4\pi\varepsilon_0)^2} \frac{E_{i(1)} E_{i(2)}}{E_{i(1)} + E_{i(2)}} \frac{1}{r^6}$$

$\alpha_1 / (4\pi\varepsilon_0) = \alpha_2 / (4\pi\varepsilon_0) = 2.46 \times 10^{-30}$ m^3

$E_{i(1)} = E_{i(2)} = 13.93 \times 1.60 \times 10^{-19}$ J

$r = 0.40 \times 10^{-9}$ m

を代入し，$U = -2.47 \times 10^{-21}$ J

問3　半径を $d/2$ とすると，剛体球分子の最近接距離が d であり，

$$b = \frac{4}{3}\pi d^3 \frac{N_A}{2}$$

よって，$d = 0.33$ nm

問4　電荷移動吸収帯は，小さなイオン化エネルギーで特徴づけられるドナーの HOMO から，大きな電子親和力で特徴づけられるアクセプターの LUMO への電子遷移と分子論的に解釈できる（下図）．したがって，ΔE_{CT} は ΔE_D や ΔE_A よりも通常小さくなるから，電荷移動吸収帯は，分子内遷移よりも長波長側に現れる．

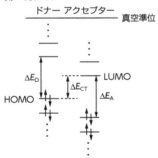

基礎物理定数の値

　各数値の後のかっこ内に示された数値は，数値の最後の2桁につく「標準不確かさ」を表す．

　単位の記号にはローマン体（立体）文字を用い，複数を意味する場合でも形を変えず，文末にくるとき以外はピリオドを打たない（例：メートル m）．

　物理量を示す記号にはイタリック体（斜体）文字を用いる（例：気体定数 R）．

物　理　量	記　号	値
真空の透磁率*	μ_0	$4\pi \times 10^{-7}\,\mathrm{NA^{-2}}$
真空中の光速度*	c_0	$299\,792\,458\,\mathrm{ms^{-1}}$
真空の誘電率*	ε_0	$8.854\,187\,817 \times 10^{-12}\,\mathrm{Fm^{-1}}$
電気素量	e	$1.602\,176\,487\,(40) \times 10^{-19}\,\mathrm{C}$
プランク定数	h	$6.626\,068\,96\,(33) \times 10^{-34}\,\mathrm{Js}$
アボガドロ定数	$N_\mathrm{A},\ L$	$6.022\,141\,79\,(30) \times 10^{23}\,\mathrm{mol^{-1}}$
電子の静止質量	m_e	$9.109\,382\,15\,(45) \times 10^{-31}\,\mathrm{kg}$
陽子の静止質量	m_p	$1.672\,621\,637\,(83) \times 10^{-27}\,\mathrm{kg}$
ファラデー定数	F	$9.648\,533\,99\,(24) \times 10^{4}\,\mathrm{C\,mol^{-1}}$
ボーア半径	a_0	$5.291\,772\,085\,9\,(36) \times 10^{-11}\,\mathrm{m}$
ボーア磁子	μ_B	$9.274\,009\,15\,(23) \times 10^{-24}\,\mathrm{JT^{-1}}$
核磁子	μ_N	$5.050\,783\,24\,(13) \times 10^{-27}\,\mathrm{JT^{-1}}$
リュードベリ定数	R_∞	$10\,973\,731.568\,527\,(73)\,\mathrm{m^{-1}}$
気体定数	R	$8.314\,472\,(15)\,\mathrm{JK^{-1}\,mol^{-1}}$
ボルツマン定数	$k,\ k_\mathrm{B}$	$1.380\,6504\,(24) \times 10^{-23}\,\mathrm{JK^{-1}}$
万有引力定数	G	$6.674\,28\,(67) \times 10^{-11}\,\mathrm{m^3\,kg^{-1}\,s^{-2}}$
自由落下の標準加速度*	g_n	$9.806\,65\,\mathrm{ms^{-2}}$
水の三重点*	$T_\mathrm{tp}(\mathrm{H_2O})$	$273.16\,\mathrm{K}$
セルシウス温度目盛のゼロ点*	$T\,(0\,\text{℃})$	$273.15\,\mathrm{K}$
理想気体（1 bar, 273.15 K）のモル体積	V_0	$22.710\,981\,(40)\,\mathrm{L\,mol^{-1}}$

* 　定義された正確な値である．
数値は改定値を記載．
「化学と工業，**68**（4），（2015）」．© 日本化学会　単位・記号委員会.

元素の周期表

族\周期	1 IA	2 IIA	3 IIIA	4 IVA	5 VA	6 VIA	7 VIIA	8	9 VIII	10	11 IB	12 IIB	13 IIIB	14 IVB	15 VB	16 VIB	17 VIIB	18 0
1	1 H 水素 1.008																	2 He ヘリウム 4.003
2	3 Li リチウム 6.941	4 Be ベリリウム 9.012											5 B ホウ素 10.81	6 C 炭素 12.01	7 N 窒素 14.01	8 O 酸素 16.00	9 F フッ素 19.00	10 Ne ネオン 20.18
3	11 Na ナトリウム 22.99	12 Mg マグネシウム 24.31											13 Al アルミニウム 26.98	14 Si ケイ素 28.09	15 P リン 30.97	16 S 硫黄 32.07	17 Cl 塩素 35.45	18 Ar アルゴン 39.95
4	19 K カリウム 39.10	20 Ca カルシウム 40.08	21 Sc スカンジウム 44.96	22 Ti チタン 47.87	23 V バナジウム 50.94	24 Cr クロム 52.00	25 Mn マンガン 54.94	26 Fe 鉄 55.85	27 Co コバルト 58.93	28 Ni ニッケル 58.69	29 Cu 銅 63.55	30 Zn 亜鉛 65.38	31 Ga ガリウム 69.72	32 Ge ゲルマニウム 72.63	33 As ヒ素 74.92	34 Se セレン 78.97	35 Br 臭素 79.90	36 Kr クリプトン 83.80
5	37 Rb ルビジウム 85.47	38 Sr ストロンチウム 87.62	39 Y イットリウム 88.91	40 Zr ジルコニウム 91.22	41 Nb ニオブ 92.91	42 Mo モリブデン 95.95	43 Tc テクネチウム (99)	44 Ru ルテニウム 101.1	45 Rh ロジウム 102.9	46 Pd パラジウム 106.4	47 Ag 銀 107.9	48 Cd カドミウム 112.4	49 In インジウム 114.8	50 Sn スズ 118.7	51 Sb アンチモン 121.8	52 Te テルル 127.6	53 I ヨウ素 126.9	54 Xe キセノン 131.3
6	55 Cs セシウム 132.9	56 Ba バリウム 137.3	57～71 * ランタノイド	72 Hf ハフニウム 178.5	73 Ta タンタル 180.9	74 W タングステン 183.8	75 Re レニウム 186.2	76 Os オスミウム 190.2	77 Ir イリジウム 192.2	78 Pt 白金 195.1	79 Au 金 197.0	80 Hg 水銀 200.6	81 Tl タリウム 204.4	82 Pb 鉛 207.2	83 Bi ビスマス 209.0	84 Po ポロニウム (210)	85 At アスタチン (210)	86 Rn ラドン (222)
7	87 Fr フランシウム (223)	88 Ra ラジウム (226)	89～103 † アクチノイド	104 Rf ラザホージウム (267)	105 Db ドブニウム (268)	106 Sg シーボーギウム (271)	107 Bh ボーリウム (272)	108 Hs ハッシウム (277)	109 Mt マイトネリウム (276)	110 Ds ダームスタチウム (281)	111 Rg レントゲニウム (280)	112 Cn コペルニシウム (285)	113 Nh ニホニウム (278)	114 Fl フレロビウム (289)	115 Mc モスコビウム (288)	116 Lv リバモリウム (293)	117 Ts テネシン (294)	118 Og オガネソン (294)

* ランタノイド	57 La ランタン 138.9	58 Ce セリウム 140.1	59 Pr プラセオジム 140.9	60 Nd ネオジム 144.2	61 Pm プロメチウム (145)	62 Sm サマリウム 150.4	63 Eu ユウロピウム 152.0	64 Gd ガドリニウム 157.3	65 Tb テルビウム 158.9	66 Dy ジスプロシウム 162.5	67 Ho ホルミウム 164.9	68 Er エルビウム 167.3	69 Tm ツリウム 168.9	70 Yb イッテルビウム 173.0	71 Lu ルテチウム 175.0
† アクチノイド	89 Ac アクチニウム (227)	90 Th トリウム 232.0	91 Pa プロトアクチニウム 231.0	92 U ウラン 238.0	93 Np ネプツニウム (237)	94 Pu プルトニウム (239)	95 Am アメリシウム (243)	96 Cm キュリウム (247)	97 Bk バークリウム (247)	98 Cf カリホルニウム (252)	99 Es アインスタイニウム (252)	100 Fm フェルミウム (257)	101 Md メンデレビウム (258)	102 No ノーベリウム (259)	103 Lr ローレンシウム (262)

安定な同位体がなく、天然同位体組成を示さない元素では、その元素のよく知られた放射性同位体の中から 1 種を選んで、その質量数を （ ） 内に表示した。

周期表における元素の分類

元素の周期には、8番目ごとの短周期と18番目ごとの長周期がある。前者は最外殻のs, p軌道に電子が充てんされ、最高8個の電子が収容されることに基づいている。一方、長周期は、s, p, d軌道が合計9個あり、これに最高18個の電子が収容されることに基づいている。本書では、現在広く使われている上に示す長周期表を用いている。長周期表では、左から順に1族から18族までついている。また、短周期表との関係を示すため、短周期表で用いられる主族0〜VIIIおよび亜族A, Bを併記した。IUPAC（国際純正・応用化学連合）では、亜族による分類をやめ、1族〜18族に分類するよう勧告している。

元素の化学的性質は、内殻の電子にはほとんど影響されない。ある元素を考えたとき、その元素より原子番号が小さい最近接の希ガスの電子配置を除いた残りの電子をその原子の価電子という。この原子価電子がその元素の化学的性質を決定する。元素は大きく分けて典型元素と遷移元素に分類される。

典型元素：周期表の1, 2, 13〜18族の元素をさす。これら以外は遷移元素という。典型元素は原子価電子としてd電子やf電子をもたず、sおよびp軌道が順次充満されていく元素である。

遷移元素：周期表の3〜12族の元素をさす。原子番号が増すに従ってd軌道またはf軌道に電子が満たされていく元素である。12族（Zn, Cd, Hg）については、これを遷移元素とみなすか典型元素とみなすか、化学者の間でまだ完全に一致していない。

ランタノイド：4f電子が順次充満されていく元素の総称で、原子番号57のランタン（La）から71のルテチウム（Lu）までの15元素をさす。正しくはLaを除いたセリウム（Ce）からLuの14元素をさすが、現在ではLaを含めることが多い。

希土類元素：LaからLuに至る15元素とスカンジウム（Sc）およびイットリウム（Y）を含む17元素をさす。ScとYは4f軌道に電子をもたないが、その化学的性質がランタノイドに類似していることからこれらの元素を含めて希土類元素と総称している。

アクチノイド：5f電子が順次充満されていく元素の総称で、原子番号89のアクチニウム（Ac）から103のローレンシウム（Lr）までの15元素をさす。アクチノイドはすべて放射性元素である。

索　引

編者紹介

小川　桂一郎（理学博士）
おがわ　けいいちろう

1977 年　東京大学大学院理学系研究科修士課程修了
現　在　東京大学・名誉教授，武蔵野大学・名誉教授

小島　憲道（理学博士）
こじま　のりみち

1978 年　京都大学大学院理学研究科博士課程修了
現　在　東京大学・名誉教授

NDC 431　　303 p　　　22cm

現代物性化学の基礎　第3版
げんだいぶっせいかがく　きそ　だいばん

2021 年 2 月 3 日　第 1 刷発行
2024 年 7 月 11 日　第 5 刷発行

編　者　　小川桂一郎・小島憲道
　　　　　おがわけいいちろう　こじまのりみち

発行者　　森田浩章
発行所　　株式会社　講談社
　　　　　〒112–8001　東京都文京区音羽 2–12–21
　　　　　　　販　売　(03)5395–4415
　　　　　　　業　務　(03)5395–3615
編　集　　株式会社　講談社サイエンティフィク　　KODANSHA
　　　　　代表　堀越俊一
　　　　　〒162–0825　東京都新宿区神楽坂 2–14　ノービィビル
　　　　　　　編　集　(03)3235–3701
本文データ制作　株式会社双文社印刷
印刷・製本　株式会社ＫＰＳプロダクツ

落丁本・乱丁本は購入書店名を明記のうえ，講談社業務宛にお送り下さい．
送料小社負担にてお取替えします．なお，この本の内容についてのお問い
合わせは講談社サイエンティフィク宛にお願いいたします．定価はカバー
に表示してあります．

Printed in Japan
ISBN978–4–06–522547–9